21世纪大学数学丛书

复变函数与积分变换

主　编　王丽霞
编　者　（按姓氏笔画为序）
孙桂荣　余丽琴　沈启庆
黄志刚　蒋书敏

江苏大学出版社
JIANGSU UNIVERSITY PRESS
镇　江

U0890601

内容提要

本书是根据教育部提出的“高等教育面向21世纪教学内容和课程教学改革计划”的精神，并参照近年全国高校工科数学教学指导委员会工作会议的意见编写而成的. 主要内容包括复数与复变函数、解析函数、复变函数的积分、级数、留数理论及其应用、保形映射、傅里叶变换、拉普拉斯变换共8章.

本书在编排上，内容精炼、通俗易懂，突出基本概念和方法，定理证明简明扼要，力求与工程问题紧密结合. 每章后都配有本章小结、例题选讲、自测题、习题，题型丰富，便于读者复习巩固，检查掌握程度.

本书可作为高等院校相关专业的教材，也可供科学技术人员参考.

图书在版编目(CIP)数据

复变函数与积分变换 / 王丽霞主编. —镇江：江苏大学出版社，2012.8(2025.8 重印)
ISBN 978-7-81130-358-2

Ⅰ.①复… Ⅱ.①王… Ⅲ.①复变函数－高等学校－教材②积分变换－高等学校－教材 Ⅳ.①O174.5②O177.6

中国版本图书馆 CIP 数据核字(2012)第181632号

复变函数与积分变换
Fubian Hanshu Yu Jifen Bianhuan

主　　编/王丽霞
责任编辑/吴昌兴
出版发行/江苏大学出版社
地　　址/江苏省镇江市京口区学府路301号(邮编：212013)
电　　话/0511-84446464(传真)
网　　址/http://press.ujs.edu.cn
排　　版/镇江文苑制版印刷有限责任公司
印　　刷/镇江文苑制版印刷有限责任公司
开　　本/787 mm×960 mm　1/16
印　　张/13
字　　数/255千字
版　　次/2012年8月第1版
印　　次/2025年8月第12次印刷
书　　号/ISBN 978-7-81130-358-2
定　　价/35.00元

如有印装质量问题请与本社营销部联系(电话：0511-84440882)

前　　言

“复变函数与积分变换”课程是高等学校理工科多个专业学生的一门重要基础课，在自然科学和工程技术的许多领域有着广泛的应用．通过本课程的学习，学生能够掌握复变函数的基础理论和方法以及积分变换的性质与方法，为后续课程的学习奠定基础．

本书是在几所学校多年来讲授“复变函数与积分变换”课程的基础上，组织教学经验丰富的老师，结合理工科院校的专业特点，吸收同类教材的优点编写而成的．本书分为 8 章，其中前 6 章为复变函数的内容，包括复数与复变函数、解析函数、复变函数的积分、级数、留数理论及其应用、保形映射；后 2 章为积分变换的内容，包括傅里叶变换、拉普拉斯变换．

参加本书编写工作的老师有：江苏科技大学沈启庆（第 2，5 章），苏州科技学院黄志刚（第 4 章）、孙桂荣（第 6 章），江苏大学王丽霞（第 1，7 章）、余丽琴（第 3 章）、蒋书敏（第 8 章）．

21 世纪大学数学丛书编委会及其主任田立新教授，对本书的编写给予了高度的关注和指导；本书在编写过程中还得到了作者所在学校相关领导及江苏大学出版社的大力支持，在此一并表示衷心的感谢！还要感谢研究生蔡冰等，为本书的编写做了不少有益的工作．

由于编者水平有限，书中不妥与错误之处在所难免，欢迎读者提出宝贵意见．

编　者

2012 年 6 月

目　录

1 复数与复变函数

复数，最早出现在16世纪，是数学家为了求一元二次、三次方程的根而提出来的. 起初，很多大数学家不承认复数，在经历一个多世纪的怀疑之后，复数终于被接受了. 在此基础上，19世纪又诞生了复变函数论. 复变函数论被誉为19世纪最独特的创造，是抽象数学中最和谐的理论之一. 复数使代数方程成为一个完美的理论. 代数基本定理是整个数学中最重要的定理之一，而没有复数就没有代数基本定理. 复数也是研究实分析的得力工具，计算积分、证明代数基本定理等等都要用到复数. 复变函数的理论和方法，如今已被广泛应用于理论物理、流体力学、空气动力学、光谱检测、各类电子技术等方面.

本章首先介绍复数的概念、表示方法和复数的运算，然后介绍复平面上的区域以及复变函数的极限与连续等概念，为进一步学习解析函数的理论和方法奠定基础.

1.1 复 数

1.1.1 复数的概念

众所周知，在实数范围内，方程

$$x^2=-1$$

无解. 为此，引进一个新数i，称为虚数单位，并规定

$$i^2=-1,$$

从而i是方程$x^2=-1$的一个根. 在此基础上进一步引进复数的概念.

形如$z=x+iy$(或$z=x+yi$)的表达式称为复数，其中x,y为两个任意实数，分别称为复数z的实部和虚部，记作

$$x=\mathrm{Re}\,z,\ y=\mathrm{Im}\,z.$$

当$x=0,y\neq0$时，$z=iy$称为纯虚数；当$y=0$时，$z=x$为实数. 因此，实数是复数的子集. 但要注意的是，和实数不同，两个复数之间一般不能比较大小.

两个复数 $z_1=x_1+\mathrm{i}y_1$ 与 $z_2=x_2+\mathrm{i}y_2$ 相等，当且仅当实部 $x_1=x_2$，虚部 $y_1=y_2$；一个复数 z 等于 0，当且仅当它的实、虚部同时为 0.

实部相等且虚部互为相反数的两个复数称为共轭复数，与 z 共轭的复数记作 $\bar{z}$. 如果 $z=x+\mathrm{i}y$，则 $\bar{z}=x-\mathrm{i}y$. 特别地，实数的共轭复数是它本身.

1.1.2 复数的四则运算

设 $z_1=x_1+\mathrm{i}y_1$，$z_2=x_2+\mathrm{i}y_2$ 是两个复数，则 z_1，z_2 的加、减、乘、除运算定义如下：

$$z_1\pm z_2=(x_1+\mathrm{i}y_1)\pm(x_2+\mathrm{i}y_2)=(x_1\pm x_2)+\mathrm{i}(y_1\pm y_2), \tag{1.1}$$

$$z_1z_2=(x_1+\mathrm{i}y_1)(x_2+\mathrm{i}y_2)=(x_1x_2-y_1y_2)+\mathrm{i}(x_1y_2+x_2y_1), \tag{1.2}$$

$$\frac{z_1}{z_2}=\frac{x_1+\mathrm{i}y_1}{x_2+\mathrm{i}y_2}=\frac{x_1x_2+y_1y_2}{x_2^2+y_2^2}+\mathrm{i}\,\frac{x_2y_1-x_1y_2}{x_2^2+y_2^2}\quad(x_2^2+y_2^2\neq 0). \tag{1.3}$$

不难验证，上述运算满足以下规律：

(1) 交换律　$z_1+z_2=z_2+z_1$，$z_1z_2=z_2z_1$；

(2) 结合律　$z_1+(z_2+z_3)=(z_1+z_2)+z_3$，$z_1(z_2z_3)=(z_1z_2)z_3$；

(3) 分配律　$z_1(z_2+z_3)=z_1z_2+z_1z_3$.

并且还满足性质：

(4) $\overline{z_1\pm z_2}=\overline{z_1}\pm\overline{z_2}$，$\overline{z_1z_2}=\overline{z_1}\ \overline{z_2}$，$\overline{\left(\dfrac{z_1}{z_2}\right)}=\dfrac{\overline{z_1}}{\overline{z_2}}$ $(z_2\neq 0)$；

(5) $\bar{\bar{z}}=z$；

(6) $z\bar{z}=(\mathrm{Re}\,z)^2+(\mathrm{Im}\,z)^2$；

(7) $z+\bar{z}=2\mathrm{Re}\,z$，$z-\bar{z}=2\mathrm{i}\,\mathrm{Im}\,z$.

在计算 $\dfrac{z_1}{z_2}$ 时，可以利用性质(6)，将分子分母同乘以 $\overline{z_2}$，即得式(1.3).

例 1.1　设 $z_1=3-4\mathrm{i}$，$z_2=-1+\mathrm{i}$，求 $\dfrac{z_1}{z_2}$ 及 $\overline{\left(\dfrac{z_1}{z_2}\right)}$.

解
$$\frac{z_1}{z_2}=\frac{z_1\overline{z_2}}{z_2\overline{z_2}}=\frac{(3-4\mathrm{i})(-1-\mathrm{i})}{(-1+\mathrm{i})(-1-\mathrm{i})}=-\frac{7}{2}+\frac{1}{2}\mathrm{i},$$
$$\overline{\left(\frac{z_1}{z_2}\right)}=-\frac{7}{2}-\frac{1}{2}\mathrm{i}.$$

例 1.2　设 z_1，z_2 是任意两个复数，证明：$z_1\overline{z_2}+\overline{z_1}z_2=2\mathrm{Re}(z_1\overline{z_2})$.

证　因为
$$\overline{z_1\overline{z_2}}=\overline{z_1}\ \overline{\overline{z_2}}=\overline{z_1}z_2,$$

故由性质(6)，有
$$z_1\overline{z_2}+\overline{z_1}z_2=z_1\overline{z_2}+\overline{z_1\overline{z_2}}=2\mathrm{Re}(z_1\overline{z_2}).$$

1.1.3 复数的几何表示

1. 复平面与复数的表示法

一个复数 $z=x+\mathrm{i}y$,可由一对有序实数(x,y)唯一确定,从而在给定的直角坐标系下,就与平面上的点建立了一一对应的关系.因此复数 $z=x+\mathrm{i}y$ 可用该平面上坐标为(x,y)的点表示.这是复数的一个常用表示法.此时,称 x 轴为实轴,称 y 轴为虚轴,两轴所在的平面称为复平面或 z 平面.从而复数与复平面上的点一一对应,在以后的叙述过程中,"复数 $z=x+\mathrm{i}y$"与"点 $x+\mathrm{i}y$"被认为具有相同的含义.

在复平面上,复数 $z=x+\mathrm{i}y$ 还与以原点 O 为起点、以点 $P(x,y)$为终点的平面向量一一对应,因此,复数 z 也能用向量$\overrightarrow{OP}$表示(见图 1.1).这种表示法称为复数 z 的向量表示法.向量的长度称为复数 z 的模或绝对值,记作

$$|z|=r=\sqrt{x^2+y^2}. \tag{1.4}$$

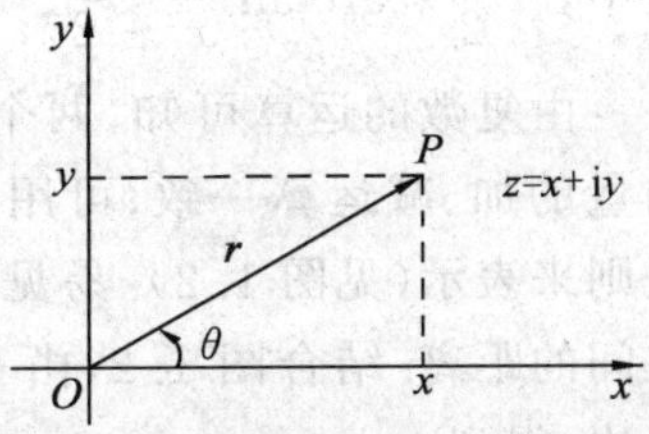

图 1.1

显然,

$$|x|\leqslant|z|,\ |y|\leqslant|z|,$$
$$|z|\leqslant|x|+|y|,$$
$$z\bar{z}=|z|^2.$$

在 $z\neq0$ 的情况下,以正实轴为始边,以向量$\overrightarrow{OP}$为终边的角 θ 称为复数 z 的辐角,记作 $\mathrm{Arg}\,z=\theta$.

这时,有

$$\tan(\mathrm{Arg}\,z)=\frac{y}{x}. \tag{1.5}$$

每一个 $z\neq0$ 都有无穷多个辐角,如果 θ_1 是其中的一个,则

$$\mathrm{Arg}\,z=\theta_1+2k\pi\quad (k\ 为任意整数) \tag{1.6}$$

就给出了全部辐角.在 $z(\neq0)$的辐角中,满足条件 $-\pi<\theta\leqslant\pi$ 的 θ 称为辐角的主值,记作 $\arg z$.当 $z=0$ 时,$|z|=0$,辐角无意义.

辐角的主值 $\arg z(z\neq0)$与反正切的主值 $\arctan\dfrac{y}{x}$有如下关系:

$$\arg z=\begin{cases}\arctan\dfrac{y}{x}, & \text{当 } x>0 \text{ 时},\\ \dfrac{\pi}{2}, & \text{当 } x=0,y>0 \text{ 时},\\ -\dfrac{\pi}{2}, & \text{当 } x=0,y<0 \text{ 时},\\ \arctan\dfrac{y}{x}+\pi, & \text{当 } x<0,y\geqslant 0 \text{ 时},\\ \arctan\dfrac{y}{x}-\pi, & \text{当 } x<0,y<0 \text{ 时},\end{cases}\tag{1.7}$$

其中，$-\dfrac{\pi}{2}<\arctan\dfrac{y}{x}<\dfrac{\pi}{2}$.

由复数的运算可知，两个复数的加、减运算与相应向量的加、减运算一致，可用平行四边形法则或三角形法则来表示(见图 1.2). 易见，$|z_1-z_2|$表示点 z_1 与 z_2 之间的距离. 结合图 1.2，由三角形两边之和不小于第三边，得到

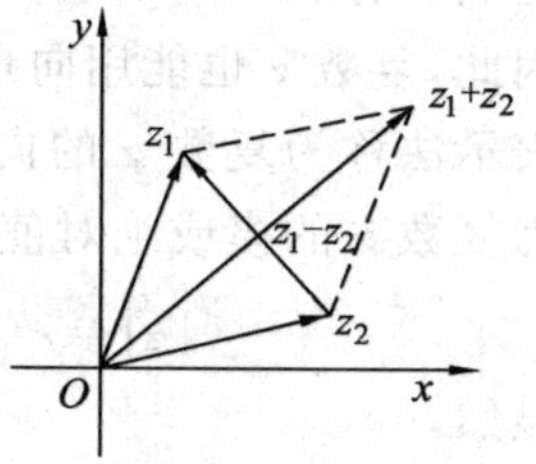

图 1.2

$$|z_1+z_2|\leqslant|z_1|+|z_2| \text{ (三角不等式)}, \tag{1.8}$$

$$|z_1-z_2|\geqslant\big||z_1|-|z_2|\big|. \tag{1.9}$$

一对共轭复数 z 和 $\bar{z}$ 在复平面内的位置关于实轴对称，故有$|z|=|\bar{z}|$. 如果 z 不在负实轴和原点上，还有$\arg z=-\arg\bar{z}$.

利用直角坐标系与极坐标的关系

$$\begin{cases}x=r\cos\theta,\\ y=r\sin\theta,\end{cases}$$

还可以把 $z=x+\mathrm{i}y$ 表示成下面的形式

$$z=r(\cos\theta+\mathrm{i}\sin\theta). \tag{1.10}$$

这个式子称为复数 z 的三角表示式.

利用欧拉(Euler)公式：$e^{\mathrm{i}\theta}=\cos\theta+\mathrm{i}\sin\theta$，又可以得到

$$z=re^{\mathrm{i}\theta}, \tag{1.11}$$

此式称为复数 z 的指数表示式.

例 1.3 将下列复数化为三角表示式与指数表示式：

(1) $z=1+\sqrt{3}\mathrm{i}$； (2) $z=\sin\dfrac{\pi}{5}+\mathrm{i}\cos\dfrac{\pi}{5}$.

解 (1) $r=|z|=\sqrt{1+(\sqrt{3})^2}=2$，$z$ 在第一象限，因此

$$\theta=\arctan\frac{\sqrt{3}}{1}=\frac{\pi}{3},$$

则 z 的三角表示式为

$$z=2\left(\cos\frac{\pi}{3}+\mathrm{i}\sin\frac{\pi}{3}\right).$$

z 的指数表示式为

$$z=2\mathrm{e}^{\frac{\pi}{3}\mathrm{i}}.$$

(2) $r=|z|=1$,又

$$\sin\frac{\pi}{5}=\cos\left(\frac{\pi}{2}-\frac{\pi}{5}\right)=\cos\frac{3}{10}\pi,$$

$$\cos\frac{\pi}{5}=\sin\left(\frac{\pi}{2}-\frac{\pi}{5}\right)=\sin\frac{3}{10}\pi,$$

因此,z 的三角表示式为

$$z=\cos\frac{3}{10}\pi+\mathrm{i}\sin\frac{3}{10}\pi.$$

z 的指数表示式为

$$z=\mathrm{e}^{\frac{3}{10}\pi\mathrm{i}}.$$

例 1.4 将通过两点 $z_1=x_1+\mathrm{i}y_1$ 与 $z_2=x_2+\mathrm{i}y_2$ 的直线用复数形式的方程表示.

解 通过两点(x_1,y_1)与(x_2,y_2)的直线的参数方程为

$$\begin{cases}x=x_1+t(x_2-x_1),\\ y=y_1+t(y_2-y_1),\end{cases}$$

其中,$-\infty<t<+\infty$.

因此,它的复数形式的参数方程为

$$z=z_1+t(z_2-z_1)\quad(-\infty<t<+\infty),$$

当 $0\leqslant t\leqslant 1$ 时即表示从 z_1 到 z_2 的直线段. 取 $t=\frac{1}{2}$ 得线段$\overline{z_1z_2}$的中点为

$$z=\frac{z_1+z_2}{2}.$$

例 1.5 求下列方程表示的曲线:

(1) $|z-\mathrm{i}|=1$;

(2) $|z+\mathrm{i}|=|z-\mathrm{i}|$;

(3) $\mathrm{Im}(\mathrm{i}+\bar{z})=4$.

解 (1) 在几何上,方程$|z-\mathrm{i}|=1$ 表示所有与点 i 距离为 1 的点的轨迹,即中心为 i、半径为 1 的圆. 下面用代数方法来验证.

设 $z=x+\mathrm{i}y$,方程变为

$$|x+\mathrm{i}y-\mathrm{i}|=1.$$

即

$$x^2+(y-1)^2=1.$$

(2) 在几何上,方程$|z+\mathrm{i}|=|z-\mathrm{i}|$表示到点 i 与 −i 等距离的点的轨迹,即两点 i 与 −i 的垂直平分线.读者可以将它化为直角坐标方程进行验证.

(3) 设 $z=x+\mathrm{i}y$,方程变为

$$\mathrm{i}+\bar{z}=x+(1-y)\mathrm{i},$$

所以

$$\mathrm{Im}(i+\bar{z})=1-y.$$

可得所求曲线方程为 $y=-3$,即为一条平行于 x 轴的直线.

2. 复球面与无穷远点

复数不仅可以用平面上的点表示,也可以用球面上的点表示.

取一球面与复平面相切于坐标原点 O,球面上一点 S 与原点 O 重合(见图 1.3),过 S 作垂直于复平面的直线与球面相交于另一点 N,这里 N,S 分别称为北极与南极.

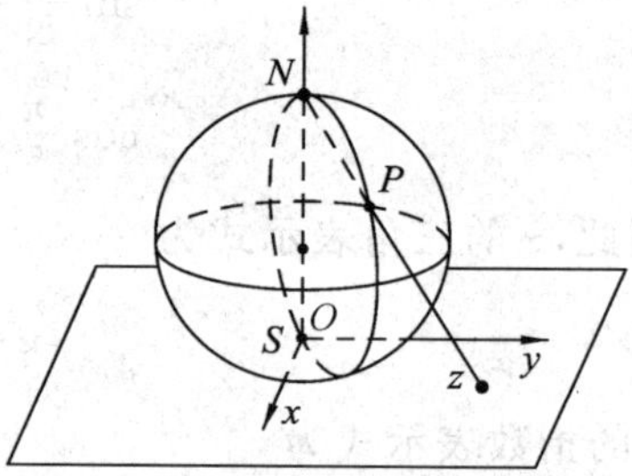

图 1.3

对于复平面上的任一点 z,如果用一直线段连接点 z 与北极 N,则该线段与球面必有唯一的异于 N 的交点 P;反之,对于球面上异于 N 的任一点 P,直线段 NP 的延长线也必然与复平面有唯一的交点 z.这样,复平面上的点与球面上除 N 外的点建立了一一对应的关系.因此,可以用球面上的点 P 表示复数 z,此称为复数的球面表示.

显然,复平面上的任何一个有限点都不可能与球面上的北极点 N 对应.而当球面上的点 P 逐渐接近于北极点 N 时,复平面上相应的点 z 便逐渐远离点 O.作为极限情形,规定与北极点 N 对应的是复平面上的"无穷远点",它所代表的复数被称为"无穷大",记作∞.这样,球面上每一点,都有一个唯一的复数与之对应,这样的球面称为复球面.

包括无穷远点在内的复平面称为扩充复平面,不包括无穷远点在内的复平面称为有限复平面,简称复平面.以后如无特别说明,本书所指"平面"一般仍指有限平面,"点"仍指有限平面上的点.

复数∞的实部、虚部、辐角都无意义,但规定它的模为正无穷大,即$|\infty|=+\infty$.对于每一个有限复数 z,有$|z|<+\infty$.

为了今后使用方便,规定∞的运算如下:

加法 $z+\infty=\infty+z=\infty\ (z\neq\infty)$;

减法 $z-\infty=\infty-z=\infty\ (z\neq\infty)$;

乘法 $z\cdot\infty=\infty\cdot z=\infty\ (z\neq 0)$;

除法 $\dfrac{z}{\infty}=0\ (z\neq\infty)$,$\dfrac{\infty}{z}=\infty\ (z\neq\infty)$,$\dfrac{z}{0}=\infty$ ($z\neq 0$,但可为∞).

注意$\infty\pm\infty$，$0\cdot\infty$，$\frac{0}{0}$以及$\frac{\infty}{\infty}$均没有意义.

1.1.4 复数的乘幂与方根

复数的乘除运算，采用三角式或指数式往往比代数式更方便. 若有两个复数

$$z_1=r_1(\cos\theta_1+\mathrm{i}\sin\theta_1)=r_1\mathrm{e}^{\mathrm{i}\theta_1},$$
$$z_2=r_2(\cos\theta_2+\mathrm{i}\sin\theta_2)=r_2\mathrm{e}^{\mathrm{i}\theta_2},$$

则有乘积

$$z_1z_2=r_1r_2[\cos(\theta_1+\theta_2)+\mathrm{i}\sin(\theta_1+\theta_2)]=r_1r_2\mathrm{e}^{\mathrm{i}(\theta_1+\theta_2)}, \tag{1.12}$$

商

$$\frac{z_1}{z_2}=\frac{r_1}{r_2}[\cos(\theta_1-\theta_2)+\mathrm{i}\sin(\theta_1-\theta_2)]=\frac{r_1}{r_2}\mathrm{e}^{\mathrm{i}(\theta_1-\theta_2)}\quad(z_2\neq0). \tag{1.13}$$

于是

$$|z_1z_2|=|z_1||z_2|,\quad\left|\frac{z_1}{z_2}\right|=\frac{|z_1|}{|z_2|}\ (z_2\neq0), \tag{1.14}$$

$$\mathrm{Arg}\,(z_1z_2)=\mathrm{Arg}\,z_1+\mathrm{Arg}\,z_2,\ \mathrm{Arg}\,\frac{z_1}{z_2}=\mathrm{Arg}\,z_1-\mathrm{Arg}\,z_2. \tag{1.15}$$

公式(1.14)表明：两个复数乘积的模等于它们模的乘积；两个复数商的模等于它们模的商.

公式(1.15)表明：两个复数乘积的辐角等于它们辐角的和；两个复数商的辐角等于它们辐角的差. 注意到辐角的多值性，上面关于辐角的等式应该理解为集合的相等. 也就是说，对于等式左端的任意值，等式右端必有一值和它相等，反之亦然.

由此可见复数乘法的几何意义：表示复数乘积z_1z_2的向量，是从表示z_1的向量旋转一个角度$\mathrm{Arg}\,z_2$，并伸长(或缩短)$|z_2|$倍得到的. 特别当$|z_2|=1$时，乘法运算就相当于只旋转. 例如$\mathrm{i}z$就相当于将z所对应的向量逆时针旋转$\frac{\pi}{2}$，$-z$相当于将z所对应的向量逆时针旋转π. 而当$\mathrm{Arg}\,z_2=0$时，乘法运算就变成了仅仅是伸长(或缩短).

作为乘积的特例，下面考虑非零复数z的正整数次幂z^n. 它是n个相同因子的乘积，设$z=r\mathrm{e}^{\mathrm{i}\theta}=r(\cos\theta+\mathrm{i}\sin\theta)$，则

$$z^n=r^n\mathrm{e}^{\mathrm{i}n\theta}=r^n(\cos n\theta+\mathrm{i}\sin n\theta). \tag{1.16}$$

如果定义$z^{-n}=\frac{1}{z^n}$，可证上式当n为负整数时也成立.

特别地，当$|z|=1$时，上述公式成为

$$(\cos\theta+\mathrm{i}\sin\theta)^n=\cos n\theta+\mathrm{i}\sin n\theta. \tag{1.17}$$

此公式称为棣莫弗(De Moivre)公式.

利用公式(1.16)可求方程 $w^n=z$ 的根 w,其中 z 为已知非零复数,称满足方程 $w^n=z$ 的解 w 为 z 的 n 次根,记为 $\sqrt[n]{z}$ 或 $z^{\frac{1}{n}}$.

为求根 w,令

$$z=r(\cos\theta+\mathrm{i}\sin\theta),\quad w=\rho(\cos\varphi+\mathrm{i}\sin\varphi),$$

则有

$$\rho^n(\cos n\varphi+\mathrm{i}\sin n\varphi)=r(\cos\theta+\mathrm{i}\sin\theta),$$

于是

$$\rho^n=r,\quad \cos n\varphi=\cos\theta,\quad \sin n\varphi=\sin\theta.$$

由后两式,得

$$n\varphi=\theta+2k\pi\ (k=0,\pm1,\pm2,\cdots),$$

从而有

$$\rho=r^{\frac{1}{n}},\quad \varphi=\frac{\theta+2k\pi}{n},$$

其中 $r^{\frac{1}{n}}$ 是算术根,所以

$$w=\sqrt[n]{z}=r^{\frac{1}{n}}\left(\cos\frac{\theta+2k\pi}{n}+\mathrm{i}\sin\frac{\theta+2k\pi}{n}\right). \tag{1.18}$$

当 $k=0,1,2,\cdots,n-1$ 时,得到方程 $w^n=z$ 的 n 个相异的根.在几何上,这 n 个根表示以原点为中心、$r^{\frac{1}{n}}$ 为半径的圆内接正 n 边形的 n 个顶点.当 k 取其他整数值时,方程 $w^n=z$ 的根必与这 n 个根中的某个根相同.

例 1.6 计算 $\left(\dfrac{1+\sqrt{3}\mathrm{i}}{1-\sqrt{3}\mathrm{i}}\right)^{10}$ 的值.

解 先将括号中的复数化成三角表示式

$$1+\sqrt{3}\mathrm{i}=2\left(\cos\frac{\pi}{3}+\mathrm{i}\sin\frac{\pi}{3}\right),$$

$$1-\sqrt{3}\mathrm{i}=2\left[\cos\left(-\frac{\pi}{3}\right)+\mathrm{i}\sin\left(-\frac{\pi}{3}\right)\right].$$

于是

$$\frac{1+\sqrt{3}\mathrm{i}}{1-\sqrt{3}\mathrm{i}}=\frac{2\left(\cos\dfrac{\pi}{3}+\mathrm{i}\sin\dfrac{\pi}{3}\right)}{2\left[\cos\left(-\dfrac{\pi}{3}\right)+\mathrm{i}\sin\left(-\dfrac{\pi}{3}\right)\right]}=\cos\frac{2\pi}{3}+\mathrm{i}\sin\frac{2\pi}{3}.$$

根据幂的计算公式,得

$$\left(\frac{1+\sqrt{3}\mathrm{i}}{1-\sqrt{3}\mathrm{i}}\right)^{10}=\left(\cos\frac{2\pi}{3}+\mathrm{i}\sin\frac{2\pi}{3}\right)^{10}=\cos\frac{20\pi}{3}+\mathrm{i}\sin\frac{20\pi}{3}=-\frac{1}{2}+\frac{\sqrt{3}}{2}\mathrm{i}.$$

例 1.7 求方程 $w^3=-1+\mathrm{i}$ 的 3 个单根.

解 因为
$$-1+\mathrm{i}=\sqrt{2}\left(\cos\frac{3\pi}{4}+\mathrm{i}\sin\frac{3\pi}{4}\right),$$
所以
$$\sqrt[3]{-1+\mathrm{i}}=\sqrt[3]{\sqrt{2}\left(\cos\frac{3\pi}{4}+\mathrm{i}\sin\frac{3\pi}{4}\right)}$$
$$=\sqrt[6]{2}\left(\cos\frac{\frac{3\pi}{4}+2k\pi}{3}+\mathrm{i}\sin\frac{\frac{3\pi}{4}+2k\pi}{3}\right)(k=0,1,2).$$
即方程的 3 个单根分别为
$$w_0=\sqrt[6]{2}\left(\cos\frac{\pi}{4}+\mathrm{i}\sin\frac{\pi}{4}\right),$$
$$w_1=\sqrt[6]{2}\left(\cos\frac{11\pi}{12}+\mathrm{i}\sin\frac{11\pi}{12}\right),$$
$$w_2=\sqrt[6]{2}\left(\cos\frac{19\pi}{12}+\mathrm{i}\sin\frac{19\pi}{12}\right).$$
这 3 个根，恰好是以原点为圆心，半径为$\sqrt[6]{2}$的圆的内接正三角形的 3 个顶点.

1.2 区 域

同实变函数一样，本节学习平面点集的一些基本概念，有所不同的是，这里的平面为复平面.

1.2.1 区域的概念

邻域 复平面上以一点 z_0 为中心，任意正数 δ 为半径的圆 $|z-z_0|<\delta$ 内部的点的集合称为 z_0 的邻域，而称满足不等式 $0<|z-z_0|<\delta$ 的点集为 z_0 的去心邻域.

设实数 $M>0$，满足不等式 $|z|>M$ 的点集称为无穷远点的邻域，它是圆周 $|z|=M$ 外部所有点的集合(包括无穷远点本身). 满足不等式 $M<|z|<+\infty$ 的点集称为无穷远点的去心邻域，它是圆周 $|z|=M$ 外部所有点的集合(不包含无穷远点本身).

开集 设 G 为一平面点集，z_0 为 G 内任一点. 如果存在 z_0 的一个邻域，使得该邻域内的所有点都属于 G，则称 z_0 为 G 的内点. 如果 G 内的每个点都是 G 的内点，则称 G 为开集.

区域 平面点集 D 称为一个区域，它须满足下列两个条件：

(1) D 是一个开集；

(2) D 是连通的，即 D 中任何两点都可以用一条完全属于 D 的折线连接起来.

区域的边界　设 D 为复平面内的一个区域，如果点 P 不属于 D，但在点 P 的任意小的邻域内总包含属于 D 的点，则点 P 称为区域 D 的边界点.

区域 D 的所有边界点组成的点集称为区域 D 的边界. 区域的边界可以由几条曲线和一些孤立的点组成.

闭区域　区域 D 与它的边界一起构成的点集称为闭区域，记作 $\overline{D}$.

有界区域、无界区域　如果一个区域 D 被包含在一个以原点为中心的圆内，即存在正数 M，对一切 $z\in D$ 均有 $|z|<M$，则称 D 为有界区域；否则，称 D 为无界区域.

1.2.2　单连通域与多连通域

区域的边界往往由一条或多条曲线组成. 为此，先来讨论复平面上的曲线及其方程.

设 $x(t)$ 和 $y(t)$ 是两个连续的实函数，则参数方程

$$\begin{cases} x=x(t), \\ y=y(t), \end{cases} \quad (a\leqslant t\leqslant b)$$

代表一条平面曲线，称为连续曲线. 若将这里的 xOy 平面视为复平面，则该曲线的方程可表示为

$$z=z(t)=x(t)+\mathrm{i}y(t)\quad (a\leqslant t\leqslant b),$$

这就是平面曲线的复数表示式.

如果在区间 $a\leqslant t\leqslant b$ 上，$x'(t)$ 和 $y'(t)$ 都是连续的，且对于每一个 t 值，有

$$[x'(t)]^2+[y'(t)]^2\neq 0,$$

那么称该曲线为光滑曲线. 由几段依次相接的光滑曲线所组成的曲线称为按段光滑曲线.

设 C：$z=z(t)$ $(a\leqslant t\leqslant b)$ 为一条连续曲线，$z(a)$ 与 $z(b)$ 分别为 C 的起点与终点. 对于满足 $a<t_1<b$，$a\leqslant t_2\leqslant b$ 的 t_1 与 t_2，当 $t_1\neq t_2$ 而有 $z(t_1)=z(t_2)$ 时，点 $z(t_1)$ 称为曲线 C 的重点. 没有重点的连续曲线 C 称为简单曲线或若尔当(Jordan)曲线. 如果简单曲线 C 的起点与终点重合，即 $z(a)=z(b)$，则曲线 C 称为简单闭曲线. 因此，简单曲线是自身不会相交的曲线. 图 1.4 列出了曲线的几种情况.

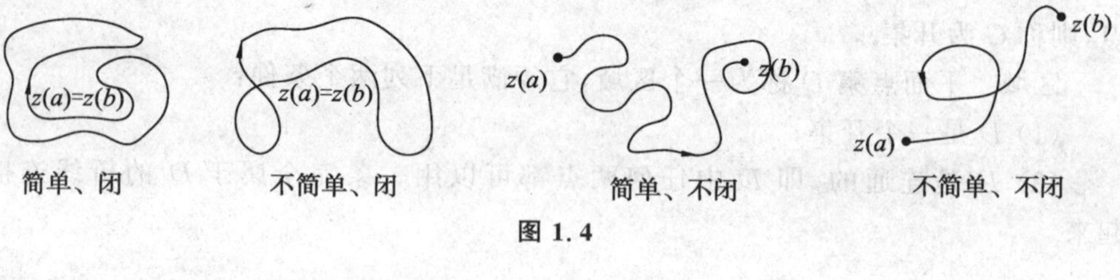

图 1.4

任意一条简单闭曲线 C 把整个复平面分成两个区域，即内部区域(有界)与外部区域(无界)，曲线 C 是它们的公共边界(见图 1.5).

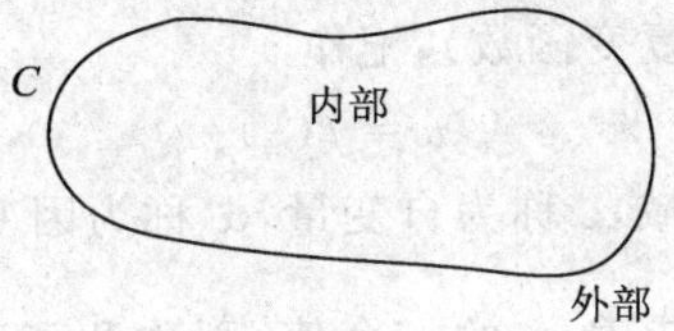

图 1.5

下面定义单连通区域与多连通区域的概念.

定义 1.1 对于复平面上的一个区域 D，如果在其中任做一条简单闭曲线，该曲线的内部总属于 D，那么称 D 为单连通域(见图 1.6a). 一个区域如果不是单连通域，就称为多连通域(见图 1.6b).

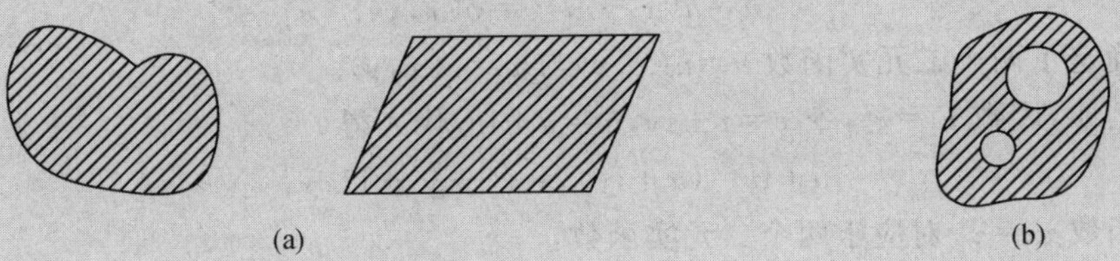

图 1.6

一般地，由一条简单闭曲线所围的区域是单连通域，而多连通域通常由多条曲线围成. 另外，单连通域具有如下特征：单连通域 D 内任何一条简单闭曲线，可以经过连续变形至缩成一点，而多连通域就没有这个特征.

1.3 复变函数

1.3.1 复变函数的概念

有些物理量，如速度、电场强度、磁场强度等，可以用复数表达. 例如，考虑平面上的电场，每一点 (x,y) 上的电场强度是一个向量 $\boldsymbol{a}=\{a_x,a_y\}$. 若将向量 $\boldsymbol{a}$ 看做复数 $w=a_x+\mathrm{i}a_y$，由于平面内不同点处的电场强度会有差异，a_x 和 a_y 应该是位置 (x,y) 的函数. 如果用复数 $z=x+\mathrm{i}y$ 代替 (x,y) 表示位置，则可以记电场强度为 $w=f(z)$. 可见，借助于复数研究问题，有时更简洁和方便.

下面，给出复变函数的概念.

定义 1.2 设 E 是复平面上的集合，如果有一个确定的对应法则 f，使得对于集合 E 中的每一个复数 z，都有一个或多个复数 w 与之对应，则称复变数 w 为复变数 z 的函数(简称复变函数)，记作

$$w=f(z).$$

集合 E 称为 $f(z)$ 的定义域，z 称为自变量，w 称为因变量.

如果 z 的每一个值对应着 w 的一个值，则称此函数为单值函数；如果 z 的每一个值对应着 w 的两个或两个以上的值，则称此函数为多值函数. 如无特别声明，以后所指的复变函数均为单值函数.

给定了一个复变数 $z=x+\mathrm{i}y$，相当于给定了两个实变数 x 和 y，而复变函数 $w=u+\mathrm{i}v$ 也同样对应着两个实变数 u 和 v. 所以，复变函数 w 和自变量 z 之间的关系 $w=f(z)$，相当于两个关系式：

$$u=u(x,y),\ v=v(x,y).$$

它们确定了两个二元实函数 $u=u(x,y)$ 与 $v=v(x,y)$.

例如，函数 $w=z^2$，令 $z=x+\mathrm{i}y$，$w=u+\mathrm{i}v$，代入得

$$u+\mathrm{i}v=(x+\mathrm{i}y)^2=x^2-y^2+\mathrm{i}2xy,$$

因而函数 $w=z^2$ 对应于两个二元实函数：

$$u=x^2-y^2,\quad v=2xy.$$

1.3.2 复变函数的几何表示

由上可知，复变函数反映了两对变量 u，v 和 x，y 之间的对应关系，因而不能像实变函数那样用同一个平面内的几何图形表示，只能看做是两个复平面上的点集之间的对应关系.

如果用 z 平面上的点表示自变量 z 的值，而用 w 平面上的点表示函数 w 的值，那么复变函数 $w=f(z)$ 在几何上就可以看做是把 z 平面上的点集 G(定义集合)变到 w 平面上的点集 G^*(函数值集合)的映射(或变换)，该映射就称为由函数 $w=f(z)$ 所构成的映射. 如果 G 中的点 z 映成 G^* 中的点 w，则称 w 为 z 的像(或映像)，而 z 称为 w 的原像.

例 1.8 设映射 $w=z^2$，求

(1) 直线 $x=c\ (c\neq0)$ 在 w 平面上的像；

(2) 扇形区域 $0<\theta<\frac{\pi}{4}$，$0<r<2$ 在 w 平面上的像.

解 (1) 令 $z=x+\mathrm{i}y$，$w=u+\mathrm{i}v$，则

$$w=z^2=x^2-y^2+\mathrm{i}2xy,$$

于是有

$$u=x^2-y^2,\ v=2xy.$$

将 $x=c$ 代入,得

$$u=c^2-y^2,\ v=2cy,$$

消去 y,得

$$u=c^2-\frac{v^2}{4c^2}.$$

即映成了 w 平面上的抛物线,且关于 u 轴对称(见图 1.7).

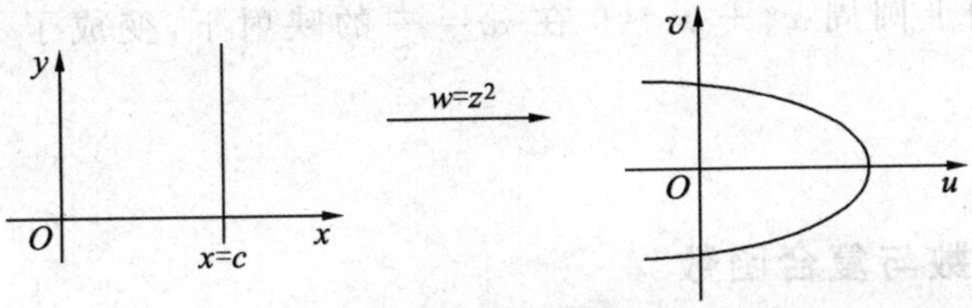

图 1.7

(2) 设 $z=re^{i\theta}$,$w=\rho e^{i\varphi}$,则

$$w=z^2=r^2e^{2\theta i},$$

于是有

$$\rho=r^2,\ \varphi=2\theta.$$

当 θ 从 0 变到 $\frac{\pi}{4}$ 时,$\varphi=2\theta$ 从 0 变到 $\frac{\pi}{2}$;当 r 从 0 变到 2 时,$\rho=r^2$ 从 0 变到 4,故 z 平面上的扇形区域 $0<\theta<\frac{\pi}{4}$,$0<r<2$ 被映成 w 平面上的扇形区域 $0<\varphi<\frac{\pi}{2}$,$0<\rho<4$(见图 1.8).

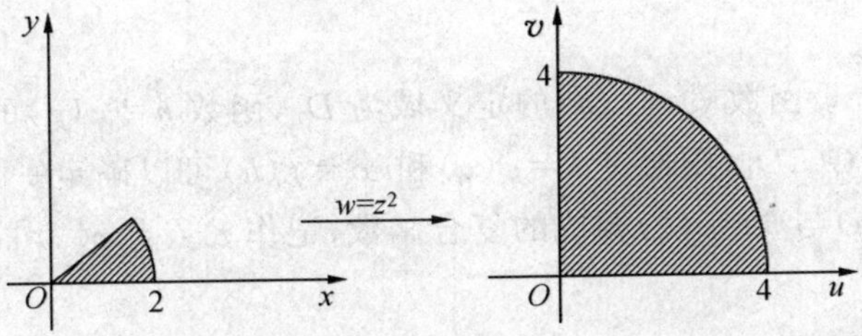

图 1.8

例 1.9 在 $w=\frac{1}{z}$ 的映射下,z 平面上圆周 $x^2+y^2=9$ 将变成 w 平面上怎样的曲线?

解 令 $z=x+iy$,$w=u+iv$,则

$$w=u+iv=\frac{1}{z}=\frac{x}{x^2+y^2}-i\frac{y}{x^2+y^2},$$

所以
$$u=\frac{x}{x^2+y^2},\quad v=-\frac{y}{x^2+y^2}.$$

将 $x^2+y^2=9$ 代入上式,得 $u=\frac{x}{9}, v=-\frac{y}{9}$.

由此可知
$$u^2+v^2=\frac{1}{9}.$$

这说明,z 平面上圆周 $x^2+y^2=9$ 在 $w=\frac{1}{z}$ 的映射下,变成了 w 平面上圆周 $u^2+v^2=\frac{1}{9}$.

1.3.3 反函数与复合函数

与实变函数一样,复变函数也有反函数、复合函数的概念.

定义 1.3 设函数 $w=f(z)$ 的定义集合为 z 平面上的集合 G,函数值集合为 w 平面上的集合 G^*,则 G^* 中每一个点 w 都有 G 中的一个(或多个)点与之对应,因而在 G^* 上就确定了一个单值(或多值)函数 $z=\varphi(w)$,称之为函数 $w=f(z)$ 的反函数,也称之为映射 $w=f(z)$ 的逆映射.

由反函数定义可知,对于任意的 $w\in G^*$,有 $w=f[\varphi(w)]$. 反过来,$z=\varphi[f(z)]$ 未必成立. 这是因为当 $f(z_1)=f(z_2)=w$ 时,$\varphi[f(z_1)]$ 可能等于 z_2,当反函数为单值函数时,也有 $z=\varphi[f(z)]$.

定义 1.4 设函数 $w=f(h)$ 的定义域为 D_1,函数 $h=\varphi(z)$ 的定义域为 D_2,且 $\varphi(z)$ 的值域 $G\subset D_1$,则通过 $h=\varphi(z)$ 和 $w=f(h)$ 可以确定一个 z 的函数 w,称为由 $w=f(h)$ 与 $h=\varphi(z)$ 构成的复合函数,记作 $w=f[\varphi(z)]$.

1.4 复变函数的极限和连续

1.4.1 复变函数的极限

定义 1.5 设复变函数 $w=f(z)$ 在 z_0 的某一去心邻域内有定义,A 是复常数,若对于任意给定的正数 ε, 总存在正数 $\delta(\varepsilon)$,使得当 $0<|z-z_0|<\delta$ 时,恒有

$$|f(z)-A|<\varepsilon,$$

则称复常数 A 为函数 $f(z)$ 当 z 趋向于 z_0 时的极限，记作 $\lim\limits_{z \to z_0} f(z)=A$，或记作当 $z \to z_0$ 时，$f(z) \to A$.

应当注意，该极限定义与一元实变函数的极限定义相比，虽然在形式上极为相似，但是实变函数 $f(x)$ 的极限 $\lim\limits_{x \to x_0} f(x)=A$ 中，只要考虑它的左右极限存在且相等即可；而在 $\lim\limits_{z \to z_0} f(z)=A$ 中，$z \to z_0$ 的方式是任意的，即无论 z 从什么方向，以何种方式趋向于 z_0，$f(z)$ 都要趋向于同一常数 A. 下面给出两个常用的极限定理.

定理 1.1 设

$$f(z)=u(x,y)+\mathrm{i}v(x,y),\quad A=u_0+\mathrm{i}v_0,\quad z=x_0+\mathrm{i}y_0,$$

则 $\lim\limits_{z \to z_0} f(z)=A$ 的充要条件是

$$\lim_{\substack{x \to x_0 \\ y \to y_0}} u(x,y)=u_0,\quad \lim_{\substack{x \to x_0 \\ y \to y_0}} v(x,y)=v_0.$$

证 必要性 设 $\lim\limits_{z \to z_0} f(z)=A$，由复变函数极限定义，对任意给定的 $\varepsilon>0$，总存在 $\delta>0$，当

$$0<|z-z_0|=|(x+\mathrm{i}y)-(x_0+\mathrm{i}y_0)|=\sqrt{(x-x_0)^2+(y-y_0)^2}<\delta$$

时，有

$$|f(z)-A|=|(u+\mathrm{i}v)-(u_0+\mathrm{i}v_0)|=\sqrt{(u-u_0)^2+(v-v_0)^2}<\varepsilon.$$

从而

$$|u-u_0|\leqslant\sqrt{(u-u_0)^2+(v-v_0)^2}<\varepsilon,$$
$$|v-v_0|\leqslant\sqrt{(u-u_0)^2+(v-v_0)^2}<\varepsilon.$$

所以

$$\lim_{\substack{x \to x_0 \\ y \to y_0}} u(x,y)=u_0,\quad \lim_{\substack{x \to x_0 \\ y \to y_0}} v(x,y)=v_0.$$

充分性 设

$$\lim_{\substack{x \to x_0 \\ y \to y_0}} u(x,y)=u_0,\quad \lim_{\substack{x \to x_0 \\ y \to y_0}} v(x,y)=v_0.$$

由二元实函数极限定义，对任意给定的 $\varepsilon>0$，总存在 $\delta>0$，当

$$0<\sqrt{(x-x_0)^2+(y-y_0)^2}<\delta$$

时，有

$$|u-u_0|<\frac{\varepsilon}{2} \text{与} |v-v_0|<\frac{\varepsilon}{2}.$$

从而，当

$$0<|z-z_0|=\sqrt{(x-x_0)^2+(y-y_0)^2}<\delta$$

时，就有

$$|f(z)-A|=|(u-u_0)+\mathrm{i}(v-v_0)|\leqslant|u-u_0|+|v-v_0|<\frac{\varepsilon}{2}+\frac{\varepsilon}{2}=\varepsilon$$

成立，即

$$\lim_{z\to z_0} f(z)=A.$$

这个定理表明：一个复变函数 $f(z)=u(x,y)+\mathrm{i}v(x,y)$ 极限的问题可转化为求两个二元实变函数 $u=u(x,y)$ 和 $v=v(x,y)$ 的极限问题.

根据定理 1.1，可以证明下面的极限四则运算法则对于复变函数也成立.

定理 1.2 如果 $\lim\limits_{z\to z_0} f(z)=A$，$\lim\limits_{z\to z_0} g(z)=B$，则

(1) $\lim\limits_{z\to z_0}[f(z)\pm g(z)]=A\pm B$；

(2) $\lim\limits_{z\to z_0}[f(z)\cdot g(z)]=A\cdot B$；

(3) $\lim\limits_{z\to z_0}\dfrac{f(z)}{g(z)}=\dfrac{A}{B}$ $(B\neq 0)$.

例 1.10 证明函数 $f(z)=\dfrac{\bar{z}}{z}$ 在 $z\to 0$ 时极限不存在.

证 设 $z=x+\mathrm{i}y$，则

$$f(z)=\frac{\bar{z}}{z}=\frac{x^2-y^2}{x^2+y^2}+\mathrm{i}\frac{-2xy}{x^2+y^2},$$

于是

$$u(x,y)=\frac{x^2-y^2}{x^2+y^2},\quad v(x,y)=\frac{-2xy}{x^2+y^2}.$$

考虑二元函数 $u(x,y)$，当点 z 沿着直线 $y=kx$ 趋向于原点时，极限

$$\lim_{\substack{x\to 0\\ y=kx}} u(x,y)=\frac{1-k^2}{1+k^2}$$

随 k 不同而不同，从而 $\lim\limits_{\substack{x\to 0\\ y\to 0}} u(x,y)$ 极限不存在. 根据定理 1.1，$\lim\limits_{z\to 0} f(z)$ 不存在.

1.4.2 复变函数的连续性

定义 1.6 若 $\lim\limits_{z\to z_0} f(z)=f(z_0)$，则称函数 $f(z)$ 在点 z_0 处连续. 若 $f(z)$ 在区域 D 内每一点都连续，则称函数 $f(z)$ 在区域 D 内连续.

由复变函数连续的定义和上面的两个定理,可得到如下定理:

定理 1.3 函数 $f(z)=u(x,y)+\mathrm{i}v(x,y)$ 在 $z_0=x_0+\mathrm{i}y_0$ 处连续的充要条件是 $u(x,y)$ 和 $v(x,y)$ 都在点 (x_0,y_0) 处连续.

定理 1.4 在 z_0 处连续的两个函数的和、差、积、商(分母在 z_0 处不等于零)在 z_0 处仍连续.

定理 1.5 若函数 $h=g(z)$ 在 z_0 处连续,函数 $w=f(h)$ 在对应点 $h_0=g(z_0)$ 处连续,则复合函数 $w=f[g(z)]$ 在点 z_0 处连续.

根据以上定理,可以推得有理整函数(多项式)

$$w=P(z)=a_0+a_1z+a_2z^2+\cdots+a_nz^n$$

在复平面内处处连续,而有理分式函数

$$w=\frac{P(z)}{Q(z)}\ (\text{其中 } P(z) \text{ 和 } Q(z) \text{ 都是多项式})$$

在复平面内使分母不为零的点处也连续.

本章小结

1. 重点与难点、要求

本章的重点是牢固掌握复数的几种表示方法(代数、三角、指数表示)及其运算,会用复数表达式表示一些常见平面曲线与区域,理解复变函数的概念和复变函数的极限、连续的概念. 难点是复变函数的几何意义的理解,以及复变函数的多值性.

要求如下:

(1) 理解复数的概念及几何意义;

(2) 熟练掌握复数的几种表示方法;

(3) 熟练掌握复数的运算;

(4) 了解区域、简单曲线及有关概念;

(5) 会用复数表示一些平面区域与曲线;

(6) 理解复变函数的概念;

(7) 理解复变函数的极限、连续的概念;

(8) 了解复变函数的几何意义.

2. 知识要点

(1) 复数的定义.

复数是指形如 $z=x+\mathrm{i}y$(或 $z=x+y\mathrm{i}$)的表达式,其中 x,y 为实数,i 是虚数单

位，实部记为 $x=\mathrm{Re}\, z$，虚部记为 $y=\mathrm{Im}\, z$.

(2) 复数的模与辐角.

$$|z|=r=\sqrt{x^2+y^2},$$

$$\arg z=\begin{cases}\arctan\dfrac{y}{x}, & \text{当 } x>0 \text{ 时},\\ \dfrac{\pi}{2}, & \text{当 } x=0, y>0 \text{ 时},\\ -\dfrac{\pi}{2}, & \text{当 } x=0, y<0 \text{ 时}, \\ \arctan\dfrac{y}{x}+\pi, & \text{当 } x<0, y\geqslant 0 \text{ 时},\\ \arctan\dfrac{y}{x}-\pi, & \text{当 } x<0, y<0 \text{ 时}\end{cases}\left(\text{其中}-\frac{\pi}{2}<\arctan\frac{y}{x}<\frac{\pi}{2}\right).$$

$\mathrm{Arg}\, z=\arg z+2k\pi\ (k\in \mathbf{Z})$.

(3) 复数的几何意义.

(4) 复数的几种表示方法.

代数表示式：$z=x+\mathrm{i}y$；

三角表示式：$z=r(\cos\theta+\mathrm{i}\sin\theta)$；

指数表示式：$z=r\mathrm{e}^{\mathrm{i}\theta}$.

(5) 复数的运算.

(6) 复变函数的概念.

(7) 复变函数的极限与连续.

3. 例题选讲

例 1 试将复数 $1-\cos\theta+\mathrm{i}\sin\theta\ (0\leqslant\theta\leqslant\pi)$ 化为三角形式与指数形式.

解法 1 $r=\sqrt{(1-\cos\theta)^2+\sin^2\theta}=\sqrt{4\sin^2\dfrac{\theta}{2}}=2\sin\dfrac{\theta}{2}$,

$$\arg z=\arctan\frac{\sin\theta}{1-\cos\theta}=\arctan\left(\cot\frac{\theta}{2}\right)=\arctan\left(\tan\frac{\pi-\theta}{2}\right)=\frac{\pi-\theta}{2}.$$

$$1-\cos\theta+\mathrm{i}\sin\theta=2\sin\frac{\theta}{2}\left(\cos\frac{\pi-\theta}{2}+\mathrm{i}\sin\frac{\pi-\theta}{2}\right)\text{（三角表示式）}$$

$$=2\sin\frac{\theta}{2}\mathrm{e}^{\mathrm{i}\frac{\pi-\theta}{2}}.\text{（指数表示式）}$$

解法 2 $1-\cos\theta+\mathrm{i}\sin\theta=2\sin^2\dfrac{\theta}{2}+2\mathrm{i}\sin\dfrac{\theta}{2}\cos\dfrac{\theta}{2}=2\sin\dfrac{\theta}{2}\left(\sin\dfrac{\theta}{2}+\mathrm{i}\cos\dfrac{\theta}{2}\right)$

$$=2\sin\frac{\theta}{2}\left(\cos\frac{\pi-\theta}{2}+\mathrm{i}\sin\frac{\pi-\theta}{2}\right)\text{（三角表示式）}$$

$$=2\sin\frac{\theta}{2}\mathrm{e}^{\mathrm{i}\frac{\pi-\theta}{2}}.\text{（指数表示式）}$$

例 2 求证:三个复数 z_1,z_2,z_3 成为等边三角形顶点的充要条件是它们满足等式

$$z_1^2+z_2^2+z_3^2=z_1z_2+z_2z_3+z_3z_1.$$

证 $\triangle z_1z_2z_3$ 是等边三角形的充要条件为 $\overrightarrow{z_1z_2}$ 绕 z_1 旋转 $\frac{\pi}{3}$ 或 $-\frac{\pi}{3}$ 得到 $\overrightarrow{z_1z_3}$,即

$$z_3-z_1=(z_2-z_1)\mathrm{e}^{\pm\frac{\pi}{3}\mathrm{i}},$$

因而

$$\frac{z_3-z_1}{z_2-z_1}=\frac{1}{2}\pm\frac{\sqrt{3}}{2}\mathrm{i},\quad \frac{z_3-z_1}{z_2-z_1}-\frac{1}{2}=\pm\frac{\sqrt{3}}{2}\mathrm{i}.$$

两边平方,经整理,可得

$$z_1^2+z_2^2+z_3^2=z_1z_2+z_2z_3+z_3z_1.$$

例 3 对于映射 $w=z+\frac{1}{z}$,求出圆周 $|z|=2$ 的像.

解 令 $z=x+\mathrm{i}y,w=u+\mathrm{i}v$,则

$$w=u+\mathrm{i}v=x+\mathrm{i}y+\frac{1}{x+\mathrm{i}y},$$

所以

$$u=x+\frac{x}{x^2+y^2},\quad v=y-\frac{y}{x^2+y^2}.$$

对于圆周 $|z|=2$,其参数方程为

$$\begin{cases}x=2\cos\theta,\\ y=2\sin\theta\end{cases}\quad(0\leqslant\theta\leqslant2\pi).$$

代入上式,得像的参数方程为

$$\begin{cases}u=\dfrac{5}{2}\cos\theta,\\ v=\dfrac{3}{2}\sin\theta\end{cases}\quad(0\leqslant\theta\leqslant2\pi).$$

这是一个 w 平面上的椭圆

$$\frac{u^2}{\left(\frac{5}{2}\right)^2}+\frac{v^2}{\left(\frac{3}{2}\right)^2}=1.$$

例 4 讨论函数 $\arg z$ 的连续性.

解 设 z_0 为复平面上任意一点,下面分三种情形讨论 $\arg z$ 在 z_0 处的连续性.

(1) 当 $z_0=0$ 时，$\arg z_0$ 无定义，故 $\arg z$ 在原点不连续.

(2) 当 z_0 在负实轴上时，由于 $\arg z_0=\pi$，当 z 从上半平面趋于 z_0 时，$\arg z$ 趋于 π；但 z 从下半平面趋于 z_0 时，$\arg z$ 趋于 $-\pi$，所以 $\arg z$ 在负实轴上不连续.

(3) 当 z_0 为其他情形时，由于 $\lim\limits_{z\to z_0}\arg z=\arg z_0$，所以 $\arg z$ 连续.

综上可得，除去原点和负实轴，$\arg z$ 处处连续.

例 5 设函数 $f(z)$ 在 z_0 连续且 $f(z_0)\neq 0$，则存在 z_0 的一个邻域，在此邻域内 $f(z)\neq 0$.

证 因为 $\lim\limits_{z\to z_0}f(z)=f(z_0)\neq 0$，故对于 $\varepsilon=|f(z_0)|>0$，存在 $\delta>0$，当 $|z-z_0|<\delta$ 时，有 $|f(z)-f(z_0)|<\varepsilon=|f(z_0)|$. 而由三角不等式

$$|f(z)-f(z_0)|\geqslant|f(z_0)|-|f(z)|$$

便知，当 $|z-z_0|<\delta$ 时，

$$|f(z_0)|-|f(z)|\leqslant|f(z)-f(z_0)|<\varepsilon=|f(z_0)|,$$

即有 $|f(z)|>0$，故在 z_0 的 δ 邻域内 $f(z)\neq 0$.

自我检测题 1

一、填空题

1. 若 $\dfrac{1}{z}=a+bi$，则 $a=$________，$b=$________.

2. $z_1=1+\sqrt{3}i$，$z_2=-1-i$，则 $\dfrac{z_1}{z_2}$ 的模为________，辐角主值为________.

3. $w=f(z)$ 的几何意义是____________________________________.

4. ____________________________________称为简单曲线.

5. 满足 $\operatorname{Im} z>0$ 的区域是__________.

二、选择题

6. 复数 $z=\sin\dfrac{\pi}{3}-i\cos\dfrac{\pi}{3}$ 的辐角主值为(　　).

A. $-\dfrac{\pi}{6}$　　B. $\dfrac{\pi}{6}$　　C. $\dfrac{\pi}{3}$　　D. $-\dfrac{\pi}{3}$

7. 下列所示区域中是多连通区域的为(　　).

A. $\operatorname{Im} z>0$　　B. $\operatorname{Re} z<0$　　C. $0<|z|<1$　　D. $\dfrac{\pi}{4}<\arg z<\dfrac{\pi}{3}$

8. 方程 $z^3=i$ 的复根的个数为(　　).

A. 3 个　　B. 0 个　　C. 1 个　　D. 2 个

9. 下列式子正确的为(　　).

A. $\operatorname{Arg}(2z)=2\operatorname{Arg} z$　　B. $\arg(-1)=-\pi$

C. $\operatorname{Arg}(z_1z_2)=\operatorname{Arg} z_1+\operatorname{Arg} z_2$　　D. $\arg z=\arctan\dfrac{y}{x}$

10. 函数 $f(z)=u(x,y)+\mathrm{i}v(x,y)$ 在 $z_0=x_0+y_0$ 处连续的充要条件是( ).

A. $u(x,y)$ 在点 (x_0,y_0) 处连续

B. $v(x,y)$ 在点 (x_0,y_0) 处连续

C. $u(x,y)$ 和 $v(x,y)$ 都在点 (x_0,y_0) 处连续

D. $u(x,y)+v(x,y)$ 在点 (x_0,y_0) 处连续

三、计算题

11. 解方程 $z^2-4\mathrm{i}z-(4-9\mathrm{i})=0$.

12. 若 $z=1+\mathrm{i}$, $w=z^2+3\bar{z}-4$, 求 w 的三角形式.

四、证明题

13. 设 z_1, z_2 为任意两个复数, 证明: $|z_1-z_2|^2=|z_1|^2+|z_2|^2-2\mathrm{Re}(z_1\overline{z_2})$.

复习题 1

1. 将下列复数化为三角形式和指数形式:

(1) $3\mathrm{i}$; (2) -8;

(3) $1+\sqrt{3}\mathrm{i}$.

2. 求下列各式的值:

(1) $(1+\mathrm{i})^6$; (2) $(1-\mathrm{i})^{\frac{1}{3}}$.

3. 解下列方程:

(1) $z^3+8=0$; (2) $z^6+a^6=0$ (a 为正实数).

4. 证明:

(1) $|z|^2=z\bar{z}$; (2) $\overline{z_1\pm z_2}=\overline{z_1}+\overline{z_2}$;

(3) $\overline{z_1 z_2}=\overline{z_1}\ \overline{z_2}$; (4) $\overline{\left(\frac{z_1}{z_2}\right)}=\frac{\overline{z_1}}{\overline{z_2}}$, $z_2\neq 0$;

(5) $\bar{\bar{z}}=z$; (6) $\mathrm{Re}\, z=\frac{1}{2}(z+\bar{z})$, $\mathrm{Im}\, z=\frac{1}{2\mathrm{i}}(z-\bar{z})$.

5. 一个复数乘以 $-\mathrm{i}$, 它的模与辐角有何改变?

6. 若 $(1+\mathrm{i})^n=(1-\mathrm{i})^n$, 试求 n 的值.

7. 如果 $|z_1|=|z_2|=|z_3|=1$, 且 $z_1+z_2+z_3=0$, 证明: z_1, z_2, z_3 是内接于单位圆的一个正三角形的顶点.

8. 在平面上任选一点 z, 然后在复平面上画出下列各点的位置:

(1) $-z$; (2) $\bar{z}$;

(3) $-\bar{z}$; (4) $\frac{1}{\bar{z}}$;

(5) $\frac{1}{z}$; (6) $-\frac{1}{\bar{z}}$.

9. 指出下列各题中点 z 的轨迹或所在范围, 并作图:

(1) $|z-3|=1$; (2) $|z+2\mathrm{i}|\geqslant 1$;

(3) $\mathrm{Re}(z+2)=-1$; (4) $2<|z|<3$;

(5) $|z+3|+|z+1|=4$；　　(6) $\text{Im}\, z \leqslant 2$.

10. 下列各题中的函数将 z 平面内给定区域映成 w 平面内什么区域？

(1) $w=f(z)=3z$，区域：$|\arg z|<\frac{\pi}{2}$；

(2) $w=f(z)=z^2$，区域：$|z|>3$；

(3) $w=f(z)=z^3$，区域：$0<\arg z<\frac{\pi}{3}$.

11. 函数 $w=\frac{1}{z}$ 将 z 平面内的下列点及曲线映成 w 平面内怎样的点及曲线？

(1) $z_1=\text{i}$，$z_2=1+\text{i}$；　　(2) 曲线 $x^2+y^2=1$；

(3) 曲线 $x=1$；　　(4) 曲线 $y=x$.

12. 证明：$f(z)$ 如果在 z_0 处连续，则 $|f(z)|$ 也在 z_0 处连续.

13. 设 $f(z)=\frac{1}{2\text{i}}\left(\frac{z}{\bar{z}}-\frac{\bar{z}}{z}\right)(z\neq 0)$，证明：当 $z\to 0$ 时 $f(z)$ 的极限不存在.

14. 证明复平面上的圆周方程可写成：

$$z\bar{z}+\alpha\bar{z}+\bar{\alpha}z+c=0 \quad (\text{其中 } \alpha \text{ 为复常数}, c \text{ 为实常数}).$$

2 解析函数

本章首先与实函数类似地定义复变函数的导数，然后引入复变函数中最重要的概念——解析函数，并给出解析函数的微分判别方法，最后把实函数中的基本初等函数推广到复变函数.

2.1 解析函数的概念与柯西-黎曼方程

2.1.1 复变函数的导数

复变函数可以与实函数完全类似地定义导数：

定义 2.1 设函数 $w=f(z)$ 在 $z=z_0$ 的邻域内有定义，$z_0+\Delta z$ 也属于此邻域，如果极限

$$\lim_{\Delta z\to 0}\frac{f(z_0+\Delta z)-f(z_0)}{\Delta z}$$

存在，则称函数 $f(z)$ 在 $z=z_0$ 处可导，并称此极限值为函数 $f(z)$ 在 $z=z_0$ 处的导数，记作 $f'(z_0)$ 或 $\left.\frac{dw}{dz}\right|_{z=z_0}$，即

$$f'(z_0)=\left.\frac{dw}{dz}\right|_{z=z_0}=\lim_{\Delta z\to 0}\frac{f(z_0+\Delta z)-f(z_0)}{\Delta z}.$$

必须指出，复变函数的导数定义虽然在形式上和一元实函数的导数定义类似，但由于是以 Δz 为自变量的函数的极限，而 $\Delta z=\Delta x+i\Delta y$ 对应了复平面内的点，所以极限要求 Δz 在复平面内以任何方式趋向于零，极限存在的条件要比一元实函数的导数存在的条件严格得多.

如果函数 $w=f(z)$ 在区域 D 内的每一点都可导，则称 $w=f(z)$ 在区域 D 内可导.

例 2.1 求函数 $f(z)=z^n$（n 为正整数）的导数.

解

$$\begin{aligned}f'(z)&=\lim_{\Delta z\to 0}\frac{f(z+\Delta z)-f(z)}{\Delta z}\\&=\lim_{\Delta z\to 0}\frac{(z+\Delta z)^n-z^n}{\Delta z}\\&=\lim_{\Delta z\to 0}\left[nz^{n-1}+\frac{n(n-1)}{2!}z^{n-2}\Delta z+\cdots+(\Delta z)^{n-1}\right]\\&=nz^{n-1}.\end{aligned}$$

例 2.2 证明函数 $f(z)=\bar{z}$ 在复平面内处处不可导.

证 任取 $z\in\mathbf{C}$,此时

$$\lim_{\Delta z\to 0}\frac{f(z+\Delta z)-f(z)}{\Delta z}=\lim_{\Delta z\to 0}\frac{\overline{z+\Delta z}-\bar{z}}{\Delta z}$$

$$=\lim_{\Delta z\to 0}\frac{\overline{\Delta z}}{\Delta z}=\lim_{\substack{\Delta x\to 0\\ \Delta y\to 0}}\frac{\Delta x-\mathrm{i}\Delta y}{\Delta x+\mathrm{i}\Delta y}.$$

设 Δz 沿着实轴方向趋向于零,即 $\Delta x\to 0,\Delta y=0$,此时极限

$$\lim_{\substack{\Delta x\to 0\\ \Delta y\to 0}}\frac{\Delta x-\mathrm{i}\Delta y}{\Delta x+\mathrm{i}\Delta y}=\lim_{\Delta x\to 0}\frac{\Delta x}{\Delta x}=1;$$

设 Δz 沿着虚轴方向趋向于零,即 $\Delta y\to 0,\Delta x=0$,此时极限

$$\lim_{\substack{\Delta x\to 0\\ \Delta y\to 0}}\frac{\Delta x-\mathrm{i}\Delta y}{\Delta x+\mathrm{i}\Delta y}=\lim_{\Delta y\to 0}\frac{-\mathrm{i}\Delta y}{\Delta y}=-1.$$

Δz 沿着不同方向趋向于零时,极限不相等,从而原极限不存在,函数 $f(z)=\bar{z}$ 在复平面内处处不可导.

从本例可以看出,尽管函数 $f(z)=\bar{z}=x-\mathrm{i}y$ 的实部和虚部都是多项式,无穷次可微,但由它们构成的复变函数却处处不可导,这充分说明复变函数的可导性对函数的要求更高.

与实函数一样,若函数 $w=f(z)$ 在 z_0 处可导,则 $w=f(z)$ 在 z_0 处连续.事实上,由导数的定义

$$f'(z_0)=\lim_{\Delta z\to 0}\frac{f(z_0+\Delta z)-f(z_0)}{\Delta z},$$

再由极限和无穷小的关系知

$$\frac{f(z_0+\Delta z)-f(z_0)}{\Delta z}=f'(z_0)+\rho(\Delta z),$$

其中,$\rho(\Delta z)\to 0(\Delta z\to 0)$.于是

$$f(z_0+\Delta z)-f(z_0)=[f'(z_0)+\rho(\Delta z)]\Delta z,$$

$$\lim_{\Delta z\to 0}[f(z_0+\Delta z)-f(z_0)]=0,$$

即

$$\lim_{\Delta z\to 0}f(z_0+\Delta z)=f(z_0),$$

从而 $w=f(z)$ 在 z_0 处连续.

由于复变函数导数的定义与一元实函数导数的定义在形式上完全相同，因此仅利用一元实函数导数的定义证明的结论，对于复变函数也同样成立. 现将这些结论罗列如下：

(1) $C'=0$，其中 C 是复常数；

(2) $(z^n)'=nz^{n-1}$，其中 n 是正整数；

(3) $[f(z)+g(z)]'=f'(z)+g'(z)$；

(4) $[f(z)g(z)]'=f'(z)g(z)+f(z)g'(z)$；

(5) $\left[\dfrac{f(z)}{g(z)}\right]'=\dfrac{f'(z)g(z)-f(z)g'(z)}{g^2(z)}$；

(6) $\{f[g(z)]\}'=f'(w)g'(z)$，其中 $w=g(z)$；

(7) $f'(z)=\dfrac{1}{\varphi'(w)}$，其中 $w=f(z)$ 与 $z=\varphi(w)$ 是两个互为反函数的单值函数，且 $\varphi'(w)\neq 0$.

和实函数一样，也可以定义复变函数微分的概念. 设 $w=f(z)$ 在 z_0 处可导，由前可导必连续的证明可知

$$\Delta w=f(z_0+\Delta z)-f(z_0)=f'(z_0)\Delta z+\rho(\Delta z)\Delta z,$$

其中，$\rho(\Delta z)\to 0(\Delta z\to 0)$. 因此 $|\rho(\Delta z)\Delta z|$ 是 $|\Delta z|$ 的高阶无穷小，称 $f'(z_0)\Delta z$ 为函数 $f(z)$ 在 z_0 处的微分，记作

$$dw=f'(z_0)\Delta z.$$

如果函数 $f(z)$ 在 z_0 处的微分存在，也称函数 $f(z)$ 在 z_0 处可微.

特别地，当 $f(z)=z$ 时，$dz=\Delta z$，于是

$$dw=f'(z_0)dz.$$

显然函数 $f(z)$ 在 z_0 处可导和可微是等价的.

2.1.2 解析函数的概念

定义 2.2 如果函数 $w=f(z)$ 在 $z=z_0$ 的邻域内处处可导，则称函数 $f(z)$ 在 $z=z_0$ 处解析. 如果函数 $w=f(z)$ 在区域 D 内的每一点都解析，则称 $w=f(z)$ 在区域 D 内解析，或称 $w=f(z)$ 为区域 D 内的解析函数(或全纯函数).

如果函数 $w=f(z)$ 在 $z=z_0$ 处不解析，则称 $z=z_0$ 为函数 $f(z)$ 的奇点.

例 2.3 讨论函数 $f(z)=|z|^2$ 的解析性.

解 当 $z=0$ 时，

$$f'(0)=\lim_{z\to 0}\frac{f(z)-f(0)}{z-0}=\lim_{z\to 0}\frac{|z|^2}{z}=\lim_{z\to 0}\frac{z\bar{z}}{z}=0,$$

故 $f(z)=|z|^2$ 在 $z=0$ 处可导. 当 $z\neq 0$ 时，如果 $f(z)=|z|^2$ 可导，则 $\bar{z}=\dfrac{z\bar{z}}{z}=$

$\frac{f(z)}{z}$也可导，与例 2.2 矛盾. 因此当 $z\neq 0$ 时，$f(z)=|z|^2$ 不可导. 所以 $f(z)=|z|^2$ 在复平面内处处不解析.

例 2.3 中函数 $f(z)=|z|^2$ 在 $z=0$ 处可导，但除此以外都不可导，所以在 $z=0$ 处并不解析. 由此可见，函数在一点处可导，并不一定解析，解析比可导的要求高.

容易证明函数在区域 D 内可导等价于在区域 D 内解析.

根据求导法则，容易得到下面关于解析函数运算性质的定理.

定理 2.1 两个解析函数的和、差、积、商(除去分母为零的点)和复合都是解析函数.

由此定理知，多项式函数是复平面内的解析函数，有理分式函数在除去分母为零的区域内是解析函数.

2.1.3 柯西-黎曼方程

解析函数是复变函数的核心概念. 判别一个函数是否解析，根据定义往往非常困难，我们应该研究函数的实部和虚部，用实函数的性质去判定. 在例 2.2 中，尽管 $f(z)=\bar{z}=x-\mathrm{i}y$ 的实部和虚部都是多项式，无穷次可微，但它们构成的复变函数却处处不可导. 由此可见，如果复变函数可导，它的实部和虚部必须满足一定的条件.

定理 2.2 设函数 $f(z)=u(x,y)+\mathrm{i}v(x,y)$在区域 D 内有定义，则 $f(z)$在 D 内一点 $z=x+\mathrm{i}y$ 可导的充要条件为 $u(x,y)$和 $v(x,y)$在点(x,y)处都可微，且满足柯西-黎曼方程

$$\frac{\partial u}{\partial x}=\frac{\partial v}{\partial y},\ \frac{\partial u}{\partial y}=-\frac{\partial v}{\partial x}.$$

证 必要性 设函数 $f(z)$在 D 内一点 $z=x+\mathrm{i}y$ 处可导，由前面可导必连续的证明可知

$$\Delta f(z)=f(z+\Delta z)-f(z)=f'(z)\Delta z+\rho(\Delta z)\Delta z,$$

其中，$\rho(\Delta z)\to 0(\Delta z\to 0)$. 令 $f'(z)=a+\mathrm{i}b$，$\Delta f(z)=\Delta u+\mathrm{i}\Delta v$，$\rho(\Delta z)=\alpha+\mathrm{i}\beta$，则

$$\begin{aligned}\Delta u+\mathrm{i}\Delta v&=(a+\mathrm{i}b)(\Delta x+\mathrm{i}\Delta y)+(\alpha+\mathrm{i}\beta)(\Delta x+\mathrm{i}\Delta y)\\&=(a\Delta x-b\Delta y+\alpha\Delta x-\beta\Delta y)+\mathrm{i}(b\Delta x+a\Delta y+\beta\Delta x+\alpha\Delta y),\end{aligned}$$

于是

$$\Delta u=a\Delta x-b\Delta y+\alpha\Delta x-\beta\Delta y,$$
$$\Delta v=b\Delta x+a\Delta y+\beta\Delta x+\alpha\Delta y.$$

由于$\lim\limits_{\Delta z\to 0}\rho(\Delta z)=0$，即有$\lim\limits_{\substack{\Delta x\to 0\\ \Delta y\to 0}}\alpha=0$，$\lim\limits_{\substack{\Delta x\to 0\\ \Delta y\to 0}}\beta=0$，从而

$$\left|\frac{\alpha\Delta x-\beta\Delta y}{\sqrt{\Delta x^2+\Delta y^2}}\right|\leqslant|\alpha|\left|\frac{\Delta x}{\sqrt{\Delta x^2+\Delta y^2}}\right|+|\beta|\left|\frac{\Delta y}{\sqrt{\Delta x^2+\Delta y^2}}\right|$$

是无穷小，所以 $u(x,y)$ 在点 (x,y) 处可微. 同理 $v(x,y)$ 在点 (x,y) 处可微，而且满足柯西-黎曼方程

$$a=\frac{\partial u}{\partial x}=\frac{\partial v}{\partial y},\quad -b=\frac{\partial u}{\partial y}=-\frac{\partial v}{\partial x}.$$

充分性　由 $u(x,y)$ 和 $v(x,y)$ 在点 (x,y) 处均可微，则

$$\Delta u=\frac{\partial u}{\partial x}\Delta x+\frac{\partial u}{\partial y}\Delta y+\varepsilon_1,$$

$$\Delta v=\frac{\partial v}{\partial x}\Delta x+\frac{\partial v}{\partial y}\Delta y+\varepsilon_2,$$

其中，ε_1 和 ε_2 是 $\sqrt{\Delta x^2+\Delta y^2}$ 的高阶无穷小. 由柯西-黎曼方程，令

$$a=\frac{\partial u}{\partial x}=\frac{\partial v}{\partial y},\quad -b=\frac{\partial u}{\partial y}=-\frac{\partial v}{\partial x},$$

则

$$\begin{aligned}f(z+\Delta z)-f(z)&=\Delta u+\mathrm{i}\Delta v\\&=(a\Delta x-b\Delta y+\varepsilon_1)+\mathrm{i}(b\Delta x+a\Delta y+\varepsilon_2)\\&=(a+\mathrm{i}b)(\Delta x+\mathrm{i}\Delta y)+\varepsilon_1+\mathrm{i}\varepsilon_2,\end{aligned}$$

从而

$$\frac{f(z+\Delta z)-f(z)}{\Delta z}=a+\mathrm{i}b+\varepsilon,$$

其中，$\varepsilon=\dfrac{\varepsilon_1+\mathrm{i}\varepsilon_2}{\Delta x+\mathrm{i}\Delta y}\to 0(\Delta z\to 0)$. 于是

$$\begin{aligned}f'(z)&=\lim_{\Delta z\to 0}\frac{f(z+\Delta z)-f(z)}{\Delta z}=a+\mathrm{i}b\\&=\frac{\partial u}{\partial x}+\mathrm{i}\,\frac{\partial v}{\partial x},\end{aligned}$$

即 $f(z)$ 在 $z=x+\mathrm{i}y$ 处可导.

定理 2.2 还给出了函数 $f(z)=u(x,y)+\mathrm{i}v(x,y)$ 在点 $z=x+\mathrm{i}y$ 处的导数公式：

$$f'(z)=\frac{\partial u}{\partial x}+\mathrm{i}\,\frac{\partial v}{\partial x}=\frac{\partial v}{\partial y}+-\mathrm{i}\,\frac{\partial u}{\partial y}.$$

由于函数在区域 D 内解析与在区域 D 内可导等价，从而由定理 2.2 可以得到一个刻画函数在区域 D 内解析的定理.

定理 2.3 设函数 $f(z)=u(x,y)+\mathrm{i}v(x,y)$在区域 D 内有定义,则 $f(z)$在区域 D 内解析的充要条件为$u(x,y)$和 $v(x,y)$在区域 D 内可微,且满足柯西-黎曼方程

$$\frac{\partial u}{\partial x}=\frac{\partial v}{\partial y},\ \frac{\partial u}{\partial y}=-\frac{\partial v}{\partial x}.$$

上面的定理不但揭示了解析函数的实部与虚部的内在关系,还给出了判断函数解析的微分方法,是解析函数的微分刻画.

例 2.4 函数 $f(z)=x^2-\mathrm{i}y$ 在何处可导,何处解析?

解 由 $u(x,y)=x^2, v(x,y)=-y$ 得

$$u_x=2x,\ u_y=0,\ v_x=0,\ v_y=-1,$$

于是

$$u_y=0=-v_x.$$

若要 $2x=u_x=v_y=-1$,必须 $x=-\frac{1}{2}$.故仅在直线 $x=-\frac{1}{2}$上柯西-黎曼方程成立,而 $u(x,y),v(x,y)$可微,所以函数 $f(z)=x^2-\mathrm{i}y$ 在直线 $x=-\frac{1}{2}$上可导,在复平面 **C** 内处处不解析,并且

$$f'(z)\Big|_{x=-\frac{1}{2}}=\frac{\partial u}{\partial x}+\mathrm{i}\frac{\partial v}{\partial x}\Big|_{x=-\frac{1}{2}}=-1.$$

例 2.5 判别函数 $f(z)=\frac{x}{x^2+y^2}-\mathrm{i}\frac{y}{x^2+y^2}$的解析性.

解 因为 $u=\frac{x}{x^2+y^2}, v=-\frac{y}{x^2+y^2}$在 $z\neq 0$ 处均可微,且

$$\frac{\partial u}{\partial x}=\frac{y^2-x^2}{(x^2+y^2)^2},\ \frac{\partial u}{\partial y}=\frac{-2xy}{(x^2+y^2)^2},$$

$$\frac{\partial v}{\partial x}=\frac{2xy}{(x^2+y^2)^2},\ \frac{\partial v}{\partial y}=\frac{y^2-x^2}{(x^2+y^2)^2},$$

满足柯西-黎曼方程,所以函数 $f(z)=\frac{x}{x^2+y^2}-\mathrm{i}\frac{y}{x^2+y^2}$在 $z\neq 0$ 处解析,且其导数为

$$f'(z)=\frac{\partial u}{\partial x}+\mathrm{i}\frac{\partial v}{\partial x}=\frac{y^2-x^2}{(x^2+y^2)^2}+\mathrm{i}\frac{2xy}{(x^2+y^2)^2}$$

$$=-\frac{(x-\mathrm{i}y)^2}{(x^2+y^2)^2}=-\frac{(\bar{z})^2}{(z\bar{z})^2}=-\frac{1}{z^2}.$$

例 2.6 设 $f'(z)$在区域 D 内处处为零,证明 $f(z)$在区域 D 内为常数.

证 由 $f'(z)=\frac{\partial u}{\partial x}+\mathrm{i}\frac{\partial v}{\partial x}=\frac{1}{\mathrm{i}}\frac{\partial u}{\partial y}+\frac{\partial v}{\partial y}\equiv 0$ 可知

$$\frac{\partial u}{\partial x}=\frac{\partial u}{\partial y}=\frac{\partial v}{\partial x}=\frac{\partial v}{\partial y}\equiv 0,$$

所以 u,v 均为常数，即 $f(z)$在区域 D 内为常数.

2.2 初等函数

2.2.1 指数函数

指数函数是最重要的函数，我们希望把它推广到复数范围内，同时能够保持指数函数的重要性质. 设 $z=x+\mathrm{i}y$，定义指数函数 e^z 为

$$\mathrm{e}^z=\mathrm{e}^x(\cos y+\mathrm{i}\sin y).$$

显然当 z 取实数时，$y=0$，$z=x$，此时 $\mathrm{e}^z=\mathrm{e}^x$，说明指数函数 e^z 是实函数 e^x 的推广；当 z 取纯虚数时，$x=0$，$z=\mathrm{i}y$，此时 $\mathrm{e}^z=\mathrm{e}^{\mathrm{i}y}=\cos y+\mathrm{i}\sin y$，即欧拉公式.

下面证明 e^z 与实函数 e^x 类似的性质.

(1) 指数函数 e^z 在整个复平面都有定义，且

$$\mathrm{e}^z\neq 0.$$

事实上，对复平面内任意一点 $z=x+\mathrm{i}y$，e^x，$\cos y$，$\sin y$ 均有定义，且

$$|\mathrm{e}^z|=\mathrm{e}^x>0.$$

(2) 对于任意的 z_1，z_2，有

$$\mathrm{e}^{z_1}\mathrm{e}^{z_2}=\mathrm{e}^{z_1+z_2}.$$

这是因为，令 $z_1=x_1+\mathrm{i}y_1$，$z_2=x_2+\mathrm{i}y_2$，则

$$\begin{aligned}\mathrm{e}^{z_1}\mathrm{e}^{z_2}&=\mathrm{e}^{x_1}(\cos y_1+\mathrm{i}\sin y_1)\mathrm{e}^{x_2}(\cos y_2+\mathrm{i}\sin y_2)\\&=\mathrm{e}^{x_1+x_2}[\cos(y_1+y_2)+\mathrm{i}\sin(y_1+y_2)]\\&=\mathrm{e}^{z_1+z_2}.\end{aligned}$$

(3) e^z 在整个复平面内解析，且

$$(\mathrm{e}^z)'=\mathrm{e}^z.$$

事实上，设 $\mathrm{e}^z=u+\mathrm{i}v$，则 $u=\mathrm{e}^x\cos y$，$v=\mathrm{e}^x\sin y$ 显然可微，并且

$$\frac{\partial u}{\partial x}=\mathrm{e}^x\cos y=\frac{\partial v}{\partial y},\ \frac{\partial u}{\partial y}=-\mathrm{e}^x\sin y=-\frac{\partial v}{\partial x},$$

即满足柯西-黎曼方程，所以 e^z 在整个复平面内解析，且有

$$(\mathrm{e}^z)'=\frac{\partial u}{\partial x}+\mathrm{i}\frac{\partial v}{\partial x}=\mathrm{e}^x\cos y+\mathrm{i}\mathrm{e}^x\sin y=\mathrm{e}^z.$$

e^z 还有实函数所没有的性质.

(4) e^z 是以 $2\pi\mathrm{i}$ 为周期的周期函数，即

$$\mathrm{e}^{z+2\pi\mathrm{i}}=\mathrm{e}^z.$$

这是因为，由性质(2)，$e^{z+2\pi i}=e^z e^{2\pi i}=e^z$. 一般地，$e^{z+2k\pi i}=e^z$，$k\in\mathbf{Z}$.

可以证明，满足以上性质的实指数函数的推广复指数函数 e^z 是唯一的.

2.2.2 对数函数

指数函数 $z=e^w(z\neq0)$ 的反函数，称为对数函数，记作 $w=\mathrm{Ln}\,z$.

令 $z=re^{i\theta}$，$w=u+iv$，则由 $z=e^w$ 得

$$e^{u+iv}=re^{i\theta},$$

从而

$$e^u=r,\ v=\theta+2k\pi,\ k\in\mathbf{Z},$$

所以

$$w=u+iv=\ln r+i(\theta+2k\pi),$$

即

$$w=\mathrm{Ln}\,z=\mathrm{Ln}|z|+i\,\mathrm{Arg}\,z,\ z\neq0$$

或

$$w=\mathrm{Ln}\,z=\ln|z|+i\arg z+2k\pi i,\ k\in\mathbf{Z}.$$

可见对数函数是多值函数，并且每两个值之间相差 $2\pi i$ 的整数倍.

对于每个固定的 k，可以得到一个单值函数，称为 $w=\mathrm{Ln}\,z$ 的一个单值分支.

特别地，当 $k=0$ 时，$w=\ln|z|+i\arg z$ 称为 $w=\mathrm{Ln}\,z$ 的主值，记作 $w=\ln z$，即

$$w=\ln z=\ln|z|+i\arg z,\ -\pi<\arg z\leqslant\pi.$$

当 $z=x>0$ 时，$\ln z=\ln x$，即为实对数函数的推广.

例 2.7 求 $\mathrm{Ln}\,2$，$\mathrm{Ln}(-1)$，$\mathrm{Ln}(3-4i)$ 及其主值.

解 $\mathrm{Ln}\,2=\ln 2+i\,\mathrm{Arg}\,2=\ln 2+2k\pi i$，$k\in\mathbf{Z}$，主值为 $\ln 2$.

$\mathrm{Ln}(-1)=\ln 1+i\,\mathrm{Arg}(-1)=(2k+1)\pi i$，$k\in\mathbf{Z}$，主值为 $\ln(-1)=\pi i$.

因为 $\arg(3-4i)=-\arctan\dfrac{4}{3}$，所以

$$\mathrm{Ln}(3-4i)=\ln 5+i\left(-\arctan\frac{4}{3}+2k\pi\right),\ k\in\mathbf{Z},$$

主值为

$$\ln(3-4i)=\ln 5-i\arctan\frac{4}{3}.$$

在复数范围内负数也有对数，而且正实数的对数也有无穷多个，因此复数的对数要比实数情形复杂很多.

复对数保持了实对数的基本性质：

(1) $\mathrm{Ln}(z_1z_2)=\mathrm{Ln}\,z_1+\mathrm{Ln}\,z_2$；

(2) $\mathrm{Ln}\dfrac{z_1}{z_2}=\mathrm{Ln}\,z_1-\mathrm{Ln}\,z_2$.

利用辐角的相应性质不难证明上述两个性质，但上述等式两端均有无穷多个值，因此必须理解成两边分别取适当的单值分支，才能相等.

同时，下面等式：

$$\mathrm{Ln}\, z^n = n\,\mathrm{Ln}\, z,\ \ \mathrm{Ln}\sqrt[n]{z} = \frac{1}{n}\,\mathrm{Ln}\, z.$$

不再成立，其中 n 是大于 1 的正整数.

下面讨论对数函数的解析性. 首先考虑主值 $\ln z$，其实部 $\ln|z| = \ln\sqrt{x^2+y^2}$ 除原点外处处连续，而虚部 $\arg z$ 在原点和负实轴上不连续，因此 $\ln z$ 在除去原点和负实轴外的复平面内连续. 进而 $z=\mathrm{e}^w\,(z\neq 0)$ 在区域 $-\pi<\arg z<\pi$ 内的反函数 $w=\ln z$ 是单值的，由反函数的求导法则可知

$$(\ln z)' = \frac{1}{(\mathrm{e}^w)'} = \frac{1}{\mathrm{e}^w} = \frac{1}{z},$$

所以 $\ln z$ 在除去原点和负实轴外的复平面内解析.

而其他单值分支和主值 $\ln z$ 相差一个常数，因此在同样的区域内也解析，且有相同的导数.

2.2.3 幂函数

对于实数 $a>0$ 和 b，由对数恒等式可以把幂 a^b 表示成 $\mathrm{e}^{b\mathrm{Ln}\, a}$，利用此形式可以把乘幂推广到任意复数. 设 $a, b\in\mathbf{C}$ 且 $a\neq 0$，定义复数乘幂

$$a^b = \mathrm{e}^{b\,\mathrm{Ln}\, a}.$$

由于 $\mathrm{Ln}\, a$ 是多值的，一般而言 a^b 也是多值的. 但当 b 是整数时，这里定义的乘幂和以前定义的乘幂是一致的，只有一个值；并且 $b=\dfrac{1}{n}, n\in\mathbf{N}^*$ 时，这里定义的乘幂和以前定义的复数开方也是一致的，有 n 个值.

例 2.8 求 $1^{\sqrt{2}}$ 和 i^{i} 的值.

解 $1^{\sqrt{2}} = \mathrm{e}^{\sqrt{2}\mathrm{Ln}\,1} = \mathrm{e}^{2k\pi\mathrm{i}\sqrt{2}} = \cos 2\sqrt{2}k\pi + \mathrm{i}\sin 2\sqrt{2}k\pi,\ \ k\in\mathbf{Z};$

$$\mathrm{i}^{\mathrm{i}} = \mathrm{e}^{\mathrm{i}\mathrm{Ln}\,\mathrm{i}} = \mathrm{e}^{\mathrm{i}\left(\frac{\pi}{2}\mathrm{i}+2k\pi\mathrm{i}\right)} = \mathrm{e}^{-\left(2k+\frac{1}{2}\right)\pi},\ \ k\in\mathbf{Z}.$$

为了和整数幂函数符号一致，定义函数

$$w = z^{\alpha} = \mathrm{e}^{\alpha\mathrm{Ln}\, z}\ (z\neq 0)$$

为幂函数，其中 α 是个复常数. 它是指数函数和对数函数的复合函数，一般而言，是个无穷多值函数，但以下几种情况需要注意：

(1) 当 $\alpha=n\in\mathbf{N}^*$ 时，$w=z^{\alpha}=z^n$ 是单值函数，就是 z 的 n 次方；

(2) 当 $\alpha=-n, n\in\mathbf{N}^*$ 时，$w=z^{\alpha}=z^{-n}=\dfrac{1}{z^n}$ 是单值函数；

(3) 当 $\alpha=\dfrac{1}{n}, n\in\mathbf{N}^*$ 时，$w=z^{\alpha}=z^{\frac{1}{n}}=\sqrt[n]{z}$，具有 n 个单值分支.

下面讨论幂函数的解析性. 令 $\zeta=\mathrm{Ln}\,z$,则 ζ 在除去原点和负实轴外的复平面内解析,而 e^{ζ} 是 ζ 的解析函数,所以复合函数 $w=z^{\alpha}=e^{\alpha\mathrm{Ln}\,z}$ 也除去原点和负实轴外的复平面内解析,并且

$$\frac{d}{dz}(z^{\alpha})=\frac{d}{dz}(e^{\alpha\mathrm{Ln}\,z})=\frac{d}{d\zeta}(e^{\alpha\zeta})\frac{d\zeta}{dz}$$

$$=\alpha e^{\alpha\zeta}\cdot\frac{1}{z}=\alpha z^{\alpha}\cdot\frac{1}{z}=\alpha z^{\alpha-1}.$$

2.2.4 三角函数和双曲函数

当 x 是实数时,由欧拉公式

$$e^{ix}=\cos x+i\sin x,\ e^{-ix}=\cos x-i\sin x$$

把这两式分别相加减,得到

$$\sin x=\frac{e^{ix}-e^{-ix}}{2i},\ \cos x=\frac{e^{ix}+e^{-ix}}{2},$$

由此定义复的正弦和余弦函数分别为

$$\sin z=\frac{e^{iz}-e^{-iz}}{2i},\ \cos z=\frac{e^{iz}+e^{-iz}}{2}.$$

显然当 z 取实数时就是实的三角函数,所以上式是实三角函数的推广,而且保留了实三角函数的大部分性质,并且可以由定义直接证明.

(1) $\sin z,\cos z$ 都是以 2π 为周期的周期函数,即

$$\sin(z+2\pi)=\sin z,\ \cos(z+2\pi)=\cos z.$$

(2) $\sin z$ 是奇函数,$\cos z$ 是偶函数,即

$$\sin(-z)=-\sin z,\ \cos(-z)=\cos z.$$

(3) 各种三角恒等式仍然成立,例如

$$\sin^2 z+\cos^2 z=1,$$

$$\sin\left(\frac{\pi}{2}-z\right)=\cos z,$$

$$\sin(z_1+z_2)=\sin z_1\cos z_2+\cos z_1\sin z_2.$$

(4) $\sin z$ 的零点(即满足 $\sin z=0$ 的点 z)为

$$z=k\pi,\ k\in\mathbf{Z};$$

$\cos z$ 的零点为

$$z=k\pi+\frac{\pi}{2},\ k\in\mathbf{Z}.$$

(5) $\sin z$ 和 $\cos z$ 在复平面内解析,且

$$(\sin z)'=\cos z,\ (\cos z)'=-\sin z.$$

(6) 欧拉公式可以推广到复数范围内,即

$$e^{iz}=\cos z+i\sin z.$$

下面一条性质是与实三角函数完全不同的：

(7) $\sin z$ 和 $\cos z$ 在复平面内是无界函数.

例如取 $z=iy(y\in\mathbf{R})$，则

$$\cos iy=\frac{e^{-y}+e^{y}}{2}>\frac{e^{y}}{2},$$

当 $y\to+\infty$时，$\cos iy\to+\infty$.

同样可以定义另外 4 个三角函数

$$\tan z=\frac{\sin z}{\cos z},\ \cot z=\frac{\cos z}{\sin z},$$

$$\sec z=\frac{1}{\cos z},\ \csc z=\frac{1}{\sin z},$$

分别称为正切、余切、正割和余割函数，它们都有和相应实函数类似的性质.

与三角函数有重要关系的双曲函数定义如下：

$$\operatorname{sh} z=\frac{e^{z}-e^{-z}}{2},\ \operatorname{ch} z=\frac{e^{z}+e^{-z}}{2},\ \operatorname{th} z=\frac{\operatorname{sh} z}{\operatorname{ch} z}=\frac{e^{z}-e^{-z}}{e^{z}+e^{-z}},$$

分别称为双曲正弦、双曲余弦和双曲正切函数，当 z 是实数时，和实双曲函数是一致的.

根据定义可以直接验证以下性质：

(1) $\operatorname{sh} z$ 是奇函数，$\operatorname{ch} z$ 是偶函数；

(2) $\operatorname{sh} z$，$\operatorname{ch} z$ 都是以 $2\pi i$ 为周期的周期函数；

(3) $\operatorname{sh} z$ 和 $\operatorname{ch} z$ 在复平面内解析，且

$$(\operatorname{sh} z)'=\operatorname{ch} z,\ (\operatorname{sh} z)'=\operatorname{ch} z;$$

(4) 当 z 为纯虚数，即 $z=iy(y\in\mathbf{R})$时

$$\cos iy=\operatorname{ch} y,\ \sin iy=i\operatorname{sh} y.$$

2.2.5 反三角函数和反双曲函数

三角函数的反函数称为反三角函数，双曲函数的反函数称为反双曲函数.

设 $z=\sin w$，由三角函数的定义

$$z=\sin w=\frac{e^{iw}-e^{-iw}}{2i},$$

即 $e^{2iw}-2ize^{iw}-1=0$，从中解得

$$w=\operatorname{Arcsin} z=-i\operatorname{Ln}(iz+\sqrt{1-z^{2}}),$$

称为反正弦函数. 显然 $w=\operatorname{Arcsin} z$ 是多值函数.

用同样的方法可以得到反余弦函数，反正切函数和反双曲函数：

$$\operatorname{Arccos} z=-i\operatorname{Ln}(z+\sqrt{z^{2}-1}),$$

$$\text{Arctan}\, z=-\frac{\mathrm{i}}{2}\text{Ln}\,\frac{1+\mathrm{i}z}{1-\mathrm{i}z},$$

$$\text{Arcsh}\, z=\text{Ln}(z+\sqrt{z^2+1}),$$

$$\text{Arcch}\, z=\text{Ln}(z+\sqrt{z^2-1}),$$

$$\text{Arcth}\, z=\frac{1}{2}\text{Ln}\,\frac{1+z}{1-z}.$$

本章小结

1. 重点与难点、要求

本章的重点是掌握复变函数可导和解析的概念,掌握判断复变函数可导和解析的方法,掌握初等函数的定义及其相关性质.其中解析函数和多值函数是难点.

要求如下:

(1) 理解复解析函数的概念以及可导的定义,弄清这两个概念之间的联系与区别.

(2) 掌握柯西-黎曼方程与复变函数可微、解析的等价刻画,并要求能熟练运用柯西-黎曼方程判定函数的可微性、解析性以及论证解析函数的一些基本性质.

(3) 掌握和运用解析函数的求导法则和求导公式.

(4) 掌握三类初等解析函数(即指数函数、三角函数和双曲函数)的定义、基本性质及其相互关系与内在联系.

(5) 知道初等多值函数的概念和性质,了解其多值性.

2. 知识要点

(1) 复变函数导数的概念和运算法则.

复变函数导数的定义和实函数形式上是一样的,从而具有和实函数一样的运算法则,但要注意其实质是二元函数的极限,要求比实一元函数高,可以利用这一点来证明复变函数不可导.

(2) 解析函数的概念.

复变函数解析是用可导定义的,但要求比可导高.事实上,解析函数是复变函数的核心概念,后面的章节都是从不同角度围绕解析函数展开的,务必理解解析的概念,理解解析和可导的区别.

(3) 柯西-黎曼方程.

对于复变函数,需要将其转化为实函数来研究,柯西-黎曼方程正是从实函数角度等价地刻画可导和解析,决定了解析函数的特异性质,使用也非常方便.一般而言,判断函数是否可导和解析,不用定义,而使用柯西-黎曼方程判别.

(4) 初等函数的定义和性质.

因为复变函数中，基本初等函数都可由复指数函数导出，所以需重点掌握复指数函数的定义和性质. 多值函数是复变函数的难点，我们只要了解一些计算即可.

3. 例题选讲

例 1 证明函数 $f(z)=\sqrt{|xy|}$ 在 $z=0$ 处满足柯西-黎曼方程，但不可导.

证 因为 $f(z)=u(x,y)+\mathrm{i}v(x,y)=\sqrt{|xy|}$，从而

$$u(x,y)=\sqrt{|xy|},\ v(x,y)=0,$$

于是

$$u_x(0,0)=\lim_{x\to 0}\frac{u(x,0)-u(0,0)}{x-0}=0=v_y(0,0),$$

$$u_y(0,0)=\lim_{y\to 0}\frac{u(y,0)-u(0,0)}{y-0}=0=-v_x(0,0),$$

所以 $f(z)=\sqrt{|xy|}$ 在 $z=0$ 处满足柯西-黎曼方程.

但当 z 沿第一象限内的射线 $y=kx$ 趋于零时，有

$$\lim_{\substack{x\to 0\\ y=kx}}\frac{f(z)-f(0)}{z-0}=\lim_{\substack{x\to 0\\ y=kx}}\frac{\sqrt{|xy|}}{x+\mathrm{i}y}=\frac{\sqrt{k}}{1+\mathrm{i}k},$$

其值随 k 的不同而不同，故 $\lim\limits_{z\to 0}\dfrac{f(z)-f(0)}{z-0}$ 不存在，即函数 $f(z)=\sqrt{|xy|}$ 在 $z=0$ 处不可导.

本例表明柯西-黎曼方程是函数可导的必要非充分条件，在运用柯西-黎曼方程判断函数可导时应该验证函数的实部和虚部是否可微. 不过，一般遇到的函数基本上都是初等函数，均可微.

例 2 讨论函数 $f(z)=x^3+\mathrm{i}(1-y)^3$ 的可导性，解析性.

解 $u=x^3, v=(1-y)^3$，从而有

$$\frac{\partial u}{\partial x}=3x^2,\ \frac{\partial v}{\partial y}=-3(1-y)^2,$$

$$\frac{\partial u}{\partial y}=0,\ \frac{\partial v}{\partial x}=0.$$

这 4 个偏导数都连续，柯西-黎曼方程在 $x=0, y=1$ 时成立，所以 $f(z)$ 仅在 $z=\mathrm{i}$ 处可导，在整个复平面内都不解析.

如果复变函数的实部和虚部都可微，用柯西-黎曼方程判断函数是否可导要比用定义来判断方便得多，不过要注意可导和解析的区别.

例 3 函数 $f(z)=u+\mathrm{i}v$ 在区域 D 内解析，并且 $u=v^2$，证明 $f(z)$ 在区域 D 内是常数.

证 由题设可得

$$\frac{\partial u}{\partial x}=2v\frac{\partial v}{\partial x},\ \frac{\partial u}{\partial y}=2v\frac{\partial v}{\partial y},$$

再由柯西-黎曼方程可得

$$\frac{\partial v}{\partial y}=2v\frac{\partial v}{\partial x},\ -\frac{\partial v}{\partial x}=2v\frac{\partial v}{\partial y},$$

将前式代入后式得

$$-\frac{\partial v}{\partial x}=4v^2\frac{\partial v}{\partial x},$$

即

$$(4v^2+1)\frac{\partial v}{\partial x}=0.$$

由 v 是实数知 $4v^2+1>0$，从而$\frac{\partial v}{\partial x}=0$，进而$\frac{\partial v}{\partial y}=2v\frac{\partial v}{\partial x}=0$，所以 v 是常数. 再由柯西-黎曼方程$\frac{\partial u}{\partial x}=\frac{\partial v}{\partial y}=0$，$\frac{\partial u}{\partial y}=-\frac{\partial v}{\partial x}=0$，所以 u 也是常数，$f(z)$ 在区域 D 内是常数.

解析函数的实部和虚部满足一定关系时可以得到解析函数的一些性质，用柯西-黎曼方程证明是基本的方法.

例 4 计算$(1+\mathrm{i})^{1-\mathrm{i}}$的值.

解 由乘幂和对数函数的定义，得

$$(1+\mathrm{i})^{1-\mathrm{i}}=\mathrm{e}^{(1-\mathrm{i})\mathrm{Ln}(1+\mathrm{i})}=\mathrm{e}^{(1-\mathrm{i})\left[\ln\sqrt{2}+\mathrm{i}\left(\frac{\pi}{4}+2k\pi\right)\right]}=\mathrm{e}^{\left(\ln\sqrt{2}+\frac{\pi}{4}+2k\pi\right)+\mathrm{i}\left(-\ln\sqrt{2}+\frac{\pi}{4}+2k\pi\right)}$$

$$=\sqrt{2}\mathrm{e}^{\frac{\pi}{4}+2k\pi}\left[\cos\left(\frac{\pi}{4}-\ln\sqrt{2}\right)+\mathrm{i}\sin\left(\frac{\pi}{4}-\ln\sqrt{2}\right)\right],\ k\in\mathbf{Z}.$$

计算乘幂的值需要运用多个初等函数的计算，必须熟练掌握它们之间的相互关系及计算.

自我检测题 2

一、填空题

1. 函数 $f(z)=a\ln(x^2+y^2)+\mathrm{i}\arctan\frac{y}{x}$在区域 $x>0$ 内解析，则 $a=$________

2. $\mathrm{Ln}(1+\mathrm{i})=$________

3. e^{i} 的值是________

4. 函数 $f(z)=\frac{1}{2}\ln(x^2+y^2)+\mathrm{i}\arctan\frac{y}{x}$在区域 $x>0$ 内解析，则 $f'(z)=$________

二、选择题

5. 在复数域内，下列数中为实数的是(　　).

A. $(1-\mathrm{i})^2$　　B. $\cos \mathrm{i}$　　C. $\overline{\mathrm{i}}$　　D. $\sqrt{1+\mathrm{i}}$

6. 下列函数中不是周期函数的是(　　).

A. $\ln z$　　B. e^z　　C. $\sin z$　　D. $\cos z$

7. 下列函数中在整个复平面都解析的是(　　).

A. e^z　　B. $\ln z$　　C. $\dfrac{1}{z}$　　D. $\overline{z}$

8. 函数 $f(z)=|z|^2$ 在点 $z=0$ 处(　　).

A. 解析且可导　　B. 解析不可导

C. 可导不解析　　D. 既不可导也不解析

9. 指数函数 e^z 的模是(　　).

A. e^x　　B. e^y　　C. $e^{\sqrt{x^2+y^2}}$　　D. e^{x+y}

三、计算题

10. 求函数 $f(z)=\dfrac{z^2}{z^2+1}$ 的解析区域，并求出其导数.

11. 函数 $w=z\operatorname{Im} z-\operatorname{Re} z$ 在何处可导？何处解析？

12. 解方程：$\sin z+\cos z=0$.

13. 求 $(1-\mathrm{i})^{\mathrm{i}}$ 的值.

四、证明题

14. 函数 $f(z)=u+\mathrm{i}v$ 在区域 D 内解析，并且 $v=u^2$，证明 $f(z)$ 在区域 D 内是常数.

15. 证明 $\sin 2z=2\sin z\cos z$.

16. 设 $f(z)$ 在上半平面内解析，证明函数 $\overline{f(\overline{z})}$ 在下半平面内解析.

复习题 2

1. 利用导数的定义证明函数 $f(z)=z\operatorname{Re} z$ 仅在 $z=0$ 处可导.

2. 下列函数在何处可导，何处解析？

(1) $f(z)=x^2-\mathrm{i}y$;　　(2) $f(z)=xy^2+\mathrm{i}x^2y$;

(3) $f(z)=x^3-3xy^2+\mathrm{i}(3x^2y-y^3)$;　　(4) $f(z)=\sin x\cos y+\mathrm{i}\cos x\sin y$.

3. 指出下列函数的解析区域，并求其导数.

(1) $\dfrac{1}{z^2+1}$;　　(2) $\dfrac{az+b}{cz+d}$ (c,d 至少有一个不为零).

4. 求下列函数的奇点.

(1) $\dfrac{z-1}{(z^2+1)(z-2)}$;　　(2) $\tan z$.

5. 设 $f(z)=my^3+nx^2y+\mathrm{i}(x^3+lxy^2)$ 是解析函数，求 l,m,n 的值.

6. 设函数 $f(z)=u+\mathrm{i}v$ 在区域 D 内解析，证明

$$\left(\frac{\partial}{\partial x}|f(z)|\right)^2+\left(\frac{\partial}{\partial y}|f(z)|\right)^2=|f'(z)|^2.$$

7. $f(z)=u+\mathrm{i}v$ 在区域 D 内解析，且满足下列条件之一，证明 $f(z)$ 在区域 D 内是常数.

(1) $\mathrm{Re}\, f(z)$ 或 $\mathrm{Im}\, f(z)$ 为常数；

(2) $\overline{f(z)}$ 在区域 D 内解析；

(3) $|f(z)|$ 在区域 D 内为常数；

(4) $\arg f(z)$ 在区域 D 内为常数；

(5) 存在不全为零的实常数 a,b,c，使得 $au+bv=c$.

8. 证明柯西-黎曼方程的极坐标形式是

$$\frac{\partial u}{\partial r}=\frac{1}{r}\frac{\partial v}{\partial \theta},\ \frac{\partial v}{\partial r}=-\frac{1}{r}\frac{\partial u}{\partial \theta}.$$

9. 求下列各值：

(1) $\mathrm{e}^{3+\mathrm{i}}$；

(2) $\sin(1+\mathrm{i})$；

(3) $\cos(2-\mathrm{i})$；

(4) $\mathrm{sh}(1+\mathrm{i})$.

10. 证明：$|\mathrm{Im}\, z|\leqslant|\sin z|\leqslant \mathrm{e}^{|\mathrm{Im}\, z|}$.

11. 证明下列等式：

(1) $\sin^2 z+\cos^2 z=1$；

(2) $\sin\left(\frac{\pi}{2}-z\right)=\cos z$；

(3) $\sin(z_1+z_2)=\sin z_1\cos z_2+\cos z_1\sin z_2$；

(4) $|\sin z|^2=\sin^2 x+\mathrm{sh}^2 y$.

12. 求 $\mathrm{Ln}(1-\mathrm{i})$，$\mathrm{Ln}(-3+4\mathrm{i})$ 及其主值.

13. 对函数 $\ln z$ 验证柯西-黎曼方程.

14. 求 $(1+\mathrm{i})^{\mathrm{i}}$ 和 1^{i} 的值.

15. 证明：当 n 是正整数时，本章定义的 z^n 等于 n 个 z 相乘，而本章定义的 $\sqrt[n]{z}$ 与第一章定义的 $\sqrt[n]{z}$ 一致.

16. 解下列方程：

(1) $\mathrm{e}^z=1+\sqrt{3}\mathrm{i}$；

(2) $\sin z=2$；

(3) $\sin z-\cos z=0$；

(4) $\ln z=2+\mathrm{i}$.

3 复变函数的积分

复变函数的积分是研究解析函数的一个重要工具.解析函数的许多重要性质需要利用复变函数的积分证明.

本章先介绍复变函数积分的概念、性质和计算方法,在柯西-古萨基本定理及其推广——复合闭路定理的基础上,建立柯西积分公式及高阶导数公式.最后讨论解析函数与调和函数的关系.

本章要建立的柯西-古萨基本定理和柯西积分公式尤其重要,它们是复变函数论的基本定理和基本公式,以后各章节与它们都有直接或间接的关联.

3.1 复变函数积分的概念

3.1.1 复变函数积分的定义

为了叙述简便而又不妨碍实际应用,之后提到的曲线(除特别声明外),一律是光滑的或逐段光滑的,因而也是可求长的.曲线通常还要规定其方向,设曲线 C 的起点为 A 终点为 B,除特殊声明外,曲线 C 的正方向总是指从起点到终点的方向,那么从 B 到 A 的方向就是 C 的负方向,记作 C^-.关于简单闭曲线的正方向是指当曲线上的点 P 顺此方向沿该曲线前进时,邻近 P 点的曲线内部始终位于 P 点的左方,与之相反的方向就是曲线的负方向.

定义 3.1 设 C 是平面上起点为 A 终点为 B 的一条光滑的简单曲线,函数 $f(z)$在C上有定义.把曲线 C 任意分成 n 个小弧段,设分点为 $A=z_0, z_1, \cdots, z_{k-1}, z_k, \cdots, z_{n-1}, z_n=B$,在弧段 $\widehat{z_{k-1}z_k}$ $(k=1, 2, \cdots, n)$上任意取一点 ξ_k(见图 3.1),并作和式

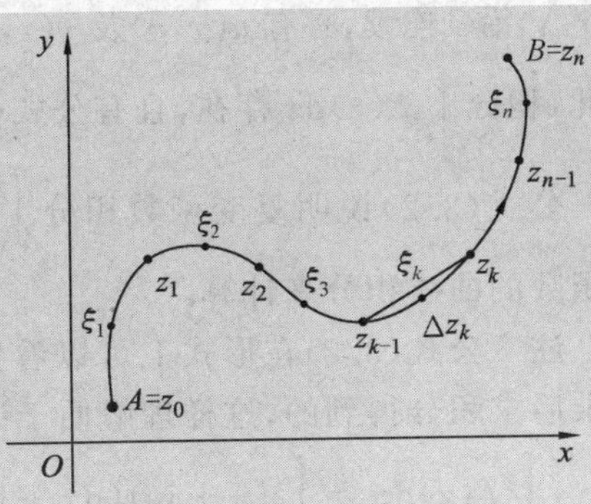

图 3.1

$$S_n = \sum_{k=1}^{n} f(\xi_k)\Delta z_k,$$

其中 $\Delta z_k = z_k - z_{k-1}$. 当分点无限增多 n 无限增大,而这些弧段 $\widehat{z_{k-1}z_k}$ 长度的最大值 δ 趋于零时,如果不论对 C 的分法及 ξ_k 的取法如何,S_n 有唯一极限,那么称此极限值为函数 $f(z)$ 沿曲线 C 的积分,记作

$$\int_C f(z)\mathrm{d}z = \lim_{\delta\to\infty}\sum_{k=1}^{n} f(\xi_k)\Delta z_k. \tag{3.1}$$

如果 C 为闭曲线,那么沿此闭曲线的积分记作 $\oint_C f(z)\mathrm{d}z$.

当 C 是 x 轴上的区间 $a\leqslant x\leqslant b$,而 $f(z)=u(x)$ 时,这个积分定义就是一元实变函数定积分的定义.

3.1.2 复变函数积分存在条件

定理 3.1 若函数 $f(z)=u(x,y)+\mathrm{i}v(x,y)$ 沿曲线 C 连续时,则函数 $f(z)$ 沿曲线 C 可积,即积分 $\int_C f(z)\mathrm{d}z$ 存在,且有

$$\int_C f(z)\mathrm{d}z = \int_C u\mathrm{d}x - v\mathrm{d}y + \mathrm{i}\int_C v\mathrm{d}x + u\mathrm{d}y. \tag{3.2}$$

证 设 $z_k = x_k + \mathrm{i}y_k$, $x_k - x_{k-1} = \Delta x_k$, $y_k - y_{k-1} = \Delta y_k$, $\zeta_k = \xi_k + i\eta_k$, $u(\xi_k,\eta_k) = u_k$, $v(\xi_k,\eta_k) = v_k$,有

$$\begin{aligned} S_n &= \sum_{k=1}^{n} f(\zeta_k)\Delta z_k = \sum_{k=1}^{n}(u_k + \mathrm{i}v_k)(\Delta x_k + \mathrm{i}\Delta y_k) \\ &= \sum_{k=1}^{n}(u_k\Delta x_k - v_k\Delta y_k) + \mathrm{i}\sum_{k=1}^{n}(u_k\Delta y_k + v_k\Delta x_k). \end{aligned}$$

上式右端的两个和式对应两个曲线积分的积分和式,因 $f(z)=u(x,y)+\mathrm{i}v(x,y)$ 沿 C 连续,必有 $u(x,y)$ 及 $v(x,y)$ 沿 C 连续,于是这两个曲线积分是存在的. 因此,积分 $\int_C f(z)\mathrm{d}z$ 存在,且有公式(3.2).

公式(3.2)说明复变函数积分 $\int_C f(z)\mathrm{d}z$ 可以转化为其实部和虚部两个二元实函数的曲线积分来计算.

注 公式(3.2)在形式上可以看作是函数 $f(z)=u+\mathrm{i}v$ 与微分 $\mathrm{d}z=\mathrm{d}x+\mathrm{i}\mathrm{d}y$ 相乘后求积分得到的,这样理解便于记忆,即

$$\int_C f(z)\mathrm{d}z = \int_C (u+\mathrm{i}v)(\mathrm{d}x+\mathrm{i}\mathrm{d}y) = \int_C u\mathrm{d}x - v\mathrm{d}y + \mathrm{i}\int_C v\mathrm{d}x + u\mathrm{d}y.$$

今后所讨论的积分,如无特别说明,总假定被积函数在曲线 C 上是连续的,以保证 $\int_C f(z)\mathrm{d}z$ 存在.

3.1.3 复变函数积分的计算

设有光滑曲线 $C: z=z(t)=x(t)+\mathrm{i}y(t)\ (\alpha\leqslant t\leqslant\beta)$,正方向为参数增加的方向,参数 α 及 β 对应于起点 A 及终点 B,这就表示 $z'(t)$ 在 $[\alpha,\beta]$ 上连续且有不为零的导数 $z'(t)=x'(t)+\mathrm{i}y'(t)$.

如果函数 $f(z)=u(x,y)+\mathrm{i}v(x,y)$ 沿曲线 C 连续,由公式(3.2)以及二元实函数曲线积分的计算方法有

$$\int_C f(z)\mathrm{d}z=\int_\alpha^\beta\{u[x(t),y(t)]x'(t)-v[x(t),y(t)]y'(t)\}\mathrm{d}t$$

$$+\mathrm{i}\int_\alpha^\beta\{v[x(t),y(t)]x'(t)+u[x(t),y(t)]y'(t)\}\mathrm{d}t.$$

上式右端可以写成

$$\int_\alpha^\beta\{u[x(t),y(t)]+\mathrm{i}v[x(t),y(t)]\}[x'(t)+\mathrm{i}y'(t)]\mathrm{d}t=\int_\alpha^\beta f[z(t)]z'(t)\mathrm{d}t.$$

即

$$\int_C f(z)\mathrm{d}z=\int_\alpha^\beta f[z(t)]z'(t)\mathrm{d}t. \tag{3.3}$$

例 3.1(重要积分公式) 证明积分中

$$\oint_C\frac{\mathrm{d}z}{(z-z_0)^{n+1}}=\begin{cases}2\pi\mathrm{i}, & n=0,\\ 0, & n\neq 0.\end{cases}$$

其中 C 为以 z_0 为中心,r 为半径的正向圆周(见图 3.2),n 为整数.

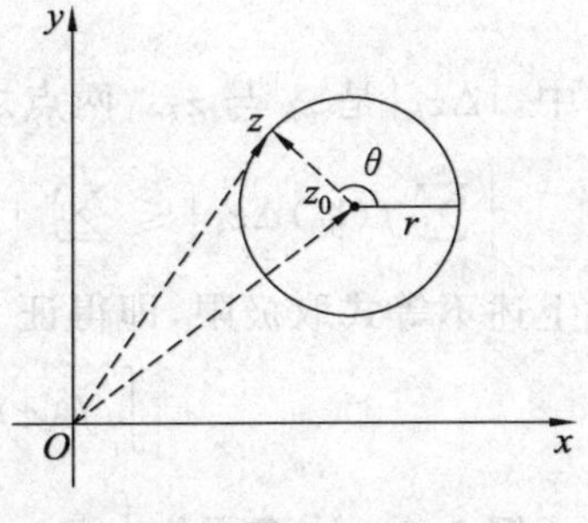

图 3.2

解 C 的参数方程为

$$z=z_0+re^{\mathrm{i}\theta},\ 0\leqslant\theta\leqslant 2\pi.$$

当 $n=0$ 时,

$$\oint_C\frac{\mathrm{d}z}{z-z_0}=\int_0^{2\pi}\frac{\mathrm{i}re^{\mathrm{i}\theta}}{re^{\mathrm{i}\theta}}\mathrm{d}\theta=\mathrm{i}\int_0^{2\pi}\mathrm{d}\theta=2\pi\mathrm{i};$$

当 $n\neq 0$ 时,

$$\oint_C\frac{\mathrm{d}z}{(z-z_0)^{n+1}}=\int_0^{2\pi}\frac{\mathrm{i}re^{\mathrm{i}\theta}}{r^{n+1}e^{\mathrm{i}(n+1)\theta}}\mathrm{d}\theta=\frac{\mathrm{i}}{r^n}\int_0^{2\pi}e^{-\mathrm{i}n\theta}\mathrm{d}\theta$$

$$=\frac{\mathrm{i}}{r^n}\int_0^{2\pi}(\cos n\theta-\mathrm{i}\sin n\theta)\mathrm{d}\theta=0.$$

所以

$$\oint_C\frac{\mathrm{d}z}{(z-z_0)^{n+1}}=\begin{cases}2\pi\mathrm{i}, & n=0,\\ 0, & n\neq 0.\end{cases}$$

注 这是一个重要的积分，这个积分的特点是积分值与积分路线圆周的中心和半径无关，其中点 z_0 可以特殊到点 0.

3.1.4 复变函数积分的性质

设函数 $f(z)$及 $g(z)$沿曲线 C 连续，从复变函数积分的定义可推出积分的一些基本性质，它们与实函数中曲线积分的性质相似.

(1) $\int_C f(z)\mathrm{d}z = -\int_{C^-} f(z)\mathrm{d}z$;

(2) $\int_C [k_1 f(z) \pm k_2 g(z)]\mathrm{d}z = k_1\int_C f(z)\mathrm{d}z \pm k_2\int_C g(z)\mathrm{d}z$，其中 k_1，k_2 为常数；

(3) $\int_C f(z)\mathrm{d}z = \int_{C_1} f(z)\mathrm{d}z + \int_{C_2} f(z)\mathrm{d}z + \cdots + \int_{C_n} f(z)\mathrm{d}z$，其中曲线 C 是由光滑的曲线 $C_1,C_2,\cdots,C_n$ 连接而成；

(4) 积分估值定理　设曲线 C 的长度为 L，函数 $f(z)$在曲线 C 上连续，且有正数 M 使 $|f(z)|\leqslant M$，则 $\left|\int_C f(z)\mathrm{d}z\right| \leqslant \int_C |f(z)|\mathrm{d}s \leqslant ML$.

证 由于
$$\left|\sum_{k=1}^{n} f(\zeta_k)\Delta z_k\right| \leqslant \sum_{k=1}^{n} |f(\zeta_k)\Delta z_k| \leqslant \sum_{k=1}^{n} |f(\zeta_k)||\Delta z_k|$$
$$\leqslant \sum_{k=1}^{n} |f(\zeta_k)|\Delta s_k,$$
其中，$|\Delta z_k|$是 z_k 与 z_{k-1}两点之间的距离，Δs_k 为这两点之间的弧段的长度，所以
$$\left|\sum_{k=1}^{n} f(\zeta_k)\Delta z_k\right| \leqslant \sum_{k=1}^{n} |f(\zeta_k)\Delta z_k| \leqslant \sum_{k=1}^{n} |f(\zeta_k)|\Delta s_k \leqslant M\sum_{k=1}^{n}\Delta s_k.$$
对上述不等式取极限，即得证
$$\left|\int_C f(z)\mathrm{d}z\right| \leqslant \int_C |f(z)|\mathrm{d}s \leqslant ML.$$

例 3.2 计算积分 $\int_C \mathrm{Re}\, z\mathrm{d}z$，其中 C 为

(1) 抛物线 $y=x^2$ 上从原点 O 到点 $1+\mathrm{i}$ 的弧段 C_1；

(2) 连接原点 O 到点 1 的直线段 C_2，以及连接点 1 到点 $1+\mathrm{i}$ 的直线段 C_3 所组成的折线.

解 (1) 积分路径 C_1 的参数方程：
$$x=t,\ y=t^2,\ (0\leqslant t\leqslant 1)\ \text{或}\ z=t+\mathrm{i}t^2\quad (0\leqslant t\leqslant 1).$$
于是在 C_1 上，$\mathrm{Re}\, z=t$，$\mathrm{d}z=(1+2\mathrm{i}t)\mathrm{d}t$. 因此由公式(3.3)有
$$\int_C \mathrm{Re}\, z\mathrm{d}z = \int_0^1 t(1+2\mathrm{i}t)\mathrm{d}t = \left(\frac{t^2}{2}+\frac{2\mathrm{i}}{3}t^3\right)\Big|_0^1 = \frac{1}{2}+\frac{2}{3}\mathrm{i}.$$

(2) 连接点 O 到点 1 的直线段 C_2 的参数方程为

$$z=t \quad (0\leqslant t\leqslant 1).$$

此时 $\mathrm{Re}\, z=t$，$\mathrm{d}z=\mathrm{d}t$.

连接点 1 到点 $1+\mathrm{i}$ 的直线段 C_3 的参数方程为

$$z=1+\mathrm{i}t \quad (0\leqslant t\leqslant 1).$$

此时 $\mathrm{Re}\, z=1$,$\mathrm{d}z=\mathrm{i}\mathrm{d}t$.

因此，

$$\int_C \mathrm{Re}\, z\mathrm{d}z=\int_{C_2}\mathrm{Re}\, z\mathrm{d}z+\int_{C_3}\mathrm{Re}z\mathrm{d}z=\int_0^1 t\mathrm{d}t+\int_0^1 1\cdot \mathrm{i}\mathrm{d}t=\frac{1}{2}+\mathrm{i}.$$

由此例可以看出,相同的被积函数如果积分路径不同,积分结果一般不同.

例 3.3 计算 $\int_C z\mathrm{d}z$ 的值,其中 C 为

(1) 沿从原点 O 到点 $1+i$ 的直线段 C_1；

(2) 沿从原点 O 到点 1 的直线段 C_2,与从 1 到 $1+i$ 的直线段 C_3 所组成的折线段.

解 (1) 积分曲线参数方程为

$$C_1: z=(1+\mathrm{i})t \quad (0\leqslant t\leqslant 1).$$

因此 $$\int_C z\mathrm{d}z=\int_0^1(t+\mathrm{i}t)(1+\mathrm{i})\mathrm{d}t=(1+\mathrm{i})^2\int_0^1 t\mathrm{d}t=\mathrm{i}.$$

(2) 积分曲线的参数方程为

$$C_2: z=t \quad (0\leqslant t\leqslant 1),$$

$$C_3: z=1+\mathrm{i}t \quad (0\leqslant t\leqslant 1).$$

因此 $$\int_C z\mathrm{d}z=\int_{C_2}z\mathrm{d}z+\int_{C_3}z\mathrm{d}z=\int_0^1 t\mathrm{d}t+\int_0^1(1+\mathrm{i}t)\mathrm{i}\mathrm{d}t=\frac{1}{2}+\left(-\frac{1}{2}+\mathrm{i}\right)=\mathrm{i}.$$

此例中的积分曲线 C 如果取抛物线 $y=x^2$ 上从原点 O 到点 $1+\mathrm{i}$ 的弧段,会得到积分值依然是 i,还会发现凡是连接起点为原点 O,终点为点 $1+\mathrm{i}$ 的任何曲线来作为积分曲线 C,则积分值都相等,有 $\int_C z\mathrm{d}z=\mathrm{i}$. 此情况说明:复变函数的积分与实函数的曲线积分有着类似的积分值与积分路径无关的问题.

例 3.4 设 C 为从原点到点 $3+4\mathrm{i}$ 的直线段,试求积分 $\int_C\frac{1}{z-\mathrm{i}}\mathrm{d}z$ 绝对值的一个上界.

解 C 的方程为 $z=(3+4\mathrm{i})t$,$0\leqslant t\leqslant 1$. 由积分估值定理知

$$\left|\int_C\frac{1}{z-\mathrm{i}}\mathrm{d}z\right|\leqslant\int_C\left|\frac{1}{z-\mathrm{i}}\right|\mathrm{d}s.$$

在 C 上，

$$\left|\frac{1}{z-\mathrm{i}}\right|=\frac{1}{|3t+(4t-1)\mathrm{i}|}=\frac{1}{\sqrt{25\left(t-\frac{4}{25}\right)^2+\frac{9}{25}}}\leqslant\frac{5}{3},$$

从而有

$$\left|\int_C \frac{1}{z-\mathrm{i}}\mathrm{d}z\right| \leqslant \frac{5}{3}\int_C \mathrm{d}s, \int_C \mathrm{d}s = 5.$$

所以

$$\left|\int_C \frac{1}{z-\mathrm{i}}\mathrm{d}z\right| \leqslant \frac{25}{3}.$$

3.2 柯西-古萨(Cauchy-Goursat)基本定理

从上一节所举的例子看来，例 3.3 中的被积函数 $f(z)=z$ 在复平面内处处解析，它沿连结起点 O 及终点 $1+\mathrm{i}$ 的任何路线的积分值都相同，即积分值与路线无关. 换句话说，函数 $f(z)=z$ 沿复平面内任何闭曲线的积分值都为零. 例 3.1 中的被积函数 $f(z)=\mathrm{Re}\ z$ 在复平面内处处不解析(它的实部 $u=x$，虚部 $v=0$，由于 $u_x=1$，$v_y=0$，不满足柯西-黎曼方程)，而 $\int_C \mathrm{Re}\ z\mathrm{d}z$ 的值与连接起点 O 及终点 $1+\mathrm{i}$ 的路径 C 有关，即 $f(z)=\mathrm{Re}\ z$ 沿复平面内任何闭曲线的积分，其值不恒为零. 例 3.2 中的被积函数当 $n=0$ 时为 $f(z)=\frac{1}{z-z_0}$，它在复平面内仅以 $z=z_0$ 为奇点，自然在以 z_0 为中心的圆周 C 的内部区域 D 内不是处处解析的，而此时 $\oint_C \frac{1}{z-z_0}\mathrm{d}z = 2\pi\mathrm{i} \neq 0$，表示在区域 D 内积分 $\oint_C \frac{1}{z-z_0}\mathrm{d}z$ 与路径有关. 如果在区域 D 内把 z_0 除去，虽然函数在除去 z_0 之后 C 的内部是处处解析的，但是这个区域已经不是单连通区域. 由此可见，积分值与路径无关，或沿封闭曲线的积分值为零的条件，可能与被积函数的解析性及区域的单连通性有关. 究竟关系如何呢？下面的柯西-古萨基本定理解决了上述问题.

柯西-古萨基本定理 如果函数 $f(z)$ 在单连通域 D 内处处解析，那么 $f(z)$ 沿 D 内的任何一条封闭曲线 C 的积分为零，即

$$\oint_C f(z)\mathrm{d}z = 0. \tag{3.4}$$

这个定理是解析函数理论中最基本的定理，故又常称为柯西积分定理. 由于定理证明比较复杂，这里仅介绍定理的相关背景，严格的证明过程省略.

注 (1) 定理中的 C 可以不是简单曲线；

(2) 定理要求曲线 C 要属于区域 D，事实上如果 C 是区域 D 的边界，$f(z)$ 在 D 内解析，在闭区域 $\overline{D}$ 上连续，那么定理依然成立.

例 3.5 计算积分$\oint_C (z\cos z-|z|^2)\mathrm{d}z$,其中 C 为正向圆周$|z|=a>0$.

解 $$\oint_C (z\cos z-|z|^2)\,\mathrm{d}z=\oint_C z\cos z\mathrm{d}z-\oint_C |z|^2\mathrm{d}z,$$

函数 $z\cos z$ 在复平面内处处解析,由柯西-古萨基本定理有

$$\oint_C z\cos z\mathrm{d}z=0.$$

在积分曲线 C 上满足$|z|=a$,而函数 a^2 在复平面内处处解析,得

$$\oint_C |z|^2\mathrm{d}z=\oint_C a^2\mathrm{d}z=0,$$

故 $$\oint_C (z\cos z-|z|^2)\mathrm{d}z=0.$$

例 3.6 计算积分$\oint_C \frac{\cos z}{z+\mathrm{i}}\mathrm{d}z$,其中 C 为正向圆周$|z+3\mathrm{i}|=1$.

解 被积函数$\frac{\cos z}{z+\mathrm{i}}$在复平面上仅有一个奇点$-\mathrm{i}$,且在 C 的外部,于是$\frac{\cos z}{z+\mathrm{i}}$在以 C 为边界的闭圆域$|z+3\mathrm{i}|\leqslant 1$ 上解析. 故由柯西-古萨基本定理,有

$$\oint_C \frac{\cos z}{z+\mathrm{i}}\mathrm{d}z=0.$$

思考 柯西-古萨基本定理中的 C 为什么可以不是简单闭曲线?

柯西-古萨基本定理的相关背景 复变函数积分的值与路径无关的条件,或沿区域内任意封闭曲线的积分值为零的条件,可能与被积函数的解析性及解析区域的单连通性有关,柯西在 1825 年肯定了上述这种关系,并给出了柯西-古萨基本定理.

由复变函数积分存在定理可知,若函数 $f(z)=u(x,y)+\mathrm{i}v(x,y)$沿曲线 C 连续时,有$\int_C f(z)\mathrm{d}z=\int_C u\mathrm{d}x-v\mathrm{d}y+\mathrm{i}\int_C v\mathrm{d}x+u\mathrm{d}y$. 根据$\int_L P(x,y)\mathrm{d}x+Q(x,y)\mathrm{d}y$在单连通域 D 内积分与路径无关,或者说在单连通域 D 内沿任何闭曲线积分为零的等价条件可知,只需解决$\int_C f(z)\mathrm{d}z$ 的实部和虚部这两个实曲线积分在单连通域 D 内积分与路径无关,或者说在单连通域 D 内沿任何闭曲线积分为零的问题.

正是基于上述思想,在 1851 年,黎曼在附加假设"$f'(z)$在含有闭曲线 C 在内的单连通域 D 内连续"的条件下,给出这个思想的简单证明.

黎曼证明 设 $f(z)=u(x,y)+\mathrm{i}v(x,y)$,其中 $z=x+\mathrm{i}y$,由复变函数积分存在定理可得

$$\oint_C f(z)\mathrm{d}z=\oint_C u\mathrm{d}x-v\mathrm{d}y+\mathrm{i}\oint_C v\mathrm{d}x+u\mathrm{d}y. \tag{3.5}$$

因为 $f'(z)=u_x+\mathrm{i}v_x=v_y-\mathrm{i}u_y$，且 $f'(z)$ 在含有闭曲线 C 在内的单连通域 D 内连续，这样 u 和 v 以及它们的偏导数 u_x,u_y,v_x,v_y 在 D 内都是连续的，并满足柯西-黎曼方程

$$u_x=v_y,\ \ v_x=-u_y.$$

将上述结果代入式(3.5)，由格林公式有

$$\oint_C u\,\mathrm{d}x-v\,\mathrm{d}y=-\iint_G\left(\frac{\partial u}{\partial y}+\frac{\partial v}{\partial x}\right)\mathrm{d}\sigma=0,$$

$$\oint_C v\,\mathrm{d}x+u\,\mathrm{d}y=\iint_G\left(-\frac{\partial v}{\partial y}+\frac{\partial u}{\partial x}\right)\mathrm{d}\sigma=0,$$

其中积分路径 C 取正向，G 是 C 所围的区域. 这样式(3.5)右端的两个实积分值为零，即有

$$\oint_C f(z)\,\mathrm{d}z=0.$$

1900 年，古萨(Goursat)发表对于柯西-古萨基本定理新的证明方法. 在证明中不仅无需将 $f(z)$ 分为实部和虚部，而且 $f'(z)$ 在单连通域 D 内连续的假设也是不必要的，只需 $f'(z)$ 在单连通域 D 内有定义.

3.3 原函数与不定积分

根据柯西-古萨基本定理，不难得出如下定理.

定理 3.2 如果函数 $f(z)$ 在单连通域 D 内处处解析，那么沿 D 内任意曲线 L 的积分 $\int_L f(z)\,\mathrm{d}z$ 与路径无关，即积分值 $\int_L f(z)\,\mathrm{d}z$ 仅仅依赖于曲线 L 的起点 z_0 及终点 z_1，而与连接点 z_0 及点 z_1 的路径无关，即

$$\int_L f(z)\,\mathrm{d}z=\int_{z_0}^{z_1} f(z)\,\mathrm{d}z.$$

固定 z_0，让 z_1 在 D 内变动，并令 $z_1=z$，那么这积分就在 D 内定义了变上限 z 的一个单值函数 $F(z)$，我们称之为变上限积分函数，即有

$$F(z)=\int_{z_0}^{z} f(z)\,\mathrm{d}z=\int_{z_0}^{z} f(\xi)\,\mathrm{d}\xi, \tag{3.6}$$

其中，定点 $z_0\in D$，动点 $z\in D$.

与定积分中积分上限函数的处理方式类似，下面考虑复变函数中的不定积分和原函数概念，并且在此基础上给出类似于定积分中牛顿-莱布尼茨公式.

定理 3.3 如果 $f(z)$ 在单连通域 D 内处处解析，则由(3.6)定义的函数 $F(z)$ 在 D 内解析，且 $F'(z)=f(z)$.

证 只要对 D 内任一点 z 证明 $F'(z)=f(z)$ 即可. 由于 $F(z)$ 的特点,故需要利用导数的定义证明

$$\lim_{\Delta z\to 0}\frac{F(z+\Delta z)-F(z)}{\Delta z}=f(z).$$

设 z 为 D 内任意一点,以 z 为中心作一个含于 D 内的小圆 K,在小圆 K 内取动点 $z+\Delta z(\Delta z\neq 0)$. 由(3.6)得

$$\frac{F(z+\Delta z)-F(z)}{\Delta z}=\frac{1}{\Delta z}\left[\int_{z_0}^{z+\Delta z}f(\xi)\mathrm{d}\xi-\int_{z_0}^{z}f(\xi)\mathrm{d}\xi\right].$$

下面考虑 $\Delta z\to 0$ 时上式的极限.

由于积分与路线无关,因此积分 $\int_{z_0}^{z+\Delta z}f(\xi)\mathrm{d}\xi$ 的积分路线可取先从 z_0 到 z,然后再从 z 沿直线段到 $z+\Delta z$(见图 3.3).

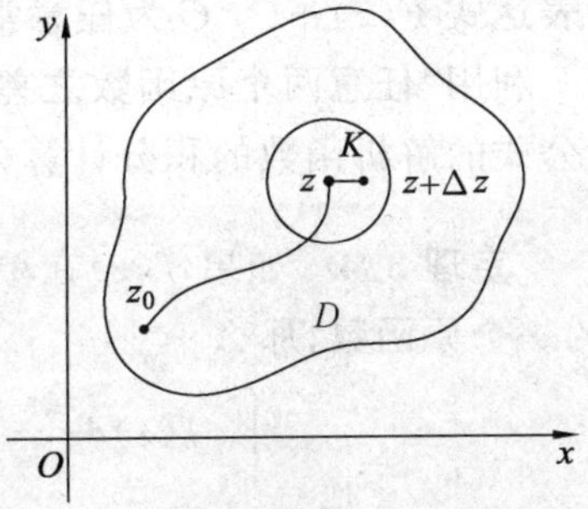

图 3.3

于是有

$$\frac{F(z+\Delta z)-F(z)}{\Delta z}=\frac{1}{\Delta z}\int_{z}^{z+\Delta z}f(\xi)\mathrm{d}\xi,$$

考虑到

$$f(z)\Delta z=f(z)\int_{z}^{z+\Delta z}\mathrm{d}\xi=\int_{z}^{z+\Delta z}f(z)\mathrm{d}\xi,$$

则

$$\frac{F(z+\Delta z)-F(z)}{\Delta z}-f(z)=\frac{1}{\Delta z}\int_{z}^{z+\Delta z}[f(\xi)-f(z)]\mathrm{d}\xi.$$

因为 $f(z)$ 在 D 内解析,自然 $f(z)$ 在 D 内连续. 因此对于任意给定的正数 $\varepsilon>0$,只要最初取的小圆 K 足够小,使得对在小圆 K 内的一切点 ξ 均符合条件

$$|f(\xi)-f(z)|<\varepsilon.$$

根据积分估值定理,有

$$\left|\frac{F(z+\Delta z)-F(z)}{\Delta z}-f(z)\right|=\frac{1}{|\Delta z|}\left|\int_{z}^{z+\Delta z}[f(\xi)-f(z)]\mathrm{d}\xi\right|$$

$$\leqslant\frac{1}{|\Delta z|}\int_{z}^{z+\Delta z}|f(\xi)-f(z)||\mathrm{d}\xi|$$

$$\leqslant\frac{1}{|\Delta z|}\cdot\varepsilon\cdot|\Delta z|=\varepsilon.$$

从而有

$$\lim_{\Delta z\to 0}\left|\frac{F(z+\Delta z)-F(z)}{\Delta z}-f(z)\right|=0,$$

即

$$F'(z)=f(z).$$

类似于实函数中定积分的处理,引入不定积分及原函数的概念.

定义 3.2 如果函数 $\varphi(z)$在区域 D 内的导数等于 $f(z)$,即 $\varphi'(z)=f(z)$,那么称 $\varphi(z)$为 $f(z)$在区域 D 内的原函数.

由此定义及本节**定理 3.3** 可知,函数 $F(z)=\int_{z_0}^{z} f(\xi)\mathrm{d}\xi$ 是 $f(z)$在区域 D 的一个原函数.

和微积分学相关内容类似,$f(z)$的任何两个原函数相差一个常数,且如果函数 $f(z)$在区域 D 内有一个原函数 $F(z)$,那么它就有无穷多个原函数,并且具有一般表达式 $F(z)+C$, C 为任意常数.

利用"任意两个原函数之差为一常数"这一性质,可推得类似于牛顿-莱布尼茨公式的解析函数的积分计算公式.

定理 3.4 如果 $f(z)$在单连通域 D 内处处解析,$F(z)$为 $f(z)$在区域 D 内的一个原函数,那么

$$\int_{z_0}^{z_1} f(z)\mathrm{d}z=F(z_1)-F(z_0)\quad(z_1,z_0\in D).\tag{3.7}$$

根据公式(3.7),在单连通域 D 内解析函数的积分可用类似微积分学中的方法计算.

例 3.7 求积分 $\int_C(2z+\sin z)\mathrm{d}z$ 的值,其中积分路径 C 是连接原点 O 到点 $2\pi a$ 的摆线 C: $x=a(\theta-\sin\theta)$, $y=a(1-\cos\theta)$.

解 注意到函数 $f(z)=2z+\sin z$ 在复平面内处处解析,因此在复平面内积分 $\int_C(2z+\sin z)\mathrm{d}z$ 与路径无关.

$$\begin{aligned}\int_C(2z+\sin z)\mathrm{d}z&=\int_0^{2\pi a}(2z+\sin z)\mathrm{d}z=z^2-\cos z\Big|_0^{2\pi a}\\&=4\pi^2a^2-\cos 2\pi a+1.\end{aligned}$$

例 3.8 求积分 $\int_0^{\mathrm{i}} z\cos z\mathrm{d}z$ 的值.

解 函数 $z\cos z$ 在复平面内处处解析,其中一个原函数为 $z\sin z+\cos z$. 所以

$$\begin{aligned}\int_0^{\mathrm{i}} z\cos z\mathrm{d}z&=z\sin z+\cos z\Big|_0^{\mathrm{i}}=\mathrm{i}\sin\mathrm{i}+\cos\mathrm{i}-1\\&=\mathrm{i}\,\frac{\mathrm{e}^{-1}-\mathrm{e}}{2\mathrm{i}}+\frac{\mathrm{e}^{-1}+\mathrm{e}}{2}-1=\mathrm{e}^{-1}-1.\end{aligned}$$

3.4 基本定理的推广——复合闭路定理

本节将柯西-古萨基本定理中由一条闭曲线围成的单连通域 D 的条件推广到

由多条闭曲线所围成的有界复连通域的情形.

设函数 $f(z)$在复连通域 D 内解析,C 为 D 的任意一条简单闭曲线. 如果 C 的内部完全含于 D,从而 $f(z)$在 C 上及其内部解析,则$\oint_C f(z)\mathrm{d}z=0$;当 C 的内部不完全含于 D 时,积分$\oint_C f(z)\,\mathrm{d}z=0$未必成立. 如例 3.2 中 $n=0$ 时,$\oint_{C:\,|z-z_0|=r}\dfrac{1}{z-z_0}\mathrm{d}z=2\pi\mathrm{i}\neq 0$就说明了这一点. 不失一般性,下面重点讨论第二种情况:$f(z)$在复连通域 D 内解析,C 为 D 的任意一条简单闭曲线,且 C 的内部不完全含于 D 时积分$\oint_C f(z)\mathrm{d}z$ 的性质.

在 D 内任取简单闭曲线 C_1,满足 C_1 在 C 的内部,而且以 C 及 C_1 为边界的区域 D_1 全含于 D. 为方便讨论,取 C_1 与 C 均为逆时针方向的正向. 那么积分$\oint_{C_1} f(z)\mathrm{d}z$ 与积分$\oint_C f(z)\,\mathrm{d}z$ 有什么关系呢?

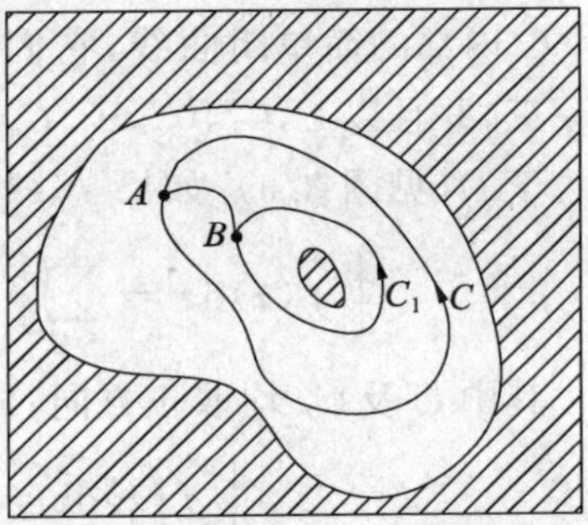

图 3.4

取 C 上一点 A,另取 C_1 上一点 B,在区域 D_1 内连接点 A 及 B,做弧段$\widehat{AB}$割破区域 D_1. 可以设想,被割破后的区域 D_1 就由原来的复连通域成为现在的单连通域,其正向边界(见图3.4)为

$$C+\widehat{AB}+C_1^-+\widehat{BA}.$$

根据条件,$f(z)$在区域 D_1 内及其 C,C_1 上均解析,自然 $f(z)$在割破后的单连通域的边界及其内部解析,由柯西-古萨基本定理可知,有

$$\oint_{C+\widehat{AB}+C_1^-+\widehat{BA}} f(z)\mathrm{d}z=0.$$

且
$$\int_{\widehat{AB}} f(z)\mathrm{d}z=-\int_{\widehat{BA}^-} f(z)\mathrm{d}z,$$

即
$$\oint_{C+C_1^-} f(z)\mathrm{d}z=0 \tag{3.8}$$

或
$$\oint_C f(z)\mathrm{d}z=\oint_{C_1} f(z)\mathrm{d}z. \tag{3.9}$$

下面将对式(3.8)及(3.9)做特别说明.

在式(3.8)中,可将 $C+C_1^-$ 看成复连通域 D_1 的一条复合闭路 Γ,其正向:外面的闭曲线 C 按逆时针进行,内部的闭曲线 C_1 按顺时针进行(就是沿 Γ 的正向进行时,区域 D_1 的点总在 Γ 的左手边),那么有

$$\oint_\Gamma f(z)\mathrm{d}z=0.$$

在式(3.9)中,这里 C_1 是区域 D 内在 C 内部所取的任意一条简单闭曲线,对其要求仅是以 C 及 C_1 为边界的区域 D_1 全含于 D 即可. 正是由于 C_1 的任意性,

故可将 C_1 认为是 C 在 D 内任意连续变形时所留下的足迹，只要在变形过程中曲线不经过函数 $f(z)$ 不解析的点，那么就有 $\oint_C f(z)\mathrm{d}z=\oint_{C_1} f(z)\mathrm{d}z$，即有如下闭路变形原理.

闭路变形原理 在区域内的一个解析函数沿闭曲线的积分，不因闭曲线在区域内做连续变形而改变它的值，只要在变形过程中曲线不经过函数 $f(z)$ 不解析的点.

比如 $\oint_\Gamma \dfrac{1}{z-z_0}\mathrm{d}z=\oint_{C:|z-z_0|=r}\dfrac{1}{z-z_0}\mathrm{d}z=2\pi\mathrm{i}$，其中 Γ 是包含 z_0 的任何一条正向闭曲线，这里将正向圆周 C：$|z-z_0|=r$ 看成是闭曲线 Γ 的连续变形.

对式(3.8)及(3.9)进行推广，用同样的方法，可以证明：

定理 3.5(复合闭路定理) 设 C 为多连通域 D 内的一条简单闭曲线，$C_1,C_2,\cdots,C_n$ 是在 C 内部的简单闭曲线，它们互不包含也互不相交，并且以 $C,C_1,C_2,\cdots,C_n$ 为边界的区域全含于 D(见图 3.5). 如果 $f(z)$ 在 D 内解析，则

$$\oint_C f(z)\mathrm{d}z=\sum_{k=1}^{n}\oint_{C_k} f(z)\mathrm{d}z, \tag{3.10}$$

其中 C 及 C_k 均取正方向；或

$$\oint_\Gamma f(z)\mathrm{d}z=0, \tag{3.11}$$

这里 Γ 为由 C 及 $C_k(k=1,2,\cdots,n)$ 所组成的复合闭路(其正方向：C 按逆时针进行，C_k 按顺时针进行).

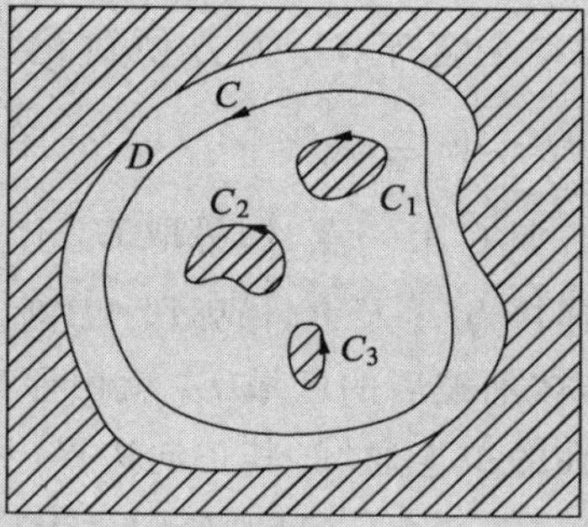

图 3.5

注 对于 $\oint_C f(z)\mathrm{d}z$，如果被积函数 $f(z)$ 在 C 上解析，在 C 内有 n 个奇点 $z_k(1\leqslant k\leqslant n)$，那么可根据复合闭路定理解决.

例 3.9 计算 $\oint_\Gamma \dfrac{2z-1}{z^2-z}\mathrm{d}z$ 的值，Γ 为包含圆周 $|z|=1$ 在内的任何正向简单闭曲线.

解 函数 $\dfrac{2z-1}{z^2-z}$ 在复平面内除 $z=0$ 和 $z=1$ 两个奇点外是处处解析的. 由于 Γ 是包含圆周 $|z|=1$ 在内的任何正向简单闭曲线，因此它也包含这两个奇点. 在 Γ 内作两个互不包含也互不相交的正向圆周 C_1 与 C_2，C_1 只包含奇点 $z=0$，C_2 只包含奇点 $z=1$(见图 3.6)，那么根据复合闭路

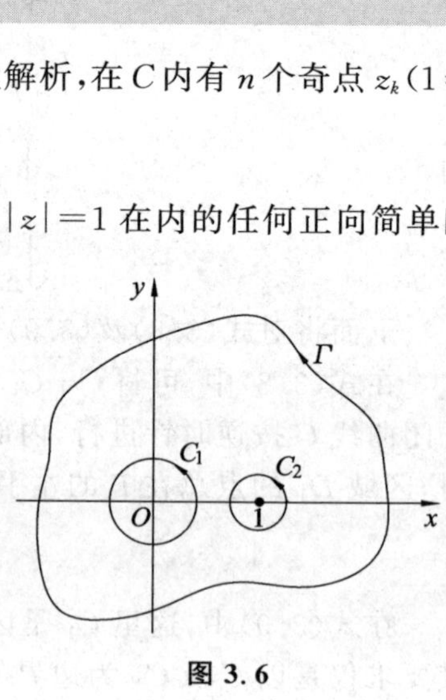

图 3.6

定理,得

$$\oint_{\Gamma}\frac{2z-1}{z^2-z}dz=\oint_{C_1}\frac{2z-1}{z^2-z}dz+\oint_{C_2}\frac{2z-1}{z^2-z}dz$$
$$=\oint_{C_1}\frac{1}{z-1}dz+\oint_{C_1}\frac{1}{z}dz+\oint_{C_2}\frac{1}{z-1}dz+\oint_{C_2}\frac{1}{z}dz$$
$$=0+2\pi i+2\pi i+0=4\pi i.$$

从这个例子可以看到:借助于复合闭路定理,有些比较复杂的函数的积分可化为比较简单的函数的积分计算其值.这是计算积分常用的一种方法.

此题还可利用 $f(z)=\frac{2z-1}{z^2-z}=\frac{1}{z}+\frac{1}{z-1}$,从而 $\oint_{\Gamma}\frac{2z-1}{z^2-z}dz=\oint_{\Gamma}\frac{1}{z}dz+\oint_{\Gamma}\frac{1}{z-1}dz$,运用重要积分及复合闭路定理或者闭路变形原理,可得

$$\oint_{\Gamma}\frac{2z-1}{z^2-z}dz=4\pi i.$$

例 3.10 计算 $\oint_C\frac{e^z}{z}dz$ 的值,其中 C 由负向圆周 C_1: $|z|=1$ 与正向圆周 C_2: $|z|=2$ 所组成.

解 因为 $f(z)=\frac{e^z}{z}$ 在以 C_1 与 C_2 作为内外边界的复连通域内是解析的,所以利用式(3.8)或者利用复合闭路定理,有

$$\oint_C\frac{e^z}{z}dz=0.$$

3.5 柯西积分公式

对于积分 $\oint_C g(z)dz$,其中 C 为任意的正向简单闭曲线,借助柯西-古萨基本定理以及复合闭路定理,积分 $\oint_C g(z)dz$ 的计算只需再考虑一种情况,即在 C 内仅含被积函数 $g(z)$ 的一个奇点 z_0.下面针对这种情况重点讨论形如

$$\oint_C\frac{f(z)}{(z-z_0)^{n+1}}dz\quad(n=0,1,2,\cdots,)$$

的积分,其中 $f(z)$ 在含有简单闭曲线 C 在内的单连通域 D 内解析,z_0 为 C 内任一点.这一节先讨论 $n=0$,即 $\oint_C\frac{f(z)}{z-z_0}dz$ 的情况,至于 $\oint_C\frac{f(z)}{(z-z_0)^{n+1}}dz(n=1,2,\cdots,)$ 的情况,将在下一节讨论.

因 $f(z)$ 在单连通域 D 内解析,z_0 为 C 内一点,故函数 $\frac{f(z)}{z-z_0}$ 在 D 内仅有一个奇点 z_0,并且在 C 的内部,一般而言积分 $\oint_C\frac{f(z)}{z-z_0}dz$ 不为零(如重要积分 $\oint_{C:|z-z_0|=r}\frac{1}{z-z_0}dz=$

$2\pi i\neq 0\Big)$. 考虑到C是包含$\dfrac{f(z)}{z-z_0}$奇点z_0在内的任意的正向简单闭曲线，因此根据闭路变形原理，有

$$\oint_C \frac{f(z)}{z-z_0}dz=\oint_{C_\rho}\frac{f(z)}{z-z_0}dz,$$

其中，C_ρ: $|z-z_0|=\rho>0$，在C内且取正向. 因为$\oint_{C_\rho}\dfrac{f(z)}{z-z_0}dz$的值与半径$\rho$无关，所以推测积分值可能与$f(z)$在$z_0$点邻近的值有关. 在这种情况下，考虑半径$\rho$在$\rho>0$的范围内逐步接近零时$\oint_{C_\rho}\dfrac{f(z)}{z-z_0}dz$值的变化. 由于$f(z)$的连续性，$f(z)$在圆周$C_\rho$上的函数值将随着$\rho$的缩小而逐渐接近于它在圆心$z_0$处的值$f(z_0)$. 这时$\oint_{C_\rho}\dfrac{f(z)}{z-z_0}dz$的值接近

$$\oint_{C_\rho}\frac{f(z_0)}{z-z_0}dz=f(z_0)\oint_{C_\rho}\frac{1}{z-z_0}dz=2\pi i f(z_0),$$

于是猜想

$$\oint_C \frac{f(z)}{z-z_0}dz=2\pi i f(z_0).$$

但以上仅仅是一种接近、一种猜想，是否这种接近能达到无限逼近以至于相等？经过进一步的讨论，得出上面的猜想是成立的，于是有如下定理.

定理3.6(柯西积分公式) 如果$f(z)$在区域D内处处解析，C为D内的任何一条正向简单闭曲线，它的内部完全含于D，z_0为C内的任一点，那么

$$f(z_0)=\frac{1}{2\pi i}\oint_C \frac{f(z)}{z-z_0}dz. \tag{3.12}$$

证 任意固定$z_0\in C$内，下面利用极限的定义证明：当$\rho\to 0^+$时，

$$\frac{1}{2\pi i}\oint_C \frac{f(z)}{z-z_0}dz=\frac{1}{2\pi i}\oint_{C_\rho}\frac{f(z)}{z-z_0}dz\to\frac{1}{2\pi i}\oint_{C_\rho}\frac{f(z_0)}{z-z_0}dz=f(z_0).$$

即

$$\lim_{\rho\to 0^+}\frac{1}{2\pi i}\oint_{C_\rho}\frac{f(z)}{z-z_0}dz=f(z_0),$$

其中，C_ρ: $|z-z_0|=\rho>0$，在C内且取正向.

$$\begin{aligned}\left|\frac{1}{2\pi i}\oint_{C_\rho}\frac{f(z)}{z-z_0}dz-f(z_0)\right|&=\left|\frac{1}{2\pi i}\oint_{C_\rho}\frac{f(z)-f(z_0)}{z-z_0}dz\right|\\&\leqslant\frac{1}{2\pi}\oint_{C_\rho}\frac{|f(z)-f(z_0)|}{|z-z_0|}ds\\&=\frac{1}{2\pi\rho}\oint_{C_\rho}|f(z)-f(z_0)|\,ds.\end{aligned}$$

因 $f(z)$ 在 z_0 点连续，因此任给 $\varepsilon>0$，必有一个 $\delta(\varepsilon)>0$，当 $|z-z_0|<\delta$ 时，$|f(z)-f(z_0)|<\varepsilon$. 假设所取 C_ρ 在 C 内部的同时，且满足 $0<\rho<\delta(\varepsilon)$（见图 3.7），

$$\frac{1}{2\pi\rho}\oint_{C_\rho}|f(z)-f(z_0)|\mathrm{d}s\leqslant\frac{1}{2\pi\rho}\cdot\varepsilon\cdot 2\pi\rho=\varepsilon.$$

即证 $\lim\limits_{\rho\to 0^+}\dfrac{1}{2\pi\mathrm{i}}\oint_{C_\rho}\dfrac{f(z)}{z-z_0}\mathrm{d}z=f(z_0).$

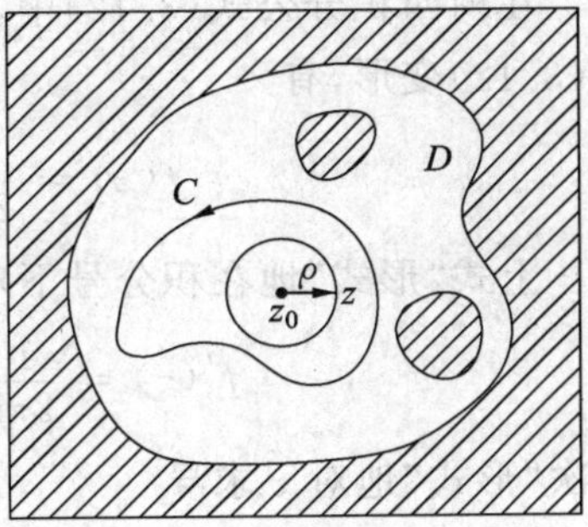

图 3.7

根据闭路变形原理可知，$\oint_{C_\rho}\dfrac{f(z)}{z-z_0}\mathrm{d}z$ 的值又与 ρ 的取值无关，因此综上所述，必有

$$\frac{1}{2\pi\mathrm{i}}\oint_C\frac{f(z)}{z-z_0}\mathrm{d}z=f(z_0).$$

如果 $f(z)$ 在简单闭曲线 C 所围成的区域内解析以及 C 上连续，那么公式(3.12)仍然成立.

公式(3.12)称为柯西积分公式. 利用柯西积分公式，对于有界闭区域上解析的函数，它在区域内任一点处的值都可用其边界上的值来表示. 换句话说，如果函数 $f(z)$ 在边界 C 上的值一经确定，那么 $f(z)$ 在区域 D 内部任一点 z_0 处的值也相应确定. 它表明了解析函数的一个基本性质. 这一性质对于复变函数理论本身及其应用都非常重要. 柯西积分公式不但提供了计算某些复变函数沿闭路积分的一种方法，而且给出了解析函数的一个积分表达式，从而它是研究解析函数各种局部性质的重要工具.

特别地，如果 C：$|z-z_0|=R$ 并取正向，那么式(3.12)成为

$$f(z_0)=\frac{1}{2\pi}\int_0^{2\pi}f(z_0+R\mathrm{e}^{\mathrm{i}\theta})\mathrm{d}\theta. \tag{3.13}$$

这就是说，一个解析函数在圆心处的值等于它在圆周上的平均值.

例 3.11 计算 $\dfrac{1}{2\pi\mathrm{i}}\oint_C\dfrac{\cos z}{z}\mathrm{d}z$ 的值，其中 C：$|z|=1$ 取正向.

解 由柯西积分公式(3.12)得

$$\frac{1}{2\pi\mathrm{i}}\oint_C\frac{\cos z}{z}=\frac{1}{2\pi\mathrm{i}}\cdot 2\pi\mathrm{i}\cdot\cos z\Big|_{z=0}=1.$$

3.6 解析函数的高阶导数

这一节讨论形如 $\oint_C\dfrac{f(z)}{(z-z_0)^{n+1}}\mathrm{d}z(n=1,2,\cdots,)$ 的积分，其中 $f(z)$ 在含有简单闭曲线 C 在内的单连通域 D 内解析，z_0 为 C 内任一点.

在柯西积分公式(3.12)中,由于点 z_0 是 C 内的任意一点,为了讨论的方便对式(3.12)变形,有

$$f(z)=\frac{1}{2\pi i}\oint_C\frac{f(\zeta)}{\zeta-z}d\zeta,\ \forall z\in C\text{ 内}.$$

上式"形式"地在积分号下对 z 求导后得

$$f'(z)=\frac{1}{2\pi i}\oint_C\frac{f(\zeta)}{(\zeta-z)^2}d\zeta,\ \forall z\in C\text{ 内},$$

再次"形式"地对 z 求导

$$f''(z)=\frac{2!}{2\pi i}\oint_C\frac{f(\zeta)}{(\zeta-z)^3}d\zeta,\ \forall z\in C\text{ 内},$$

继续下去,得

$$f^{(n)}(z)=\frac{n!}{2\pi i}\oint_C\frac{f(\zeta)}{(\zeta-z)^{n+1}}d\zeta,\ \forall z\in C\text{ 内}.$$

如果上面"形式"上的结果是成立的,那么就表明:在单连通域 D 内解析的函数不仅仅有一阶导数,还有高阶导数,而且它的各阶导数也可用函数在边界上的值通过积分的形式来表示.对上述"形式"上的结果进行推证并加以总结,有如下关于解析函数的高阶导数定理.

定理 3.7(解析函数的无穷可微性) 如果 $f(z)$ 在区域 D 内处处解析,C 为 D 内的任何一条正向简单闭曲线,它的内部完全含于 D,z_0 为 C 内的任一点,那么

$$f^{(n)}(z_0)=\frac{n!}{2\pi i}\oint_C\frac{f(z)}{(z-z_0)^{n+1}}dz\quad(n=1,2,\cdots).\tag{3.14}$$

证 首先对 $n=1$ 的情形来证明公式(3.14)成立.

根据导数定义,需要证明

$$f'(z_0)=\lim_{\Delta z\to 0}\frac{f(z_0+\Delta z)-f(z_0)}{\Delta z}=\frac{1}{2\pi i}\oint_C\frac{f(z)}{(z-z_0)^2}dz.$$

设点 z_0 是 C 内任意一点,点 $z_0+\Delta z$ 也在 C 内,且 $\Delta z\neq 0$,利用柯西积分公式得

$$\begin{aligned}\frac{f(z_0+\Delta z)-f(z_0)}{\Delta z}&=\frac{1}{2\pi i\Delta z}\left[\oint_C\frac{f(z)}{z-z_0-\Delta z}dz-\oint_C\frac{f(z)}{z-z_0}dz\right]\\&=\frac{1}{2\pi i}\oint_C\frac{f(z)}{(z-z_0)(z-z_0-\Delta z)}dz\\&=\frac{1}{2\pi i}\oint_C\frac{f(z)}{(z-z_0)^2}dz+\frac{1}{2\pi i}\oint_C\frac{\Delta zf(z)}{(z-z_0)^2(z-z_0-\Delta z)}dz.\end{aligned}$$

令 $$I=\frac{f(z_0+\Delta z)-f(z_0)}{\Delta z}-\frac{1}{2\pi i}\oint_C\frac{f(z)}{(z-z_0)^2}\,dz,$$

下面证明 $\lim\limits_{\Delta z\to 0}I=0$.

因为

$$|I|=\frac{1}{2\pi}\left|\oint_C\frac{\Delta z f(z)}{(z-z_0)^2(z-z_0-\Delta z)}dz\right|$$

$$\leqslant\frac{1}{2\pi}\oint_C\frac{|\Delta z||f(z)|}{|z-z_0|^2|z-z_0-\Delta z|}ds,$$

由定理的条件可知，$f(z)$ 在 C 上解析，故在闭曲线 C 上是有界的. 自然 $\exists M>0$，对于 $\forall z\in C$，有

$$|f(z)|\leqslant M.$$

设 d 为从 z_0 到 C 上各点的最短距离，即有

$$|z-z_0|\geqslant d,$$

并取 $|\Delta z|$ 适当地小，使其满足 $|\Delta z|<\frac{1}{2}d$（见图3.8）.

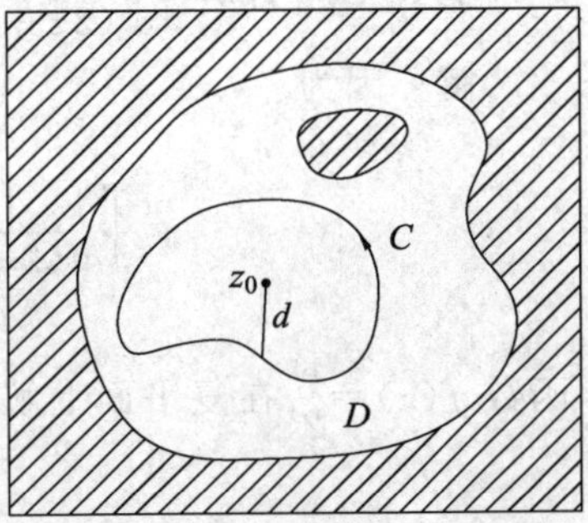

图 3.8

因为

$$|z-z_0-\Delta z|\geqslant|z-z_0|-|\Delta z|>\frac{d}{2},$$

$$\frac{1}{|z-z_0-\Delta z|}<\frac{2}{d}.$$

所以

$$|I|\leqslant\frac{1}{2\pi}\oint_C\frac{|\Delta z||f(z)|\,ds}{|z-z_0|^2|z-z_0-\Delta z|}$$

$$\leqslant\frac{1}{2\pi}\oint_C\frac{|\Delta z|\cdot M\cdot 2}{d^3}ds\leqslant\frac{ML}{\pi d^3}\cdot|\Delta z|,$$

其中，L 为 C 的长度. 则有

$$\lim_{\Delta z\to 0}I=0.$$

即 $$f'(z_0)=\lim_{\Delta z\to 0}\frac{f(z_0+\Delta z)-f(z_0)}{\Delta z}=\frac{1}{2\pi i}\oint_C\frac{f(z)}{(z-z_0)^2}dz.$$

利用上述的思想和方法，还可得到

$$f''(z_0)=\frac{2!}{2\pi i}\oint_C\frac{f(z)}{(z-z_0)^3}dz.$$

此时，已经证得了解析函数的导数仍然是解析函数.

以此类推，用数学纳法可以证明：

$$f^{(n)}(z_0)=\frac{n!}{2\pi i}\oint_C\frac{f(z)}{(z-z_0)^{n+1}}dz.$$

注 (1) 该定理中简单闭曲线 C 可为区域 D 的边界，只要函数 $f(z)$ 在 C 内解析、C 上连续，那么该定理依然成立.

(2) 该定理表明：解析函数的导数仍然是解析函数，解析函数具有任意阶导数，并且所有阶导数还是解析的. 这就是解析函数的无穷可微性，也是解析函数与实变函数的不同之处. 通过该定理可知，各阶导函数在 C 内任一点的值也可用函数在边界上的值通过积分的形式表示.

(3) 高阶导数公式的作用，不在于通过积分求导，而在于通过求导解决积分.

例 3.12 计算 $\oint_C \frac{e^z}{(2z+1)^4}dz$，其中 C 为正向圆周：$|z|=r>1$.

解 因为

$$\oint_C \frac{e^z}{(2z+1)^4}dz=\oint_C \frac{\frac{e^z}{2^4}}{\left(z+\frac{1}{2}\right)^4}dz,$$

函数 $f(z)=\frac{e^z}{2^4}$ 在复平面上解析，点 $-\frac{1}{2}$ 在 C 内，直接应用公式(3.14)，可得

$$\oint_C \frac{e^z}{(2z+1)^4}dz=\oint_C \frac{\frac{e^z}{2^4}}{\left(z+\frac{1}{2}\right)^4}dz=\frac{2\pi i}{(4-1)!}\left(\frac{e^z}{2^4}\right)'''\Big|_{z=-\frac{1}{2}}=\frac{1}{48}\pi e^{-\frac{1}{2}}i.$$

例 3.13 设函数 $f(z)$ 在单连通域 D 内连续，且对于 D 内任何一条简单闭曲线 C 都有 $\oint_C f(z)dz=0$，证明 $f(z)$ 在 D 内解析(摩勒拉(Morera)定理).

证 在 D 内取定一点 z_0，z 为 D 内任意一点. 根据已知条件，可知积分 $\int_{z_0}^{z} f(\xi)d\xi$ 的值与连接 z_0 与 z 的路线无关，它定义了一个 z 的单值函数：

$$F(z)=\int_{z_0}^{z} f(\xi)d\xi.$$

利用导数的定义，可以证明

$$F'(z)=f(z).$$

所以 $F(z)$ 是 D 内的一个解析函数，再根据解析函数的无穷可微性，故 $f(z)$ 为解析函数.

思考 设 $I=\oint_C \frac{e^z}{z(1-z)^3}dz$，其中 C 是不经过点 0 与 1 的任意正向简单闭曲线，试问该积分应该怎样计算？

3.7 解析函数与调和函数的关系

由解析函数的充要条件及解析函数的无穷可微性可知，在区域 D 内解析的函

数 $f(z)=u(x,y)+\mathrm{i}v(x,y)$，实部 u 和虚部 v 不仅通过柯西-黎曼条件相联系，甚至于 u 和 v 的各阶偏导数之间也因为相应的柯西-黎曼条件而有着某种联系. 接下来研究解析函数 $f(z)=u+\mathrm{i}v$ 的实部 u 和虚部 v 具有怎样的特殊性质？u 和 v 二者之间具有怎样的特殊关系？怎样选择 u 与 v 才能使函数 $f(z)=u(x,y)+\mathrm{i}v(x,y)$ 在区域 D 内解析？这就是本节要研究的解析函数与调和函数的关系.

如果二元实变函数 $\varphi(x,y)$ 在区域 D 内具有二阶连续偏导数并且满足拉普拉斯(Laplace)方程

$$\frac{\partial^2\varphi}{\partial x^2}+\frac{\partial^2\varphi}{\partial y^2}=0,$$

则称 $\varphi(x,y)$ 为区域 D 内的调和函数.

注 二元调和函数概念可推广到多元调和函数情形. 考虑到解析函数的实部和虚部是二元实函数，故本节重点讨论二元调和函数的有关问题.

调和函数常出现在流体力学、电学、磁场理论等实际问题中，如流速场的流函数与势函数、静电场的力函数与势函数以及热流场的流函数与温度分布函数等都是调和函数.

下面的定理说明了调和函数与解析函数的关系.

定理 3.8 任何在区域 D 内解析的函数，它的实部和虚部都是 D 内的调和函数.

证 设 $w=f(z)=u+\mathrm{i}v$ 为 D 内的一个解析函数，有

$$\frac{\partial u}{\partial x}=\frac{\partial v}{\partial y},\ \frac{\partial u}{\partial y}=-\frac{\partial v}{\partial x},$$

$$\frac{\partial^2 u}{\partial x^2}=\frac{\partial^2 v}{\partial y\partial x},\ \frac{\partial^2 u}{\partial y^2}=-\frac{\partial^2 v}{\partial x\partial y}.$$

因 $f(z)$ 在 D 内解析，故 u 与 v 在 D 内具有任意阶连续偏导数，所以

$$\frac{\partial^2 v}{\partial y\partial x}=\frac{\partial^2 v}{\partial x\partial y},$$

$$\frac{\partial^2 u}{\partial x^2}+\frac{\partial^2 u}{\partial y^2}=0.$$

同理

$$\frac{\partial^2 v}{\partial x^2}+\frac{\partial^2 v}{\partial y^2}=0.$$

故函数 u 与 v 在 D 内都是调和函数.

因为解析函数 $f(z)=u+\mathrm{i}v$ 的任意阶导数依然还是解析的，所以解析函数的实部 u 与虚部 v 具有任意阶偏导数的同时，这些任意阶偏导数也都是调和函数.

定理 3.8 的逆命题是否成立？即区域 D 内的任意两个调和函数 $u(x,y)$ 及 $v(x,y)$ 所构成的函数 $f(z)=u+\mathrm{i}v$ 是否一定是区域 D 内的解析函数呢？答案是

否定的. 为解决这个问题,下面引入共轭调和函数定义.

定义 3.3 设 $u(x,y),v(x,y)$ 为区域 D 内的调和函数. 如果在 D 内,$u(x,y)$ 及 $v(x,y)$ 满足柯西-黎曼方程

$$\frac{\partial u}{\partial x}=\frac{\partial v}{\partial y},\ \frac{\partial v}{\partial x}=-\frac{\partial u}{\partial y},$$

则 $v(x,y)$ 称为 $u(x,y)$ 的共轭调和函数.

从该定义可知,区域 D 内解析函数的虚部为实部的共轭调和函数. 结合定义 3.3 和定理 3.8,有

定理 3.9 函数 $f(z)=u(x,y)+\mathrm{i}v(x,y)$ 在区域 D 内解析的充要条件是 $u(x,y)$ 及 $v(x,y)$ 是 D 内的调和函数,且虚部 $v(x,y)$ 为实部 $u(x,y)$ 的共轭调和函数.

已知实部 $u(x,y)$ 或虚部 $v(x,y)$ 中的一个,利用解析函数和调和函数之间的上述关系,即可求得另外一个,从而确定解析函数 $f(z)=u(x,y)+\mathrm{i}v(x,y)$. 下面举例说明.

例 3.14 证明 $u(x,y)=x^2-y^2$ 为调和函数,并求其共轭调和函数 $v(x,y)$ 和由它们构成的解析函数.

解 因为

$$\frac{\partial u}{\partial x}=2x,\quad \frac{\partial^2 u}{\partial x^2}=2,$$

$$\frac{\partial u}{\partial y}=-2y,\quad \frac{\partial^2 u}{\partial y^2}=-2,$$

所以

$$\frac{\partial^2 u}{\partial x^2}+\frac{\partial^2 u}{\partial y^2}=0.$$

故 $u(x,y)$ 为复平面上的调和函数.

因为 $\frac{\partial v}{\partial x}=-\frac{\partial u}{\partial y}=2y$, 得

$$v=\int 2y\mathrm{d}x=2xy+\varphi(y),\ \frac{\partial v}{\partial y}=2x+\varphi'(y),$$

又 $\frac{\partial v}{\partial y}=\frac{\partial u}{\partial x}=2x$,所以

$$\varphi'(y)=0,\varphi(y)=C,$$

故

$$v(x,y)=2xy+C.$$

从而

$$f(z)=x^2-y^2+i(2xy+C).$$

这个函数可以化为

$$f(z)=(x+\mathrm{i}y)^2+\mathrm{i}C=z^2+\mathrm{i}C.$$

该例题使用的方法称为偏积分法. 此例说明,已知解析函数的实部,就可确定它的虚部,至多相差一个任意常数. 下面的例子则说明可以类似地由解析函数的虚部确定(可能相差一个常数)它的实部.

例 3.15 已知调和函数 $v(x,y)=x^3-3xy^2$,求解析函数 $f(z)=u+\mathrm{i}v$,使得 $f(\mathrm{i})=0$.

解 显然函数 $v(x,y)=x^3-3xy^2$ 是复平面上的调和函数.

根据柯西-黎曼条件,因$\dfrac{\partial u}{\partial x}=\dfrac{\partial v}{\partial y}=-6xy$, 得

$$u=\int -6xy\,\mathrm{d}x=-3x^2y+\varphi(y),$$

$$\frac{\partial u}{\partial y}=-3x^2+\varphi'(y),$$

由$\dfrac{\partial u}{\partial y}=-\dfrac{\partial v}{\partial x}=-3x^2+3y^2$,得

$$\varphi'(y)=3y^2,\ \varphi(y)=y^3+C,$$

因此

$$u(x,y)=-3x^3+y^3+C.$$

从而得解析函数

$$f(z)=-3x^3y+y^3+C+\mathrm{i}(x^3-3xy^2).$$

这个函数可化为

$$f(z)=u+\mathrm{i}v=-3x^3y+y^3+C+\mathrm{i}(x^3-3xy^2)=\mathrm{i}z^3+C$$

由于 $f(\mathrm{i})=0$,即得 $C=-1$,从而

$$f(z)=-3x^3y+y^3-1+\mathrm{i}(x^3-3xy^2)\ \text{或}\ f(z)=\mathrm{i}z^3-1.$$

已知调和函数 $u(x,y)$或 $v(x,y)$求解析函数 $f(z)=u+\mathrm{i}v$ 的方法除了上述常用的偏积分法之外,还有其他的方法,如以下例题采用的不定积分法.

例 3.16 设 $u(x,y)=x^2-y^2$,求解析函数 $f(z)=u(x,y)+\mathrm{i}v(x,y)$.

解 因为

$$\frac{\partial u}{\partial x}=2x,\ \frac{\partial u}{\partial y}=-2y,$$

故

$$f'(z)=\frac{\partial u}{\partial x}+\mathrm{i}\,\frac{\partial v}{\partial x}=\frac{\partial u}{\partial x}-\mathrm{i}\,\frac{\partial u}{\partial y}=2x+2y\mathrm{i}=2z,$$

则 $f(z)=\int f'(z)\mathrm{d}z=\int 2z\,\mathrm{d}z=z^2+C$,其中 C 是任意复常数.

例 3.17 设 $v(x,y)=x^3-3xy^2$,求解析函数 $f(z)=u+\mathrm{i}v$,使 $f(\mathrm{i})=0$.

解 由 $\frac{\partial v}{\partial x}=3x^2-3y^2$, $\frac{\partial v}{\partial y}-6xy$,得

$$f'(z)=\frac{\partial u}{\partial x}+\mathrm{i}\frac{\partial v}{\partial x}=\frac{\partial v}{\partial y}+\mathrm{i}\frac{\partial v}{\partial x}=-6xy+\mathrm{i}(3x^2-3y^2)$$

$$=3\mathrm{i}(x+\mathrm{i}y)^2=3\mathrm{i}z^2.$$

因此 $f(z)=\int f'(z)\mathrm{d}z=\int 3\mathrm{i}z^2\mathrm{d}z=\mathrm{i}z^3+C$,其中 C 是任意复常数.

因 $f(i)=0$,故 $C=-1$,得

$$f(z)=\mathrm{i}z^3-1.$$

本章小结

1. 重点与难点、要求

本章的重点是熟练运用柯西-古萨基本定理、复合闭路定理、柯西积分公式以及高阶导数公式计算封闭路径的积分,掌握解析函数与调和函数的关系,并能根据已知条件构造解析函数 $f(z)=u(x,y)+\mathrm{i}v(x,y)$. 难点是柯西积分公式以及高阶导数公式的运用.

要求如下:

(1) 正确理解复变函数积分的概念.

(2) 掌握复变函数积分的一般方法.

(3) 掌握并能熟练运用柯西-古萨基本定理、复合闭路定理、柯西积分公式以及高阶导数公式计算封闭路径的积分.

(4) 理解解析函数的导数仍是解析函数.

(5) 理解解析函数与调和函数的关系,会求给定解析函数的实部或者虚部,求得另外一个,从而确定解析函数 $f(z)=u(x,y)+\mathrm{i}v(x,y)$.

2. 知识要点

(1) 复变函数积分的计算方法.

设光滑曲线 $C: z=z(t)=x(t)+\mathrm{i}y(t)$, $\alpha\leqslant t\leqslant\beta$,且参数 α 及 β 对应曲线 C 的起点及终点,则

$$\int_C f(z)\mathrm{d}z=\int_\alpha^\beta f[z(t)]z'(t)\mathrm{d}t.$$

(2) 重要积分.

$$\oint_{|z-z_0|=r}\frac{\mathrm{d}z}{(z-z_0)^{n+1}}=\begin{cases}2\pi\mathrm{i}, & n=0,\\ 0, & n\neq 0,\end{cases}$$ 其中 n 为整数(积分曲线取正向).

(3) 柯西-古萨基本定理.

如果函数 $f(z)$在以 C 为边界的单连通域 D 内处处解析，那么函数 $f(z)$沿 D 内任意一条封闭曲线 C 的积分值为零，即

$$\oint_C f(z)\,\mathrm{d}z = 0.$$

此定理可作如下推广：

① 如果函数 $f(z)$在以简单闭曲线 C 为边界的有界闭域上解析，则

$$\oint_C f(z)\,\mathrm{d}z = 0.$$

② 如果函数 $f(z)$在以 C 为边界的单连通域 D 内解析，在闭域$\overline{D}$上连续，则

$$\oint_C f(z)\,\mathrm{d}z = 0.$$

(4) 复合闭路定理.

设 C 为多连通域 D 内的一条简单闭曲线，$C_1, C_2, \cdots, C_n$ 是在 C 内部的简单闭曲线，它们互不包含也互不相交，并且以 $C, C_1, C_2, \cdots, C_n$ 为边界的区域全含于 D. 如果 $f(z)$在 D 内解析，则

① $\oint_C f(z)\,\mathrm{d}z = \sum\limits_{k=1}^{n}\oint_{C_k} f(z)\,\mathrm{d}z$，其中 C 及 C_k 均取正方向；

② $\oint_\Gamma f(z)\,\mathrm{d}z = 0$. 这里 Γ 为由 C 及 $C_k(k=1,2,\cdots,n)$所组成的复合闭路(其正方向是：C 按逆时针进行，C_k 按顺时针进行).

(5) 柯西积分公式.

如果函数 $f(z)$在区域 D 内处处解析，C 为 D 内的任何一条正向简单闭曲线，它的内部完全含于 D，z_0 为 C 内的任一点，则

$$f(z_0) = \frac{1}{2\pi\mathrm{i}}\oint_C \frac{f(z)}{z - z_0}\,\mathrm{d}z.$$

(6) 高阶导数公式.

如果 $f(z)$在区域 D 内处处解析，C 为 D 内的任何一条正向简单闭曲线，它的内部完全含于 D，z_0 为 C 内的任一点，那么函数 $f(z)$ 在 C 内具有各阶导函数，并且

$$f^{(n)}(z_0) = \frac{n!}{2\pi\mathrm{i}}\oint_C \frac{f(z)}{(z - z_0)^{n+1}}\,\mathrm{d}z,\ n = 1,2,3,\cdots.$$

(7) 解析函数 $f(z) = u + \mathrm{i}v$ 的导数仍然是解析函数，而解析函数的实部和虚部是调和函数，其中解析函数虚部 v 为实部 u 的共轭调和函数，因此得到解析函数的实部和虚部具有任意阶的偏导数，并且这些偏导数都是调和函数.

3. 例题选讲

例 1 计算$\oint_C \frac{1}{(z-1)(3z+1)}dz$的值，其中 C：$|z|=\frac{1}{2}$取正向.

解法一 被积函数 $g(z)=\frac{1}{(z-1)(3z+1)}$在复平面内有两个奇点 $z=1$ 及$z=-\frac{1}{3}$，但仅有 $z=-\frac{1}{3}$ 在 C 内. 将 $g(z)$变形有

$$g(z)=\frac{\frac{1}{3(z-1)}}{z-\left(-\frac{1}{3}\right)}.$$

因在 C 满足柯西积分公式(3.12)，得

$$\oint_C \frac{1}{(z-1)(3z+1)}dz=\oint_C \frac{\frac{1}{3(z-1)}}{z+\frac{1}{3}}dz=2\pi i\cdot\left.\frac{1}{3(z-1)}\right|_{z=-\frac{1}{3}}=-\frac{1}{2}\pi i.$$

解法二 因为被积函数 $g(z)=\frac{1}{(z-1)(3z+1)}=\frac{1}{4}\cdot\frac{1}{z-1}-\frac{3}{4}\cdot\frac{1}{3z+1}$，故有

$$\oint_C \frac{1}{z(3z+1)}dz=\frac{1}{4}\oint_C \frac{1}{z-1}dz-\frac{3}{4}\oint_C \frac{1}{3z+1}dz.$$

因
$$\oint_C \frac{1}{z-1}dz=0\ (\text{柯西-古萨基本定理}),$$

则
$$\oint_C \frac{1}{3z+1}dz=\frac{1}{3}\cdot\oint_C \frac{1}{z+\frac{1}{3}}dz=\frac{1}{3}\cdot 2\pi i\ (\text{柯西积分公式}).$$

综上，
$$\oint_C \frac{1}{z(3z+1)}dz=-\frac{1}{2}\pi i.$$

思考 如果此题中的 C 换为 C：$|z|=2$，在积分的计算中会有怎样的变化呢？

例 2 计算$\oint_C \frac{1}{z(z-2)^4}dz$，其中 C：$|z-1|=3$ 取正向.

解 函数$\frac{1}{z(z-2)^4}$在复平面内两个奇点 $z=0$ 及 $z=2$，且均在 C 内.

在 C 内作以 $z=0$ 为中心作一个正向圆周 C_1，以 $z=2$ 为中心作一个正向圆周 C_2（见图 3.9），要求 C_1 与 C_2 之间不交不含，因而函数$\frac{1}{z(z-2)^4}$在由 C, C_1 和 C_2 所围成的复连通域内是解析的. 根据复合闭路定理，得

$$\oint_C \frac{1}{z(z-2)^4}dz=\oint_{C_1} \frac{1}{z(z-2)^4}dz+\oint_{C_2} \frac{1}{z(z-2)^4}dz,$$

由公式(3.12)有

$$\oint_{C_1}\frac{1}{z(z-2)^4}dz=\oint_{C_1}\frac{\frac{1}{(z-2)^4}}{z}dz$$

$$=2\pi i\cdot\frac{1}{(z-2)^4}\bigg|_{z=0}$$

$$=\frac{\pi}{8}i,$$

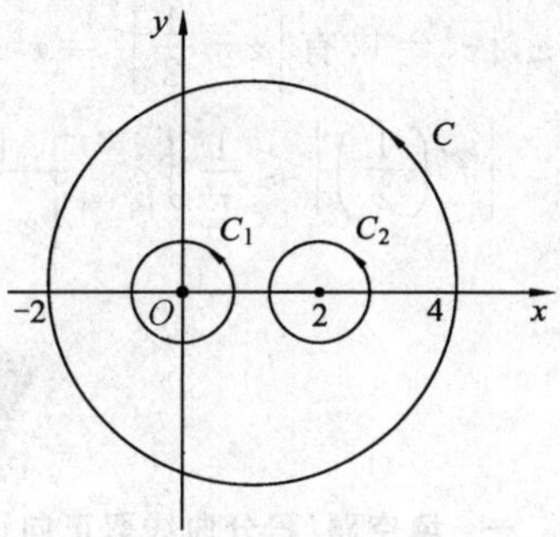

图 3.9

由公式(3.14)有

$$\oint_{C_2}\frac{1}{z(z-2)^4}dz=\oint_{C_2}\frac{\frac{1}{z}}{(z-2)^4}dz$$

$$=\frac{2\pi i}{(4-1)!}\cdot\left(\frac{1}{z}\right)'''\bigg|_{z=2}$$

$$=-\frac{3\pi}{8}i,$$

所以
$$\oint_C\frac{1}{z(z-2)^4}dz=\frac{\pi}{8}i-\frac{3}{8}\pi i=-\frac{\pi}{4}i.$$

例 3 设函数 $f(z)$ 在单连通区域 D 内解析，且在 D 内的闭曲线 C 上满足 $|f(z)-1|<1$，证明 $\oint_C\frac{f'(z)}{f(z)}dz=0$.

证 因为函数 $f(z)$ 在单连通区域 D 内解析，又因在 C 上 $|f(z)-1|<1$，可知 $f(z)$ 在 C 上以及 C 内不为零，因此 $\frac{f'(z)}{f(z)}$ 在 C 上以及 C 内部解析，故

$$\oint_C\frac{f'(z)}{f(z)}dz=0.$$

例 4 设函数 $f(z)$ 在 $|z|\leqslant 1$ 上解析，且在 $|z|=1$ 上有 $|f(z)-z|\leqslant|z|$，试证：$\left|f'\left(\frac{1}{2}\right)\right|\leqslant 8$.

证 由柯西积分公式(3.12)知

$$f'\left(\frac{1}{2}\right)=\frac{1}{2\pi i}\oint_{|z|=1}\frac{f(z)}{\left(z-\frac{1}{2}\right)^2}dz,$$

$$\left|f'\left(\frac{1}{2}\right)\right|\leqslant\frac{1}{2\pi}\oint_{|z|=1}\frac{|f(z)-z+z|}{\left|z-\frac{1}{2}\right|^2}|dz|$$

$$\leqslant\frac{1}{2\pi}\oint_{|z|=1}\frac{|z|+|z|}{\left|z-\frac{1}{2}\right|^2}|dz|$$

$$\leqslant\frac{1}{\pi}\oint_{|z|=1}\frac{|z|}{\left|z-\frac{1}{2}\right|^2}ds.$$

$\forall z, |z|=1$,有 $\left|z-\frac{1}{2}\right|^2=x^2-x+\frac{1}{4}+y^2=1-x+\frac{1}{4}\geqslant\frac{1}{4}$. 因此

$$\left|f'\left(\frac{1}{2}\right)\right|\leqslant\frac{1}{\pi}\oint_{|z|=1}\frac{|z|}{\left|z-\frac{1}{2}\right|^2}\mathrm{d}s\leqslant\frac{1}{\pi}\oint_{|z|=1}\frac{1}{\frac{1}{4}}\mathrm{d}s\leqslant\frac{1}{\pi}\cdot 4\cdot 2\pi=8$$

自我检测题 3

一、填空题(积分曲线取正向)

1. $\oint_{|z|=1}\frac{1}{z^2+2z+2}\mathrm{d}z=$ ________________.

2. $\oint_{|z-1|=1}\frac{z^2+1}{z^2-1}\mathrm{d}z=$ ________________.

3. $\oint_{|z|=1}\frac{\cos z}{(z-\pi)^2}\mathrm{d}z=$ ________________.

二、计算下列各题

4. 计算积分 $\int_C\bar{z}\mathrm{d}z$,其中 C 是从原点 O 到 $1+\mathrm{i}$ 的直线段.

5. 计算积分 $\int_C(x^2-y^2+2xy\mathrm{i})\mathrm{d}z$,其中 C 是抛物线 $y=x^2$ 上从原点 O 到点 $1+\mathrm{i}$ 的弧段.

6. 计算积分 $\oint_C\left(z+\frac{1}{z}\right)\mathrm{d}z$,其中

(1) C:$|z|=1$ 取负向; (2) C:$|z-1|=\frac{1}{2}$ 取正向.

7. 计算 $\oint_C\frac{2z^2-z+1}{(z-1)^2}\mathrm{d}z$,其中 C:$|z|=2$ 取正向.

三、证明题

8. 利用积分估值,证明 $\left|\int_C(x^2+\mathrm{i}y^2)\mathrm{d}z\right|\leqslant 2$,其中 C 是连接 $-\mathrm{i}$ 到 i 的直线段.

9. 证明:当 C 为任何不通过原点的简单闭曲线时,$\oint_C\frac{1}{z^2}\mathrm{d}z=0$.

四、解答题

10. 设 $u(x,y)=x^2+xy-y^2$,验证 $u(x,y)$ 为调和函数,并求满足条件 $f(i)=-1+\mathrm{i}$ 的解析函数 $f(z)=u+\mathrm{i}v$.

复 习 题 3

1. 计算 $\int_C\frac{1}{z^2}\mathrm{d}z$,其中 C 为圆周 $|z+\mathrm{i}|=2$ 的右半周,走向为点 $-3\mathrm{i}$ 到点 i.

2. 计算积分 $\int_C|z|\mathrm{d}z$ 的值,其中 C 是

(1) 从点$-\mathrm{i}$到i的直线段；

(2) 沿单位圆$|z|=1$从点$-\mathrm{i}$到i的右半圆.

3. 计算积分$\int_C (x^2+\mathrm{i}y)\mathrm{d}z$的值，其中$C$是

(1) 从原点0到$1+\mathrm{i}$的直线段；

(2) 沿$y=x^2$从原点0到$1+\mathrm{i}$的曲线弧.

4. 利用在单位圆上$\bar{z}=\frac{1}{z}$的性质，及柯西积分公式说明$\oint_C \bar{z}\mathrm{d}z=2\pi\mathrm{i}$，其中$C$为正向单位圆周$|z|=1$.

5. 计算积分$\oint_C \frac{\bar{z}}{|z|}\mathrm{d}z$的值，其中$C$为正向圆周：

(1) $|z|=2$；　　(2) $|z|=4$.

6. 试用观察法得出下列积分的值，并说明观察时所依据的是什么？(曲线取正向)

(1) $\oint_C \frac{z\mathrm{d}z}{z-3}$，$C$：$|z|=2$；　　(2) $\oint_C \frac{\mathrm{d}z}{z-\frac{\mathrm{i}}{4}}$，$C$：$|z|=1$；

(3) $\oint_C \frac{\mathrm{d}z}{\cos z}$，$C$：$|z|=1$；　　(4) $\oint_C \frac{1}{\left(z-\frac{\mathrm{i}}{2}\right)(z+2)}\mathrm{d}z$，$C$：$|z|=1$.

7. 计算积分$\oint_C \frac{1}{z+2}\mathrm{d}z$，其中$C$：$|z|=1$取正向；并由此证明$\int_0^{\pi}\frac{1+2\cos\theta}{5+4\cos\theta}\mathrm{d}\theta=0$.

8. 计算积分$\oint_{C=C_1+C_2}\frac{\cos z}{z^3}\mathrm{d}z$的值，其中$C_1$：$|z|=2$为正向，$C_2$：$|z|=3$为负向.

9. 下列两个积分的值是否相等？积分(2)的值能否利用闭路变形原理从(1)的值得到？为什么？(曲线取正向)

(1) $\oint_{|z|=2}\frac{\bar{z}}{z}\mathrm{d}z$；　　(2) $\oint_{|z|=4}\frac{\bar{z}}{z}\mathrm{d}z$.

10. 计算下列各题：

(1) $\int_{-\pi\mathrm{i}}^{3\pi\mathrm{i}}\mathrm{e}^{2z}\mathrm{d}z$；　　(2) $\int_{-2}^{-2+\mathrm{i}}(z+2)^2\mathrm{d}z$；

(3) $\int_0^1 z\sin z\mathrm{d}z$；　　(4) $\int_{-\pi\mathrm{i}}^{\pi\mathrm{i}}\sin^2 z\mathrm{d}z$.

11. 设区域D为右半平面，z为D内圆周$|z|=1$上的任意一点，用在D内的任意一条曲线C连续原点与z，证明$\mathrm{Re}\left[\int_0^z\frac{1}{1+\zeta^2}\mathrm{d}\zeta\right]=\frac{\pi}{4}$.

12. 沿指定曲线的正向计算下列各积分：

(1) $\oint_C\frac{\mathrm{e}^z}{z-2}\mathrm{d}z$，$C$：$|z-2|=1$；　　(2) $\oint_C\frac{\mathrm{d}z}{z^2-a^2}$，$C$：$|z-a|=a>0$；

(3) $\oint_C\frac{\sin z\mathrm{d}z}{z}$，$C$：$|z|=1$.

13. 沿指定曲线的正向计算积分$\oint_C\frac{\sin\frac{\pi}{4}z}{z^2-1}\mathrm{d}z$，其中

(1) C: $|z+1|=\frac{1}{2}$；　　(2) C: $|z-1|=\frac{1}{2}$；

(3) C: $|z|=2$.

14. 沿指定曲线的正向计算积分$\oint_C \frac{z}{(2z+1)(z-2)}dz$,其中

(1) C: $|z|=1$；　　(2) C: $|z-2|=1$；

(3) C: $|z-1|=\frac{1}{2}$；　　(4) C: $|z|=3$.

15. 计算积分$\oint_C \frac{e^z}{z}dz$,其中C: $|z|=1$取正向,从而证明$\int_0^\pi e^{\cos\theta}\cos(\sin\theta)d\theta=\pi$.

16. 设$f(z)$与$g(z)$在区域D内处处解析,C为D内的任何一条简单闭曲线,它的内部全含于D,如果$f(z)=g(z)$在C上所有的点处成立,试证在C内所有点处$f(z)=g(z)$也成立.

17. 沿指定曲线的正向计算下列各积分：

(1) $\oint_C \frac{\sin z dz}{\left(z-\frac{\pi}{2}\right)^2}$, C: $|z|=2$；　　(2) $\oint_C \frac{e^z dz}{z^5}$, C: $|z|=1$.

(3) $\oint_C \frac{e^z}{(z-a)^3}dz$,其中$a$为$|a|\neq 1$的任何复数, C: $|z|=1$为正向.

18. $f(z)=\oint_C \frac{3\xi^2+7\xi+1}{\xi-z}d\xi$,其中$C$: $|\xi|=\sqrt{3}$取正向.

求$f(1+i)$, $f'(1+i)$, $f(2)$, $f'(2)$.

19. 设函数$f(z)$在单连通域D内解析且不为零,C为D内任一条简单闭曲线,试说明积分$\oint_C \frac{f''(z)+2f'(z)+1}{f(z)}dz=0$的理由.

20. 计算积分$I=\oint_C \frac{e^z}{z(1-z)^3}dz$,其中$C$是不经过点0与1的任意正向简单闭曲线.

21. 计算积分$I=\oint_C \frac{e^z}{z^n}dz$,其中$n$为整数,曲线$C$: $|z|=1$取正向.

22. 函数$v=x+y$是$u=x+y$的共轭调和函数吗？为什么？

23. 证明:$u=x^2-y^2$和$v=\frac{y}{x^2+y^2}$都是调和函数,但是$u+iv$不是解析函数.

24. 由下列各已知调和函数求解析函数$f(x)=u+iv$:

(1) $u=2(x-1)y$, $f(2)=i$；　　(2) $v=\frac{y}{x^2+y^2}$, $f(2)=0$.

25. 设$v=e^{px}\sin y$,求p的值使v为调和函数,并求出解析函数$f(z)=u+iv$.

26. 设$f(z)=u+iv$为解析函数,且$u-v=(x-y)(x^2+4xy+y^2)$,求u及v.

27. 设u为区域D内的调和函数及$f=\frac{\partial u}{\partial x}-i\frac{\partial u}{\partial y}$,问$f$是不是$D$内的解析函数,为什么？

28. 证明:一对共轭调和函数的乘积仍为调和函数.

29. 求具有下列形式的所有调和函数u:

(1) $u=f(ax+by)$, a与b为常数；　　(2) $u=f\left(\frac{y}{x}\right)$.

4 级 数

本章将运用级数的方法研究解析函数的性质.在复变函数发展的历史中,魏尔斯特拉斯(Weierstrass)正是通过级数来研究复变函数理论的,他所定义的解析函数是指在区域每一点的邻域内可以展开为收敛的幂级数,从而建立了复变函数的级数理论.

4.1 复数项级数

类似实数项级数,可以定义复数项级数.

定义 4.1 设$\{c_n\}$是一个复数列,定义

$$\sum_{n=1}^{\infty} c_n = c_1 + c_2 + \cdots + c_n + \cdots \tag{4.1}$$

为复数项无穷级数,仿照实级数,定义它的部分和

$$S_n = \sum_{k=1}^{n} c_k = c_1 + c_2 + \cdots + c_n.$$

若$\lim\limits_{n\to\infty} S_n = A$,则称复级数 $\sum\limits_{n=1}^{\infty} c_n$ 收敛,A 称为它的和,记为$\sum\limits_{n=1}^{\infty} c_n = A$.若$\{S_n\}$发散,则称级数$\sum\limits_{n=1}^{\infty} c_n$ 发散.

由定义可知,一个复数项级数是否收敛,取决于级数的前 n 项部分和数列$\{S_n\}$是否收敛.

例 4.1 讨论级数 $1+z+z^2+\cdots+z^n+\cdots$的收敛情况.

解 由定义,只需考虑级数的部分和数列 $S_n=1+z+z^2+\cdots+z^{n-1}$的收敛情况.由等比数列求和公式,可得 $S_n=\dfrac{1-z^n}{1-z}$.当$|z|<1$ 时,$S_n\to\dfrac{1}{1-z}(n\to\infty)$,所以$S_n$ 收敛.当$|z|>1$ 时,$S_n\to\infty(n\to\infty)$,所以 S_n 发散.当$|z|=1$ 时,$z=e^{i\theta}$,$\theta\in[0,2\pi)$,代入可得 $S_n=\dfrac{1-e^{in\theta}}{1-e^{i\theta}}$,容易看出此时 S_n 在$n\to\infty$时无极限,因此发散.

综上可知，当$|z|<1$时，级数$1+z+z^2+\cdots+z^n+\cdots$收敛，而当$|z|\geqslant 1$时，该级数发散.

由复函数的极限定义，容易知道复数列$c_n=a_n+ib_n$，$a_n,b_n\in\mathbf{R}$极限存在的充要条件是a_n和b_n同时有极限.因此，即有下面的结论.

定理 4.1 设$c_n=a_n+ib_n(n=1,2,\cdots)$，$a_n,b_n\in\mathbf{R}$，则级数$\sum\limits_{n=1}^{\infty}c_n$收敛于$A=a+ib$，$a,b\in\mathbf{R}$的充要条件为实级数$\sum\limits_{n=1}^{\infty}a_n$与$\sum\limits_{n=1}^{\infty}b_n$分别收敛于$a$与$b$.

利用定理 4.1，可以把判断复数项级数的敛散性转化为判断它的实部和虚部构成的两个实数项级数的敛散性，而实数项级数，显然更易于判断.

例 4.2 判别级数$\sum\limits_{n=1}^{\infty}\left(\dfrac{1}{n}+\dfrac{i}{n^2}\right)$的敛散性.

解 因为实部级数$\sum\limits_{n=1}^{\infty}\dfrac{1}{n}$是调和级数，是发散的.由定理 4.1 得$\sum\limits_{n=1}^{\infty}\left(\dfrac{1}{n}+\dfrac{i}{n^2}\right)$发散.

由定理 4.1 可知，一个复数项级数的敛散性问题可以归结为两个实级数的敛散性问题.因此，关于实数项级数的一些结果也可以推广到复数项级数.

定理 4.2 级数$\sum\limits_{n=1}^{\infty}c_n$收敛的必要条件是$c_n\to 0(n\to\infty)$.

定理 4.3 如果级数$\sum\limits_{n=1}^{\infty}|c_n|$收敛，则$\sum\limits_{n=1}^{\infty}c_n$收敛.

证 设$c_n=a_n+ib_n$，$a_n,b_n\in\mathbf{R}$.因为$\sum\limits_{n=1}^{\infty}|c_n|=\sum\limits_{n=1}^{\infty}\sqrt{a_n^2+b_n^2}$，而$|a_n|\leqslant\sqrt{a_n^2+b_n^2}$，$|b_n|\leqslant\sqrt{a_n^2+b_n^2}$，则由实数项级数的正项级数比较判别法可知$\sum\limits_{n=1}^{\infty}|a_n|$和$\sum\limits_{n=1}^{\infty}|b_n|$都收敛，进而$\sum\limits_{n=1}^{\infty}a_n$和$\sum\limits_{n=1}^{\infty}b_n$都收敛，再由定理 4.1，可得$\sum\limits_{n=1}^{\infty}c_n$收敛.

类似实数项级数，若$\sum\limits_{n=1}^{\infty}|c_n|$收敛，则称$\sum\limits_{n=1}^{\infty}c_n$绝对收敛；若$\sum\limits_{n=1}^{\infty}c_n$收敛，而$\sum\limits_{n=1}^{\infty}|c_n|$发散，则称$\sum\limits_{n=1}^{\infty}c_n$条件收敛.

例 4.3 判断下列级数的敛散性.若收敛，指明是绝对收敛还是条件收敛.

(1) $\sum\limits_{n=1}^{\infty} \frac{1}{(2+3\mathrm{i})^n}$；(2) $\sum\limits_{n=1}^{\infty} \frac{1}{1+\mathrm{i}^n}$；

(3) $\sum\limits_{n=1}^{\infty} \frac{\mathrm{i}^n}{n}$.

解 (1) 易得 $\left|\frac{1}{2+3\mathrm{i}}\right| = \frac{1}{\sqrt{13}}$，从而 $\sum\limits_{n=1}^{\infty}\left|\frac{1}{(2+3\mathrm{i})^n}\right| = \sum\limits_{n=1}^{\infty} \frac{1}{(\sqrt{13})^n}$，利用正项级数的比值判别法，可知它是收敛的，因而级数 $\sum\limits_{n=1}^{\infty} \frac{1}{(2+3\mathrm{i})^n}$ 是绝对收敛的.

(2) 容易看出当 $n\to\infty$ 时，$\frac{1}{1+\mathrm{i}^n}$ 不趋于零，从而发散.

(3) $\sum\limits_{n=1}^{\infty} \frac{\mathrm{i}^n}{n} = \mathrm{i} - \frac{1}{2} - \frac{\mathrm{i}}{3} + \frac{1}{4} + \cdots = \sum\limits_{n=1}^{\infty} (-1)^{n-1} \frac{\mathrm{i}}{2n-1} + \sum\limits_{n=1}^{\infty} (-1)^n \frac{1}{2n}$，由交错级数的收敛法则，可知 $\sum\limits_{n=1}^{\infty} (-1)^{n-1} \frac{1}{2n-1}$ 和 $\sum\limits_{n=1}^{\infty} (-1)^n \frac{1}{2n}$ 都是收敛的. 从而由定理 4.1 可知，级数 $\sum\limits_{n=1}^{\infty} \frac{\mathrm{i}^n}{n}$ 收敛. 另一方面，易得 $\sum\limits_{n=1}^{\infty}\left|\frac{\mathrm{i}^n}{n}\right| = \sum\limits_{n=1}^{\infty} \frac{1}{n}$，而 $\sum\limits_{n=1}^{\infty} \frac{1}{n}$ 为调和级数，发散. 综上所述，$\sum\limits_{n=1}^{\infty} \frac{\mathrm{i}^n}{n}$ 是条件收敛的.

4.2 函数项级数

4.2.1 一般函数项级数

设 $\{f_n(z)\}$ 为定义在点集 E 上的一个函数列，称

$$\sum_{n=1}^{\infty} f_n(z) = f_1(z) + f_2(z) + \cdots + f_n(z) + \cdots \tag{4.2}$$

为点集 E 上的一个复函数项级数，$S_n(z) = f_1(z) + f_2(z) + \cdots + f_n(z)$ 称为部分和函数. 设 $z_0 \in E$，若 $\lim\limits_{n\to\infty} S_n(z_0) = S(z_0)$ 存在，也即常数项级数 $\sum\limits_{n=1}^{\infty} f_n(z_0)$ 收敛，则称 z_0 是一个收敛点. 此时，$S(z_0)$ 称为级数 $\sum\limits_{n=1}^{\infty} f_n(z)$ 在 z_0 的和. 如果级数 $\sum\limits_{n=1}^{\infty} f_n(z)$ 在 E 上处处收敛，则级数 $\sum\limits_{n=1}^{\infty} f_n(z)$ 的和是 E 上的一个函数 $S(z)$，也即 $\sum\limits_{n=1}^{\infty} f_n(z) = S(z)$.

例 4.4 说明例 4.1 中的级数 $\sum\limits_{n=0}^{\infty} z^n$ 在单位圆 $|z| < 1$ 内是收敛的，并求其和函数.

解 级数$\sum\limits_{n=0}^{\infty} z^n$的前$n$项部分和函数为$S_n(z) = 1 + z + \cdots + z^{n-1} = \dfrac{1-z^n}{1-z}$，显然当$|z| < 1$时，$S_n(z)$趋近于$\dfrac{1}{1-z}$，所以级数在$|z| < 1$内是收敛的，而且其和函数为$\dfrac{1}{1-z}$，即

$$\sum_{n=0}^{\infty} z^n = \frac{1}{1-z}, \quad |z| < 1. \tag{4.3}$$

4.2.2 幂级数

类似实变量的幂级数，形如

$$\sum_{n=0}^{\infty} c_n (z-z_0)^n = c_0 + c_1(z-z_0) + c_2(z-z_0)^2 + \cdots \tag{4.4}$$

的函数项级数称为以$z=z_0$为中心的幂级数，其中$\{c_n\}_{n=0}^{\infty}$为复数列. 仿照实变量的幂级数情形，不加证明地给出下列复变量的幂级数情形的阿贝尔(Abel)定理.

定理 4.4 (1) 若级数(4.4)在$z=z_1 (\neq z_0)$处收敛，则级数在$|z-z_0| < |z_1-z_0|$内绝对收敛.

(2) 若级数(4.4)在$z=z_2$处发散，则只要z满足$|z-z_0| > |z_2-z_0|$，则级数(4.4)在点z处发散.

由定理4.4，可以看出幂级数(4.4)只要在点$z=z_1$处收敛，则在以$z=z_1$为圆心、$|z_1-z_0|$为半径的圆内都是收敛的；而只要在$z=z_2$处发散，则在以z_0为圆心、$|z_2-z_0|$为半径的圆外都是发散的. 显然，幂级数(4.4)的敛散范围只有下列3种情形：

(1) 级数仅在$z=z_0$处收敛，如$\sum\limits_{n=1}^{\infty} n^n z^n$.

(2) 级数在整个平面上收敛，如$\sum\limits_{n=1}^{\infty} \dfrac{z^n}{n^n}$.

(3) 存在$R>0$，当$|z-z_0| < R$时，级数收敛；当$|z-z_0| > R$时，级数发散；当$|z-z_0| = R$时，情况未定. 这样的R称为此幂级数的收敛半径，而圆$|z-z_0| < R$称为它的收敛圆，圆周$|z-z_0| = R$称为收敛圆周.

注 在(1)、(2)两种情形下，也称幂级数的收敛半径分别为0和$+\infty$.

4.2.3 幂级数收敛半径的求法

下面的定理证明完全类似于实级数的情形.

定理 4.5 若幂级数$\sum\limits_{n=0}^{\infty} c_n(z-z_0)^n$ 的系数 c_n 满足

$$\lim_{n\to\infty}\left|\frac{c_{n+1}}{c_n}\right|=l \text{ 或 } \lim_{n\to\infty}\sqrt[n]{|c_n|}=l,$$

则其收敛半径

$$R=\begin{cases}\dfrac{1}{l}, & l\neq 0,\infty,\\ +\infty, & l=0,\\ 0, & l=\infty.\end{cases}$$

可以看出定理 4.5 是仿照实幂级数而来的，所以求复幂级数的收敛半径的方法与实幂级数方法完全一样.

例 4.5 求以下级数的收敛半径,并研究它们在收敛圆周上的敛散性.

(1) $\sum\limits_{n=0}^{\infty}\dfrac{z^n}{n!}$; (2) $\sum\limits_{n=0}^{\infty} n!z^n$;

(3) $\sum\limits_{n=0}^{\infty}\dfrac{nz^n}{2^n}$; (4) $\sum\limits_{n=0}^{\infty}\dfrac{z^n}{n^3}$.

解 (1) 因为$\lim\limits_{n\to\infty}\left|\dfrac{c_{n+1}}{c_n}\right|=\lim\limits_{n\to\infty}\dfrac{\dfrac{1}{(n+1)!}}{\dfrac{1}{n!}}=\lim\limits_{n\to\infty}\dfrac{1}{n+1}=0$,所以 $R=\infty$.

(2) 因为$\lim\limits_{n\to\infty}\left|\dfrac{c_{n+1}}{c_n}\right|=\infty$,所以 $R=0$.

(3) $\lim\limits_{n\to\infty}\sqrt[n]{|c_n|}=\lim\limits_{n\to\infty}\dfrac{\sqrt[n]{n}}{2}=\dfrac{1}{2}$,所以 $R=2$. 在 $|z|=2$ 的圆周上,$c_n \not\to 0(n\to\infty)$,所以在收敛圆周上是发散的.

(4) 因为$\lim\limits_{n\to\infty}\left|\dfrac{c_{n+1}}{c_n}\right|=1$,所以 $R=1$. 而在收敛圆周 $|z|=1$ 上处处绝对收敛,所以处处收敛.

4.2.4 幂级数和函数的解析性

实幂级数在收敛区域有可逐项求导、逐项积分等性质. 事实上,复幂级数也像实幂级数一样,在其收敛圆内具有一些类似的性质. 并且,由于复变量与实变量的区别,它也具有与实幂级数不同的一些特性.

定理 4.6 设幂级数 $\sum\limits_{n=0}^{\infty} c_n(z-z_0)^n$ 的收敛半径为 $R(0<R\leqslant+\infty)$,则

(1) 它的和函数 $f(z)$，即 $f(z)=\sum\limits_{n=0}^{\infty}c_n(z-z_0)^n$ 在收敛圆 $|z-z_0|<R$ 内解析.

(2) 在收敛圆 $|z-z_0|<R$ 内，幂级数 $\sum\limits_{n=0}^{\infty}c_n(z-z_0)^n$ 可以逐项求导到任意阶,即

$$f^{(p)}(z)=p!c_p+(p+1)p\cdots 2c_{p+1}(z-z_0)+\cdots$$
$$+n(n-1)\cdots(n-p+1)c_n(z-z_0)^{n-p}+\cdots\ (p=1,2,\cdots), \tag{4.5}$$

且级数(4.5)的收敛半径仍为 R.

(3) $f(z)$在收敛圆$|z-z_0|<R$ 内可以逐项积分,即

$$\int_C f(z)\mathrm{d}z=\sum_{n=0}^{\infty}\oint_C c_n(z-z_0)^n\mathrm{d}z.$$

4.3 泰勒级数

在上一节中,定理 4.6 指出一个幂级数的和函数在其收敛圆内是一个解析函数.很自然地要问一个与此相反的问题,是否一个解析函数也能展开成一个幂级数,或者说一个解析函数在其解析区域内能否成为一个幂级数的和函数呢?这正是本节要考虑的问题.

定理 4.7(泰勒定理) 设函数 $f(z)$在区域 D 内解析,z_0 为 D 内的一点,圆$|z-z_0|<R$ 包含于D 内,则 $f(z)$在$|z-z_0|<R$ 内能展开成幂级数

$$f(z)=\sum_{n=0}^{\infty}c_n(z-z_0)^n, \tag{4.6}$$

其中,$c_n=\dfrac{1}{n!}f^{(n)}(z_0)$,$n=0,1,2,\cdots$.

证 取定 $z_0\in D$,以其为中心,$\rho(\rho<R)$为半径作圆 C:$|z-z_0|=\rho$.设 z 为圆内任意一点,使得 z 含于C 内(见图 4.1),则由柯西积分公式有

$$f(z)=\frac{1}{2\pi\mathrm{i}}\oint_C\frac{f(\zeta)}{\zeta-z}\mathrm{d}\zeta.$$

由于$\dfrac{f(\zeta)}{\zeta-z}=\dfrac{f(\zeta)}{\zeta-z_0}\cdot\dfrac{1}{1-\dfrac{z-z_0}{\zeta-z_0}}$,且对于圆

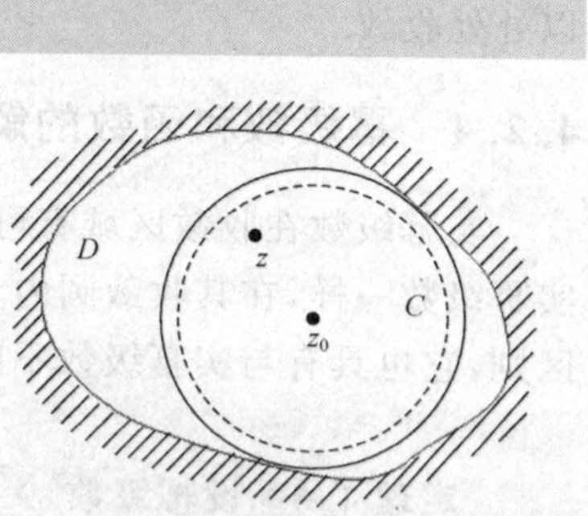

图 4.1

周 C 上的点 ζ，有 $\left|\dfrac{z-z_0}{\zeta-z_0}\right|=\left|\dfrac{z-z_0}{\rho}\right|<1$.

由例 4.4，即有 $\dfrac{1}{1-\dfrac{z-z_0}{\zeta-z_0}}=\sum\limits_{n=0}^{\infty}\left(\dfrac{z-z_0}{\zeta-z_0}\right)^n$. 代入可得

$$f(z)=\sum_{n=0}^{N-1}\left[\frac{1}{2\pi i}\oint_C \frac{f(\zeta)d\zeta}{(\zeta-z_0)^{n+1}}\right](z-z_0)^n+\frac{1}{2\pi i}\oint_C\left[\sum_{n=N}^{\infty}\frac{f(\zeta)}{(\zeta-z_0)^{n+1}}(z-z_0)^n\right]d\zeta.$$

再由解析函数的高阶导数公式，可改写上式为

$$f(z)=\sum_{n=0}^{N-1}\frac{f^{(n)}(z_0)}{n!}(z-z_0)^n+R_N(z), \tag{4.7}$$

其中，

$$R_N(z)=\frac{1}{2\pi i}\oint_C\left[\sum_{n=N}^{\infty}\frac{f(\zeta)}{(\zeta-z_0)^{n+1}}(z-z_0)^n\right]d\zeta. \tag{4.8}$$

下面只需证明 $\lim\limits_{N\to\infty}R_N(z)=0$. 由式(4.7)，即有

$$f(z)=\sum_{n=0}^{\infty}\frac{1}{n!}f^{(n)}(z_0)(z-z_0)^n. \tag{4.9}$$

令 $q=\left|\dfrac{z-z_0}{\zeta-z_0}\right|=\left|\dfrac{z-z_0}{\rho}\right|$，显然 $q<1$. 由于 $f(z)$ 在 D 解析，从而在圆周 C 上连续. 因此，可以找到一个正常数 M，使得在 C 上，$|f(\zeta)|\leqslant M$. 由式(4.8)，

$$\begin{aligned}|R_N(z)|&\leqslant\frac{1}{2\pi}\left|\oint_C\sum_{n=N}^{\infty}\frac{f(\zeta)}{(\zeta-z_0)^{n+1}}(z-z_0)^n\right||dz|\\&\leqslant\frac{1}{2\pi}\oint_C\left[\sum_{n=N}^{\infty}\frac{|f(\zeta)|}{|\zeta-z_0|}\frac{|z-z_0|^n}{|\zeta-z_0|^n}\right]ds\\&\leqslant\frac{1}{2\pi}\sum_{n=N}^{\infty}\frac{M}{\rho}q^n\cdot 2\pi\rho=\frac{Mq^N}{1-q}.\end{aligned}$$

由于当 $N\to\infty$ 时，$q^N\to 0$，由上式可得，在以 C 为圆周的圆内，$\lim\limits_{N\to\infty}R_N(z)=0$ 成立，即式(4.9)成立.

定义 4.2 式(4.6)称为 $f(z)$ 在点 z_0 处的泰勒展开式，右端的级数称为 $f(z)$ 在点 z_0 处的泰勒级数.

注 (1) 幂级数在其收敛圆内收敛，在收敛圆外部发散，而在收敛圆周上无法确定. 对于其和函数来说，在其收敛圆内一定是解析的. 由泰勒定理知，泰勒公式仅对限于圆 C 内部的点才成立，而 C 只需包含于 D 即可，其大小并无限制. 所以，泰勒展开式是在以 z_0 为圆心，通过与 z_0 最接近的 $f(z)$ 奇点的圆周内部成立.

(2) 假设 $f(z)$ 在点 z_0 解析，又在点 z_0 的某个邻域内有 $f(z)=\sum\limits_{n=0}^{\infty}c_n(z-z_0)^n$.

再设 a 为 $f(z)$ 距 z_0 最近的一个奇点，则 $|z_0-a|=R$ 就是幂级数 $\sum\limits_{n=0}^{\infty}c_n(z-z_0)^n$ 的收敛半径.

(3) 函数 $f(z)$ 在某一点 z_0 处的泰勒展开式是唯一的. 利用幂级数在收敛圆内逐项可导的性质，很容易证明这一点，具体证明留给读者.

结合定理 4.6 和 4.7 可得解析函数的一个等价定理.

定理 4.8 $f(z)$ 在区域 D 内解析当且仅当 $f(z)$ 在 D 内任一点处可展开成幂级数.

定理 4.8 给出了解析函数的一个等价条件. 实际上，魏尔斯特拉斯正是由此出发定义解析函数的，从而建立了级数理论.

利用定理 4.7，在计算给定函数的泰勒展开式时，可以直接利用定理 4.7 中公式计算系数，然后代入式(4.9)求得函数的泰勒展开式.

例 4.6 将 $f(z)=e^z$ 在 $z=0$ 处展开成泰勒级数.

解 计算可得 $c_n=\dfrac{f^{(n)}(0)}{n!}=\dfrac{1}{n!}$，代入式(4.9)，即有

$$e^z=1+\frac{z}{1!}+\frac{z^2}{2!}+\cdots+\frac{z^n}{n!}+\cdots=\sum_{n=0}^{\infty}\frac{z^n}{n!},\ |z|<+\infty.$$

类似地，可得 $\sin z$ 和 $\cos z$ 的泰勒展开式：

$$\begin{aligned}\sin z&=z-\frac{z^3}{3!}+\frac{z^5}{5!}+\cdots+(-1)^n\frac{z^{2n+1}}{(2n+1)!}+\cdots\\&=\sum_{n=0}^{\infty}(-1)^n\frac{z^{2n+1}}{(2n+1)!},\ |z|<+\infty;\\ \cos z&=1-\frac{z^2}{2!}+\frac{z^4}{4!}+\cdots+(-1)^n\frac{z^{2n}}{(2n)!}+\cdots\\&=\sum_{n=0}^{\infty}(-1)^n\frac{z^{2n}}{(2n)!},\ |z|<+\infty.\end{aligned}$$

以上是直接利用公式计算系数从而求得展开式. 大多数情况下，我们一般不直接利用公式计算，而是利用已知展开式来间接计算展开式.

例 4.7 求对数函数的主值 $\ln(1+z)$ 在 $z=0$ 处的泰勒展开式.

解 因为 $\ln(1+z)$ 在 $|z|<1$ 内解析，故由泰勒定理知 $\ln(1+z)$ 在 $|z|<1$ 内可以展开成幂级数.

因为 $[\ln(1+z)]'=\dfrac{1}{1+z}$，而在 $|z|<1$ 内，$\dfrac{1}{1+z}=\sum\limits_{n=0}^{\infty}(-1)^nz^n$，所以

$$\int_0^z\frac{1}{1+z}dz=\int_0^z\Big[\sum_{n=0}^{\infty}(-1)^nz^n\Big]dz=\sum_{n=0}^{\infty}\int_0^z(-1)^nz^ndz=\sum_{n=0}^{\infty}\frac{(-1)^n}{n+1}z^{n+1},$$

即

$$\ln(1+z)=z-\frac{z^2}{2}+\frac{z^3}{3}+\cdots+\frac{(-1)^n}{n+1}z^{n+1}+\cdots=\sum_{n=0}^{\infty}\frac{(-1)^n}{n+1}z^{n+1},\quad |z|<1.$$

例 4.8 求$\frac{1}{z-2}$在 $z=0$ 处的泰勒级数.

解

$$\frac{1}{z-2}=-\frac{1}{2-z}=\left(-\frac{1}{2}\right)\left[\frac{1}{1-\frac{z}{2}}\right].$$

由例 4.4 得，$\frac{1}{1-\frac{z}{2}}$可以在圆$|z|<2$内展开，即有

$$\frac{1}{z-2}=\left(-\frac{1}{2}\right)\sum_{n=0}^{\infty}\left(\frac{z}{2}\right)^n,\ |z|<2.$$

例 4.9 试将 $f(z)=\frac{z}{z+2}$展开成 $z-1$ 的幂级数，并指出其收敛范围.

分析 $f(z)$在复平面上有唯一奇点-2，因此其收敛半径是$|1-(-2)|=3$.

解 $f(z)=\frac{z}{z+2}=1-\frac{2}{3+(z-1)}=1-\left[\frac{2}{3}\frac{1}{1+\left(\frac{z-1}{3}\right)}\right]=1-\left[\frac{2}{3}\frac{1}{1-\left(-\frac{z-1}{3}\right)}\right].$

则由例 4.4 得，在$|z-1|<3$时，有

$$\left[\frac{2}{3}\frac{1}{1-\left(-\frac{z-1}{3}\right)}\right]=\frac{2}{3}\sum_{n=0}^{\infty}\left(-\frac{z-1}{3}\right)^n.$$

代入上式，可得

$$f(z)=\frac{z}{z+2}=1-\sum_{n=0}^{\infty}(-1)^n\frac{2}{3^{n+1}}(z-1)^n,\ |z-1|<3.$$

例 4.10 求函数 $f(z)=\frac{1}{(1-z)^3}$在$|z|<1$内的泰勒展开式.

解 因为$\frac{1}{(1-z)^3}=\frac{1}{2}\left(\frac{1}{1-z}\right)''$，所以

$$\frac{1}{(1-z)^3}=\frac{1}{2}\left(\sum_{n=0}^{\infty}z^n\right)''=\frac{1}{2}\sum_{n=2}^{\infty}n(n-1)z^{n-2},\ |z|<1.$$

例 4.11 求函数 $\cos^2 z$ 的泰勒级数，并指出其收敛范围.

解 因为 $\cos^2 z=\frac{1+\cos 2z}{2}$，而 $\cos z$ 的泰勒展开式为

$$\cos z=1-\frac{z^2}{2!}+\frac{z^4}{4!}+\cdots+(-1)^n\frac{z^{2n}}{(2n)!}+\cdots.$$

则有

$$\cos^2 z = \frac{1+\cos 2z}{2} = \frac{1}{2}\left[1+\sum_{n=0}^{\infty}\frac{(-1)^n(2z)^{2n}}{(2n)!}\right]$$

$$= 1+\frac{1}{2}\sum_{n=1}^{\infty}\frac{(-1)^n 2^{2n} z^{2n}}{(2n)!},\ |z|<+\infty.$$

4.4 洛朗级数

上一节讨论了函数在其解析点邻域内的幂级数表示，即可以表为一个泰勒级数.然而，在一个奇点的邻域内，显然不能由泰勒定理得到函数的幂级数表示形式.因此，需要考虑当一点是函数的奇点时，在其某个邻域内函数是否也有幂级数展开式或者类似幂级数的展开式.事实上，这种情况在实际问题中也经常遇到.本节将要回答这样的一个问题，我们考虑在挖去了奇点 z_0 的圆环

$$r<|z-z_0|<R\ \ (0<r<R)$$

内解析的函数 $f(z)$ 的级数展开，即推广了的幂级数——洛朗级数.

定理 4.9(洛朗定理) 设函数 $f(z)$ 在圆环域 $r<|z-z_0|<R$ 内处处解析，则

$$f(z) = \sum_{n=-\infty}^{+\infty} c_n (z-z_0)^n, \tag{4.10}$$

其中 $c_n = \frac{1}{2\pi i}\oint_C \frac{f(\zeta)}{(\zeta-z_0)^{n+1}}d\zeta(n=0,\pm 1,\pm 2,\cdots)$，这里 C 为在圆环域内绕 z_0 的任何一条正向简单闭曲线.

证 设 z 为圆环域 $r<|z-z_0|<R$ 内一点，作圆

$$\Gamma_1:|\zeta-z_0|=\rho_1,\ \Gamma_2:|\zeta-z_0|=\rho_2,$$

其中 $r<\rho_1<\rho_2<R$，使得 z 落在 $\rho_1<|\zeta-z_0|<\rho_2$ 内(见图 4.2).由柯西积分公式，有

$$f(z) = \frac{1}{2\pi i}\oint_{\Gamma_2}\frac{f(\zeta)}{\zeta-z}d\zeta - \frac{1}{2\pi i}\oint_{\Gamma_1}\frac{f(\zeta)}{\zeta-z}d\zeta.$$

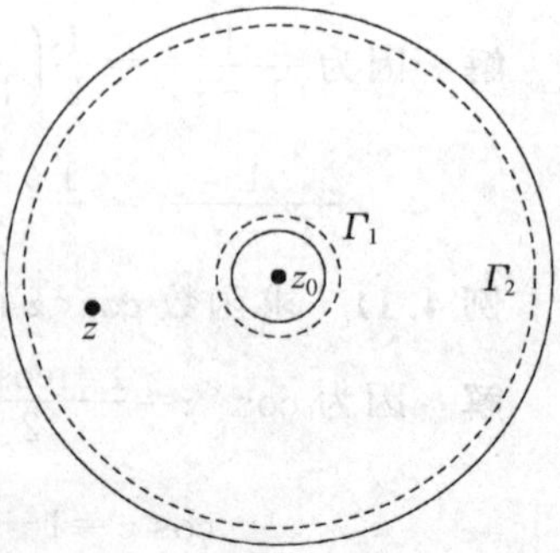

图 4.2

上式中的第一个积分，由泰勒定理类似的证明可得

$$\frac{1}{2\pi i}\oint_{\Gamma_2}\frac{f(\zeta)}{\zeta-z}d\zeta = \sum_{n=0}^{+\infty} c_n\ (z-z_0)^n,$$

其中，$c_n = \frac{1}{2\pi i}\oint_{\Gamma_2}\frac{f(\zeta)}{(\zeta-z_0)^{n+1}}d\zeta\ \ (n=0,1,2,\cdots).$

在第二个积分中，由于 ζ 在 Γ_1 上，而 z 在 Γ_1

外部，所以有 $\left|\frac{\zeta-z_0}{z-z_0}\right|<1$. 于是，有

$$\frac{1}{\zeta-z}=-\frac{1}{z-z_0}\cdot\frac{1}{1-\frac{\zeta-z_0}{z-z_0}}=-\sum_{n=1}^{\infty}\frac{(\zeta-z_0)^{n-1}}{(z-z_0)^n}$$

$$=-\sum_{n=1}^{\infty}\frac{1}{(\zeta-z_0)^{-n+1}}(z-z_0)^{-n}.$$

这样可得

$$-\frac{1}{2\pi i}\oint_{\Gamma_1}\frac{f(\zeta)}{\zeta-z}d\zeta=\sum_{n=1}^{N-1}\left[\frac{1}{2\pi i}\oint_{\Gamma_1}\frac{f(\zeta)}{(\zeta-z_0)^{-n+1}}d\zeta\right](z-z_0)^{-n}+R_N(z),$$

其中，$R_N(z)=\frac{1}{2\pi i}\oint_{\Gamma_1}\left[\sum_{n=N}^{\infty}\frac{f(\zeta)(\zeta-z_0)^{n-1}}{(z-z_0)^n}\right]d\zeta$. 现需证明 $\lim_{N\to\infty}R_N(z)=0$ 在 Γ_1 的外部成立.

令 $q=\left|\frac{\zeta-z_0}{z-z_0}\right|=\frac{\rho_1}{|z-z_0|}$，显然 q 是与积分变量 ζ 无关的量，且 $0<q<1$. 由于 z 在 Γ_1 的外部，$f(\zeta)$ 在 Γ_1 上连续，则存在一个正的常数 M_1，使得 $|f(\zeta)|\leqslant M_1$. 于是有

$$R_N(z)\leqslant\frac{1}{2\pi}\oint_{\Gamma_1}\left[\sum_{n=N}^{\infty}\left|\frac{f(\zeta)}{\zeta-z_0}\right|\left|\frac{(\zeta-z_0)^n}{(z-z_0)^n}\right|\right]ds\leqslant\frac{1}{2\pi}\sum_{n=N}^{\infty}\frac{M_1}{\rho_1}q^n\cdot 2\pi\rho_1=\frac{M_1q^n}{1-q}.$$

显然，由于 $\lim_{N\to\infty}q^N=0$，可得 $\lim_{N\to\infty}R_N(z)=0$. 从而，

$$-\frac{1}{2\pi i}\oint_{\Gamma_1}\frac{f(\zeta)}{\zeta-z}d\zeta=\sum_{n=1}^{\infty}\left[\frac{1}{2\pi i}\oint_{\Gamma_1}\frac{f(\zeta)}{(\zeta-z_0)^{-n+1}}d\zeta\right](z-z_0)^{-n}.$$

综上所述，

$$f(z)=\sum_{n=0}^{\infty}c_n(z-z_0)^n+\sum_{n=1}^{\infty}c_{-n}(z-z_0)^{-n}=\sum_{n=-\infty}^{+\infty}c_n(z-z_0)^n,$$

其中

$$c_n=\frac{1}{2\pi i}\oint_{\Gamma_2}\frac{f(\zeta)}{(\zeta-z_0)^{n+1}}d\zeta\quad(n=0,1,2,\cdots),\tag{4.11}$$

$$c_{-n}=\frac{1}{2\pi i}\oint_{\Gamma_1}\frac{f(\zeta)}{(\zeta-z_0)^{-n+1}}d\zeta\quad(n=1,2,\cdots).\tag{4.12}$$

实际上，如果取圆环域中任一条简单闭曲线 C，则由多连通的柯西积分定理，可以把式(4.11)和式(4.12)用一个式子表示，也即

$$c_n=\frac{1}{2\pi i}\oint_C\frac{f(\zeta)}{(\zeta-z_0)^{n+1}}d\zeta\quad(n=0,\pm1,\pm2,\cdots).$$

定理得证.

式(4.10)称为函数 $f(z)$ 在圆环域 $r<|z-z_0|<R$ 内的洛朗展开式，右端的级

数称为在此圆环域内的洛朗级数．而式(4.10)中的正幂部分，即 $\sum\limits_{n=0}^{\infty} c_n(z-z_0)^n$ 称为洛朗级数的解析部分；式(4.10)中的负幂部分 $\sum\limits_{n=1}^{\infty} c_{-n}(z-z_0)^{-n}$ 称为洛朗级数的主要部分．

注 (1) 当给定的函数 $f(z)$ 在点 z_0 解析，中心在点 z_0，半径等于由 z_0 到 $f(z)$ 的最近奇点距离的圆可以看成圆环的特殊情形．此时，同样由洛朗定理，在点 z_0 有洛朗展开式．由柯西积分定理，可知洛朗展开式中主要部分的系数也即式(4.12)为零．在此情形下，洛朗级数其实就是一个泰勒级数，由此可知泰勒级数其实是洛朗级数的一种特殊情形．

(2) 洛朗级数与泰勒级数一样，具有唯一性．事实上，在圆环域 $r<|z-z_0|<R$ 内，式(4.10)是唯一的．

如果遇到函数在点 z_0 不解析，然而在 z_0 的去心邻域内是解析的情况，就可以用洛朗定理把函数展开成级数，也即洛朗级数．此时的圆环域是一个以 z_0 为心的去心圆．洛朗定理给出了将一个在圆环域内解析的函数展开成洛朗级数的方法，然而在利用这个定理求函数的级数展开式时，需要利用式(4.11)和式(4.12)计算系数，这往往是比较繁杂的．实际上，大多数情况下并不直接利用这两个式子求系数，而往往像求泰勒展开式那样采用间接展开法，即利用一些已知的展开式求洛朗级数．

例 4.12 将 $f(z)=\dfrac{1}{(z-2)(z-3)}$ 在下列的圆环域

(1) $0<|z|<2$；

(2) $2<|z|<3$；

(3) $1<|z-2|<+\infty$，

内展开成洛朗级数．

解 $f(z)$ 在复平面上有两个奇点，分别是 2 和 3，因此在上述 3 个圆环域内 $f(z)$ 都是解析的，所以满足洛朗定理的条件，可以展开为洛朗级数．首先，有

$$f(z)=\frac{1}{(z-2)(z-3)}=\frac{1}{z-3}-\frac{1}{z-2}.$$

(1) 在 $0<|z|<2$ 内，由于 $\left|\dfrac{z}{3}\right|<1$，$\left|\dfrac{z}{2}\right|<1$，则由例 4.4 可得

$$\begin{aligned}f(z)&=\frac{1}{z-3}-\frac{1}{z-2}=\frac{1}{2}\cdot\frac{1}{1-\dfrac{z}{2}}-\frac{1}{3}\,\frac{1}{1-\dfrac{z}{3}}\\&=\frac{1}{2}\sum_{n=0}^{\infty}\left(\frac{z}{2}\right)^n-\frac{1}{3}\sum_{n=0}^{\infty}\left(\frac{z}{3}\right)^n=\sum_{n=0}^{\infty}\left(\frac{1}{2^{n+1}}-\frac{1}{3^{n+1}}\right)z^n.\end{aligned}$$

(2) 在 $2<|z|<3$ 内，此时不能如情形(1)展开，虽然 $\left|\frac{z}{3}\right|<1$，但 $\left|\frac{z}{2}\right|>1$，所以 $\frac{1}{2-z}$ 不能写成 $\frac{1}{2}\cdot\frac{1}{1-\frac{z}{2}}$，然后利用例 4.4 来展开. 事实上，可以如下方式展开.

由于

$$f(z)=-\frac{1}{z-2}-\frac{1}{3-z}=\left(-\frac{1}{z}\right)\cdot\frac{1}{1-\frac{2}{z}}-\frac{1}{3}\frac{1}{1-\frac{z}{3}},$$

而此时 $\left|\frac{z}{3}\right|<1$ 且 $\left|\frac{2}{z}\right|<1$，因而可以利用例 4.4 展开，即有

$$f(z)=\left(-\frac{1}{z}\right)\sum_{n=0}^{\infty}\left(\frac{2}{z}\right)^n-\frac{1}{3}\sum_{n=0}^{\infty}\left(\frac{z}{3}\right)^n=-\sum_{n=1}^{\infty}\frac{2^n}{z^{n+1}}-\sum_{n=0}^{\infty}\frac{z^n}{3^{n+1}}.$$

(3) 在 $1<|z-2|<+\infty$ 内，$\left|\frac{1}{z-2}\right|<1$，所以

$$f(z)=\frac{1}{z-2}\frac{1}{(z-2)-1}=\frac{1}{(z-2)^2}\frac{1}{1-\frac{1}{z-2}}$$

$$=\frac{1}{(z-2)^2}\sum_{n=0}^{\infty}\left(\frac{1}{z-2}\right)^n=\sum_{n=0}^{\infty}\frac{1}{(z-2)^{n+2}}.$$

例 4.13 求函数 $f(z)=\frac{1}{z^2}$ 在 $|z-\mathrm{i}|>1$ 上的洛朗展开式.

解 $\frac{1}{z^2}=\frac{1}{[(z-\mathrm{i})+\mathrm{i}]^2}=\frac{1}{(z-\mathrm{i})^2}\cdot\frac{1}{\left(1+\frac{\mathrm{i}}{z-\mathrm{i}}\right)^2}.$

令 $u=\frac{1}{z-\mathrm{i}}$，则

$$\frac{1}{\left(1+\frac{\mathrm{i}}{z-\mathrm{i}}\right)^2}=\frac{1}{(1+u)^2}=-\left(\frac{1}{1+u}\right)'.$$

此时 $\left|\frac{\mathrm{i}}{z-\mathrm{i}}\right|<1$，由例 4.4，可知 $\frac{1}{1+u}=\sum_{n=0}^{\infty}(-1)^n u^n$. 代入上式，可得

$$\frac{1}{\left(1+\frac{\mathrm{i}}{z-\mathrm{i}}\right)^2}=-\left(\frac{1}{1+u}\right)'=\sum_{n=1}^{\infty}(-1)^{n-1}nu^{n-1}=\sum_{n=1}^{\infty}(-1)^{n-1}n\frac{\mathrm{i}^{n-1}}{(z-\mathrm{i})^{n-1}}.$$

综上，即有

$$\frac{1}{z^2}=\frac{1}{(z-\mathrm{i})^2}\cdot\frac{1}{\left(1+\frac{\mathrm{i}}{z-\mathrm{i}}\right)^2}=\sum_{n=1}^{\infty}(-\mathrm{i})^{n-1}n\frac{\mathrm{i}^{n-1}}{(z-\mathrm{i})^{n+1}}.$$

本章小结

1. 重点与难点、要求

本章的重点是理解级数收敛、发散与绝对收敛的概念，了解幂级数的收敛范围及其在收敛圆内的性质、相关运算，会求较简单的解析函数的幂级数展开式. 难点是给定函数，求其洛朗展开式或泰勒展开式.

要求如下：

(1) 能够判别级数的敛散性，并区分绝对收敛和条件收敛.

(2) 掌握如何计算幂级数的收敛半径，并清楚幂级数的收敛区域是圆，了解在收敛圆中级数的性质，如幂级数可在收敛圆内逐项求和，其和函数在收敛圆内是解析的等等.

(3) 给定函数，能够在其解析点处展开幂级数，即求出函数在解析点的某个邻域内的泰勒展开式. 熟记一些初等函数的泰勒展开式.

(4) 给定在圆环内解析的函数，能求出该函数在圆环域内的洛朗级数.

2. 知识要点

(1) 复数项级数.

设$\{c_n\}$是一个复数列，表达式

$$\sum_{n=1}^{\infty} c_n = c_1 + c_2 + \cdots + c_n + \cdots$$

称为复数项无穷级数. 记部分和 $S_n = \sum_{k=1}^{n} c_k = c_1 + c_2 + \cdots + c_n$. 若$\lim_{n\to\infty} S_n = A$，就称复级数$\sum_{n=1}^{\infty} c_n$ 收敛，A 称为它的和，记为$\sum_{n=1}^{\infty} c_n = A$. 若$\{S_n\}$ 发散，则称级数$\sum_{n=1}^{\infty} c_n$发散.

设 $c_n = a_n + \mathrm{i}b_n (n = 1,2,\cdots)$，$a_n, b_n \in \mathbf{R}$，则级数$\sum_{n=1}^{\infty} c_n$ 收敛于 $A = a + \mathrm{i}b$，$a, b \in \mathbf{R}$ 的充要条件为实级数$\sum_{n=1}^{\infty} a_n$ 与$\sum_{n=1}^{\infty} b_n$ 分别收敛于 a 与 b.

级数$\sum_{n=1}^{\infty} c_n$ 收敛的必要条件是 $c_n \to 0 (n \to \infty)$.

若$\sum_{n=1}^{\infty} |c_n|$ 收敛，则$\sum_{n=1}^{\infty} c_n$ 必收敛，称$\sum_{n=1}^{\infty} c_n$ 绝对收敛；若$\sum_{n=1}^{\infty} c_n$ 收敛，而$\sum_{n=1}^{\infty} |c_n|$发散，则称$\sum_{n=1}^{\infty} c_n$ 条件收敛.

(2) 函数项级数.

① 一般函数项级数.

设$\{f_n(z)\}$为定义在点集 E 上的一个函数列,称

$$\sum_{n=1}^{\infty} f_n(z) = f_1(z) + f_2(z) + \cdots + f_n(z) + \cdots$$

为点集 E 上的一个复函数项级数,$S_n(z)=f_1(z)+f_2(z)+\cdots+f_n(z)$称为部分和函数. 设 $z_0\in E$,若$\lim\limits_{n\to\infty}S_n(z_0)=S(z_0)$存在,也即常数项级数 $\sum\limits_{n=1}^{\infty} f_n(z_0)$ 收敛,则称 z_0 是一个收敛点. 此时,$S(z_0)$ 称为级数$\sum\limits_{n=1}^{\infty} f_n(z)$ 在 z_0 的和. 如果级数$\sum\limits_{n=1}^{\infty} f_n(z)$ 在 E 上处处收敛,则级数$\sum\limits_{n=1}^{\infty} f_n(z)$ 的和是 E 上的一个函数 $S(z)$,也即$\sum\limits_{n=1}^{\infty} f_n(z) = S(z)$.

② 幂级数.

形如

$$\sum_{n=0}^{\infty} c_n(z-z_0)^n = c_0 + c_1(z-z_0) + c_2(z-z_0)^2 + \cdots \qquad (*)$$

的函数项级数称为以 $z=z_0$ 为中心的幂级数,其中$\{c_n\}_{n=1}^{\infty}$为复数列. 对于幂级数,有下列的阿贝尔(Abel)定理.

若级数($*$)在 $z=z_1(\neq z_0)$处收敛,则级数在$|z-z_0|<|z_1-z_0|$内绝对收敛. 若级数($*$)在 $z=z_2(\neq z_0)$处发散,则只要 z 满足$|z-z_0|>|z_2-z_0|$,则级数($*$)在点 z 处发散.

由阿贝尔定理知幂级数的收敛范围为一个圆域,称为收敛圆. 在圆的内部级数绝对收敛,在圆的外部级数发散,在圆周上可能处处收敛,也可能处处发散,或在某些点上收敛,而在另一些点处发散.

收敛圆的半径 R 称为此幂级数的收敛半径,收敛半径的求法如下:

若幂级数 $\sum\limits_{n=0}^{\infty} c_n(z-z_0)^n$ 的系数 c_n 满足

$$\lim_{n\to\infty}\left|\frac{c_{n+1}}{c_n}\right|=l \quad 或 \quad \lim_{n\to\infty}\left|\sqrt[n]{c_n}\right|=l,$$

则其收敛半径

$$R=\begin{cases}\dfrac{1}{l}, & l\neq 0,\infty,\\ +\infty, & l=0,\\ 0, & l=\infty.\end{cases}$$

③ 幂级数和函数的解析性.

幂级数的和函数 $f(z)=\sum\limits_{n=0}^{\infty} c_n(z-z_0)^n$ 是收敛圆内的解析函数,并可以逐项

求导至任意阶.

(3) 泰勒展开式.

设函数 $f(z)$ 在区域 D 内解析，z_0 为 D 内的一点，圆 $|z-z_0|<R$ 包含于 D 内，则 $f(z)$ 在 $|z-z_0|<R$ 内能展开成幂级数

$$f(z)=\sum_{n=0}^{\infty}c_n(z-z_0)^n,$$

其中，$c_n=\dfrac{1}{n!}f^{(n)}(z_0)$，$n=0,1,2,\cdots$. 这样的展开式是唯一的.

由此可得：函数 $f(z)$ 在一点解析当且仅当它在这一点的邻域内可以展开为幂级数.

(4) 洛朗展开式.

设函数 $f(z)$ 在圆环域 $r<|z-z_0|<R$ 内处处解析，则

$$f(z)=\sum_{n=-\infty}^{+\infty}c_n(z-z_0)^n,$$

其中，$c_n=\dfrac{1}{2\pi i}\oint_C\dfrac{f(\zeta)}{(\zeta-z_0)^{n+1}}d\zeta\ (n=0,\pm1,\pm2,\cdots)$，这里 C 为在圆环域内绕 z_0 的任何一条正向简单闭曲线.

3. 例题选讲

例 1 判断下列级数的敛散性.

(1) $\sum\limits_{n=1}^{\infty}\dfrac{i^n}{\sqrt{n}}$；　　(2) $\sum\limits_{n=1}^{\infty}\left(\dfrac{1+\sqrt{5}i}{2}\right)^n$；

(3) $\sum\limits_{n=1}^{\infty}\left(\dfrac{1+\sqrt{3}i}{3}\right)^n$.

解 (1) 因为

$$\begin{aligned}\sum_{n=1}^{\infty}\frac{i^n}{\sqrt{n}}&=i-\frac{1}{\sqrt{2}}-\frac{i}{\sqrt{3}}+\frac{1}{\sqrt{4}}+\cdots\\&=\left(-\frac{1}{\sqrt{2}}+\frac{1}{\sqrt{4}}+\cdots\right)+i\left(1-\frac{1}{\sqrt{3}}+\frac{1}{\sqrt{5}}-\frac{1}{\sqrt{7}}+\cdots\right),\end{aligned}$$

而级数 $-\dfrac{1}{\sqrt{2}}+\dfrac{1}{\sqrt{4}}+\cdots$ 和 $1-\dfrac{1}{\sqrt{3}}+\dfrac{1}{\sqrt{5}}-\dfrac{1}{\sqrt{7}}+\cdots$ 都是收敛的，所以有 $\sum\limits_{n=1}^{\infty}\dfrac{i^n}{\sqrt{n}}$ 收敛.

又 $\sum\limits_{n=1}^{\infty}\left|\dfrac{i^n}{\sqrt{n}}\right|=\sum\limits_{n=1}^{\infty}\dfrac{1}{\sqrt{n}}$ 发散，所以级数 $\sum\limits_{n=1}^{\infty}\dfrac{i^n}{\sqrt{n}}$ 条件收敛.

(2) 由于 $\lim\limits_{n\to\infty}\left|\left(\dfrac{1+\sqrt{5}i}{2}\right)^n\right|=\lim\limits_{n\to\infty}\left(\dfrac{\sqrt{6}}{2}\right)^n\neq0$，所以级数发散.

(3) 由于 $\left|\left(\dfrac{1+\sqrt{3}i}{3}\right)^n\right|=\left(\dfrac{2}{3}\right)^n$，而 $\sum\limits_{n=1}^{\infty}\left(\dfrac{2}{3}\right)^n$ 收敛，所以级数 $\sum\limits_{n=1}^{\infty}\left(\dfrac{1+\sqrt{3}i}{3}\right)^n$ 绝

对收敛.

例 2 将$\frac{1}{z-3}$在 $z=2$ 处展开为泰勒级数,并指出收敛范围.

解 $\frac{1}{z-3}=\frac{1}{-1+z-2}=-\frac{1}{1-(z-2)}=\sum_{n=0}^{\infty}(z-2)^n$, $|z-2|<1$.

例 3 将$\frac{e^z}{(z-1)}$在圆环域 $0<|z-1|<+\infty$ 内展开为洛朗级数.

解 $\frac{e^z}{(z-1)}=\frac{e^{z-1+1}}{(z-1)}=\frac{e}{z-1}e^{z-1}=\frac{e}{z-1}\sum_{n=0}^{\infty}\frac{(z-1)^n}{n!}$, $0<|z-1|<+\infty$.

例 4 求 $f(z)=\frac{1}{z(z-1)}$的洛朗级数.

解 $f(z)=\frac{1}{z(z-1)}$有 $z=0$ 和 $z=1$ 两个奇点. 因此,可以在圆环域 $0<|z|<1$, $0<|z-1|<1$, $1<|z|<+\infty$, $1<|z-1|<+\infty$内展开为洛朗级数.

(1) 在 $0<|z|<1$ 内,

$$f(z)=\frac{1}{z(z-1)}=\frac{1}{z-1}-\frac{1}{z}=-\frac{1}{1-z}-\frac{1}{z}=-\sum_{n=0}^{\infty}z^n-\frac{1}{z}.$$

(2) 在 $0<|z-1|<1$ 内,

$$\begin{aligned}f(z)&=\frac{1}{z(z-1)}=\frac{1}{z-1}-\frac{1}{z}=\frac{1}{z-1}-\frac{1}{1+(z-1)}\\&=\frac{1}{z-1}-\sum_{n=0}^{\infty}(-1)^n(z-1)^n.\end{aligned}$$

(3) 在 $1<|z|<+\infty$ 内,

$$\begin{aligned}f(z)&=\frac{1}{z(z-1)}=\frac{1}{z-1}-\frac{1}{z}=\frac{1}{z}\frac{1}{1-\frac{1}{z}}-\frac{1}{z}\\&=\frac{1}{z}\sum_{n=0}^{\infty}\left(\frac{1}{z}\right)^n-\frac{1}{z}=\sum_{n=2}^{\infty}\left(\frac{1}{z}\right)^n.\end{aligned}$$

(4) 在 $1<|z-1|<+\infty$ 内,

$$\begin{aligned}f(z)&=\frac{1}{z(z-1)}=\frac{1}{z-1}-\frac{1}{z}=\frac{1}{z-1}-\frac{1}{1+z-1}\\&=\frac{1}{z-1}-\frac{1}{z-1}\frac{1}{1-\left(-\frac{1}{z-1}\right)}\\&=\frac{1}{z-1}-\frac{1}{z-1}\sum_{n=0}^{\infty}\left(-\frac{1}{z-1}\right)^n=\sum_{n=2}^{\infty}\left(-\frac{1}{z-1}\right)^n.\end{aligned}$$

自我检测题 4

一、填空题

1. $\sum_{n=1}^{\infty} i^n z^n$ 的收敛半径为________.

2. 若级数 $\sum_{n=-\infty}^{+\infty} c_n z^n$ 在 $z=1+2i$ 处收敛,则在 $\sqrt{3}i$ 处的敛散性为________.

3. $\sum_{n=1}^{\infty}\left(\frac{1}{n}+\frac{i}{2n^2}\right)$ 是否收敛(若收敛,请指出是绝对收敛还是条件收敛?)________.

二、判断题

4. 每一个幂级数在其收敛圆周上处处收敛.(　　)

5. $\sum_{n=1}^{\infty} c_n z^n$ 和 $\sum_{n=1}^{\infty} \frac{c_n}{n} z^n$ 具有相同的收敛半径.(　　)

6. 当函数 $f(z)$ 在一点 z_0 处解析,则其在 z_0 的足够小的去心邻域内的洛朗级数与其在 z_0 的泰勒级数一致.(　　)

三、解答题

7. 将 $f(z)=e^z+e^{\frac{1}{z}}$ 在 $z=0$ 的去心邻域内 $0<|z|<+\infty$ 内展开成洛朗级数.

四、证明题

8. 设级数 $\sum_{n=0}^{\infty} c_n$ 收敛,而 $\sum_{n=0}^{\infty} |c_n|$ 发散,证明 $\sum_{n=0}^{\infty} c_n z^n$ 的收敛半径为 1.

复 习 题 4

1. 下列复数列是否收敛,若收敛,求其极限:

(1) $c_n=\frac{1+ni}{1-ni}$;　　(2) $c_n=\frac{i^n}{n}$;

(3) $c_n=\frac{e^{-2n\pi i}}{ni}$.

2. 判别下列级数的绝对收敛性和条件收敛性:

(1) $\sum_{n=1}^{\infty} \frac{i^n}{n^2}$;　　(2) $\sum_{n=1}^{\infty} \frac{2^n}{(2+i)^n}$;

(3) $\sum_{n=1}^{\infty}\left(\frac{1}{n^3}+\frac{i}{2n}\right)$.

3. 求下列级数的收敛半径:

(1) $\sum_{n=1}^{\infty} \frac{z^n}{n^2}$;　　(2) $\sum_{n=1}^{\infty} (1-i)^n z^n$;

(3) $\sum_{n=0}^{\infty} n^n z^n$.

4. 求下列函数在指定点 z_0 处的泰勒展开式：

(1) $\dfrac{z-1}{z+1}$，$z_0=1$；　　(2) $\dfrac{1}{z^2}$，$z_0=-1$；

(3) $\sin z$，$z_0=1$.

5. 将下列各函数在指定的圆环域内展开成洛朗级数：

(1) $\dfrac{1}{(z^2+1)(z-2)}$，$1<|z|<2$；

(2) $z^3 e^{\frac{1}{z}}$，$0<|z|<\infty$；

(3) $\sin\dfrac{1}{2-z}$，在 $z=2$ 的去心邻域内.

6. 将 $f(z)=\dfrac{1}{z^2-2z-3}$ 在 $z=-1$ 处展开为洛朗级数.

5 留数理论及其应用

本章首先利用洛朗级数对函数的孤立奇点进行分类，得到相应的性质；然后定义孤立奇点的留数，得到留数定理，并计算复积分和实积分；最后研究对数留数，得到辐角原理.

5.1 孤立奇点

5.1.1 孤立奇点的分类

对于函数的奇点，有一种情形虽然简单，但特别重要.

定义 5.1 设函数 $f(z)$ 在 z_0 处不解析，但在 z_0 的一个去心邻域 $0<|z-z_0|<\delta$ 内解析，则称 z_0 是函数 $f(z)$ 的孤立奇点.

多数函数的大部分奇点都是孤立奇点，例如函数 $f(z)=\dfrac{1}{z}$，$z=0$ 是其孤立奇点. 但并非所有奇点都是孤立奇点. 如函数 $f(z)=\dfrac{1}{\sin\dfrac{1}{z}}$，$z=0$ 是一个奇点，此外 $z_k=\dfrac{1}{k\pi}$，$(k=\pm1,\pm2,\cdots)$ 也都是其奇点. 当 k 趋向于无穷大时，$z_k=\dfrac{1}{k\pi}$ 的极限是零，从而 $z=0$ 的任何去心邻域中都含有某些 z_k，所以 $z=0$ 不是 $f(z)=\dfrac{1}{\sin\dfrac{1}{z}}$ 的孤立奇点.

如果 z_0 是函数 $f(z)$ 的奇点，但不是孤立奇点，则称为 $f(z)$ 的非孤立奇点.

由孤立奇点的定义可知，若 z_0 是函数 $f(z)$ 的孤立奇点，函数 $f(z)$ 在 z_0 的一个去心邻域 $0<|z-z_0|<\delta$ 内解析，从而在此去心邻域可以展开为洛朗级数，即有

$$\begin{aligned}f(z)=\sum_{n=-\infty}^{+\infty}c_n(z-z_0)^n=&\cdots+c_{-2}(z-z_0)^{-2}+c_{-1}(z-z_0)^{-1}\\&+c_0+c_1(z-z_0)+c_2(z-z_0)^2+\cdots.\end{aligned}$$

由此可把函数的孤立奇点分为3类.

1. 可去奇点

如果上述 $f(z)$ 的洛朗级数中不含有负数次幂，则称 z_0 为 $f(z)$ 的可去奇点.

此时 $f(z)$ 的洛朗级数实际上是幂级数，它的和函数 $F(z)$ 在 z_0 处也解析，且当 $z\neq z_0$ 时，$F(z)=f(z)$，当 $z=z_0$ 时，$F(z_0)=c_0$. 由于

$$\lim_{z\to z_0} f(z)=\lim_{z\to z_0} F(z)=F(z_0)=c_0,$$

所以不论 $f(z)$ 原来在 z_0 处是否有定义，都可以重新定义 $f(z_0)=c_0$. 那么在圆域 $|z-z_0|<\delta$ 内就有

$$f(z)=c_0+c_1(z-z_0)+\cdots+c_n(z-z_0)^n+\cdots.$$

从而函数 $f(z)$ 在 z_0 处解析. 由于这个原因，称 z_0 为 $f(z)$ 的可去奇点.

例如，$z=0$ 是函数 $\dfrac{\sin z}{z}$ 的可去奇点，因为在 $z=0$ 的去心邻域内它可以展开成

$$\frac{\sin z}{z}=\frac{1}{z}\left(z-\frac{1}{3!}z^3+\frac{1}{5!}z^5-\cdots\right)=1-\frac{1}{3!}z^2+\frac{1}{5!}z^4-\cdots,$$

其中不含负数次幂. 可以定义 $\dfrac{\sin z}{z}$ 在 $z=0$ 处的值为1，则 $\dfrac{\sin z}{z}$ 在 $z=0$ 处解析.

2. 极点

如果函数 $f(z)$ 的洛朗级数中只含有有限项 $(z-z_0)$ 的负数次幂，且其中关于 $(z-z_0)$ 的负数次幂的最高次幂为 $c_{-m}(z-z_0)^{-m}$，此时 $f(z)$ 的洛朗级数为

$$f(z)=c_{-m}(z-z_0)^{-m}+\cdots+c_{-1}(z-z_0)^{-1}+c_0+c_1(z-z_0)\cdots,$$

其中 $c_{-m}\neq 0$，则孤立奇点 z_0 称为函数 $f(z)$ 的 m 级极点.

上式可以写成

$$f(z)=\frac{g(z)}{(z-z_0)^m},\tag{5.1}$$

其中，

$$g(z)=c_{-m}+c_{-m+1}(z-z_0)+\cdots$$

在 z_0 处解析，且 $g(z_0)=c_{-m}\neq 0$. 反之，如果函数 $f(z)$ 可以表示成式(5.1)的形式，且 $g(z)$ 在 z_0 处解析，$g(z_0)\neq 0$，则 z_0 为函数 $f(z)$ 的 m 级极点.

例如，函数 $f(z)=\dfrac{z}{(z^2+1)(z-1)^3}$，$z=1$ 是其三级极点，$z=\pm i$ 是其一级极点.

如果 z_0 为函数 $f(z)$ 的极点，由式(5.1)可知 $\lim\limits_{z\to z_0}|f(z)|=\infty$ 或 $\lim\limits_{z\to z_0} f(z)=\infty$.

3. 本性奇点

如果 $f(z)$ 的洛朗级数中含有无穷多项负数次幂，则称孤立奇点 z_0 为 $f(z)$ 的本性奇点.

例如，

$$e^{\frac{1}{z}}=1+z^{-1}+\frac{1}{2!}z^{-2}+\cdots+\frac{1}{n!}z^{-n}+\cdots \quad (0<|z|<\infty)$$

含有无穷多项 z 的负数次幂，所以 $z=0$ 是本性奇点，同时 $\lim\limits_{z\to 0} e^{\frac{1}{z}}$ 不存在. 在本性奇点的邻域内 $\lim\limits_{z\to z_0} f(z)$ 不存在且不为∞.

综上 3 种情形可知：

(1) 如果 z_0 为 $f(z)$ 的可去奇点，则 $\lim\limits_{z\to z_0} f(z)$ 存在且有限；

(2) 如果 z_0 为 $f(z)$ 的极点，则 $\lim\limits_{z\to z_0} f(z)$ 为∞；

(3) 如果 z_0 为 $f(z)$ 的本性奇点，则 $\lim\limits_{z\to z_0} f(z)$ 不存在且不为∞.

可以证明上述结论反过来也成立，所以也可以用函数极限的不同情形对孤立奇点进行分类.

5.1.2 函数的零点与极点的关系

如果 $f(z_0)=0$，则称 z_0 为函数 $f(z)$ 的零点，进一步假设 $f(z)$ 在 z_0 处解析且不恒为零，将 $f(z)$ 在 z_0 处展开为幂级数

$$f(z)=c_0+c_1(z-z_0)+\cdots+c_n(z-z_0)^n+\cdots,$$

则有 $c_0=f(z_0)=0$，且由 $f(z)$ 不恒为零知幂级数中至少有一个系数不为零. 设下标最小的不为零的系数为 $c_m(m>1)$，于是

$$f(z)=c_m(z-z_0)^m+\cdots+c_n(z-z_0)^n+\cdots. \tag{5.2}$$

从而 $f(z)$ 可以表示为

$$f(z)=(z-z_0)^m[c_m+\cdots+c_n(z-z_0)^{n-m}+\cdots]=(z-z_0)^m\varphi(z),$$

其中，$\varphi(z)$ 在 z_0 处解析且 $\varphi(z_0)=c_m\neq 0$. 进一步称 z_0 为函数 $f(z)$ 的 m 级零点.

由式(5.2)知 z_0 为函数 $f(z)$ 的 m 级零点的充要条件为 $c_0=\cdots=c_{m-1}=0$，$c_m\neq 0$，再由幂级数系数的计算公式 $c_n=\dfrac{f^{(n)}(z_0)}{n!}$ 得到 z_0 为函数 $f(z)$ 的 m 级零点的充要条件为

$$f(z_0)=f'(z_0)=\cdots=f^{(m-1)}(z_0)=0, \quad f^{(m)}(z_0)\neq 0.$$

例如 $z=1$ 是 $f(z)=z^4-2z^2+1$ 的二级零点，因为

$$z^4-2z^2+1=(z-1)^2(z+1)^2,$$

而 $(z+1)^2$ 在 $z=1$ 处解析且不等于 0. 或者由 $f'(z)=4z^3-4z$，$f''(z)=12z^2-4$ 得到 $f(1)=f'(1)=0$，$f''(1)=8\neq 0$，也可知 $z=1$ 是 $f(z)=z^4-2z^2+1$ 的二级零点.

函数的零点和极点有如下的关系：

定理 5.1 如果 z_0 为函数 $f(z)$ 的 m 级极点，则 z_0 为函数 $\frac{1}{f(z)}$ 的 m 级零点，反之也成立.

证 如果 z_0 为函数 $f(z)$ 的 m 级极点，则

$$f(z)=\frac{g(z)}{(z-z_0)^m},$$

其中 $g(z)$ 在 z_0 处解析，$g(z_0)\neq 0$. 所以当 $z\neq z_0$ 时，有

$$\frac{1}{f(z)}=(z-z_0)^m\frac{1}{g(z)}=(z-z_0)^m h(z).$$

函数 $h(z)=\frac{1}{g(z)}$ 也在 z_0 处解析，且 $h(z_0)=\frac{1}{g(z_0)}\neq 0$. 所以 z_0 为函数 $\frac{1}{f(z)}$ 的 m 级零点.

反之，如果 z_0 为函数 $\frac{1}{f(z)}$ 的 m 级零点，则

$$\frac{1}{f(z)}=(z-z_0)^m\varphi(z),$$

其中，$\varphi(z)$ 在 z_0 处解析，$\varphi(z_0)\neq 0$. 所以当 $z\neq z_0$ 时，有

$$f(z)=(z-z_0)^{-m}\frac{1}{\varphi(z)}=(z-z_0)^{-m}\psi(z).$$

函数 $\psi(z)=\frac{1}{\varphi(z)}$ 也在 z_0 处解析，且 $\psi(z_0)=\frac{1}{\varphi(z_0)}\neq 0$. 所以 z_0 为函数 $f(z)$ 的 m 级极点.

此定理给出了一个判断函数极点及其级数的较为方便的方法.

例 5.1 函数 $\frac{1}{\sin z}$ 有哪些奇点？如果是极点，指出它的级数.

解 函数 $\frac{1}{\sin z}$ 的奇点显然是 $\sin z$ 的零点，它们是 $z=k\pi(k\in\mathbf{Z})$. 由于

$$(\sin z)'\Big|_{z=k\pi}=\cos z\Big|_{z=k\pi}=(-1)^k\neq 0,$$

从而 $z=k\pi(k\in\mathbf{Z})$ 是 $\sin z$ 的一级零点，所以 $z=k\pi(k\in\mathbf{Z})$ 是 $\frac{1}{\sin z}$ 的一级极点.

应当指出，极点的级数不是简单地等于分母零点的级数. 例如考查函数 $\frac{e^z-1}{z^3}$，$z=0$ 是其极点，但并非三级极点. 事实上

$$\frac{e^z-1}{z^3}=\frac{1}{z^3}\left(\sum_{n=0}^{\infty}\frac{z^n}{n!}-1\right)=\frac{1}{z^2}+\frac{1}{2!z}+\frac{1}{3!}+\cdots=\frac{1}{z^2}\varphi(z),$$

其中，$\varphi(z)$ 在 $z=0$ 处解析且不等于零，所以 $z=0$ 是 $\frac{e^z-1}{z^3}$ 的二级极点.

5.1.3 无穷远点是函数的孤立奇点的情形

在扩充复平面内考虑，由于函数 $f(z)$ 在无穷远点 ∞ 处没有定义，从而 ∞ 自然是 $f(z)$ 的奇点.

定义 5.2 如果函数 $f(z)$ 在无穷远点 ∞ 的去心邻域 $R<|z|<+\infty$ 内解析，则称无穷远点 ∞ 为 $f(z)$ 的孤立奇点.

在 $R<|z|<+\infty$ 内函数 $f(z)$ 有洛朗展开式

$$f(z)=\sum_{n=-\infty}^{+\infty}c_nz^n=\cdots+c_{-2}z^{-2}+c_{-1}z^{-1}+c_0+c_1z+c_2z^2+\cdots.$$

令 $t=\dfrac{1}{z}$，则此变换将无穷远点 ∞ 的去心邻域 $R<|z|<+\infty$ 映射为 $t=0$ 的去心邻域 $0<|t|<\dfrac{1}{R}$，同时 $f(z)=f\left(\dfrac{1}{t}\right)=\varphi(t)$. $\varphi(t)$ 在 $0<|t|<\dfrac{1}{R}$ 内解析，从而 $t=0$ 是 $\varphi(t)$ 的孤立奇点. 若 $t=0$ 是 $\varphi(t)$ 的可去奇点、m 级极点和本性奇点，则相应地称无穷远点 ∞ 为函数 $f(z)$ 的可去奇点、m 级极点和本性奇点.

注意到 $\varphi(t)$ 的洛朗展开式正负次幂恰好和 $f(z)$ 的洛朗展开式正负次幂相反，所以如果用 $f(z)$ 的洛朗展开式来对 ∞ 作为孤立奇点进行分类，那么应该用 $f(z)$ 的洛朗展开式的正数次幂进行分类，即如果 $f(z)$ 的洛朗展开式没有正数次幂，只有有限项正数次幂和无穷多项正数次幂，则无穷远点 ∞ 为函数 $f(z)$ 的可去奇点、m 级极点和本性奇点.

另一方面由有限的孤立奇点的类型和极限之间的关系，对无穷远点 ∞ 仍有：

(1) ∞ 为函数 $f(z)$ 的可去奇点的充要条件是 $\lim\limits_{z\to\infty}f(z)$ 存在有限；

(2) ∞ 为函数 $f(z)$ 极点的充要条件是 $\lim\limits_{z\to\infty}f(z)$ 为 ∞；

(3) ∞ 为函数 $f(z)$ 的本性奇点的充要条件是 $\lim\limits_{z\to\infty}f(z)$ 不存在且不为 ∞.

例 5.2 确定下列函数的无穷远点 ∞ 的奇点的类型.

(1) $f(z)=\dfrac{z^2-z+1}{z^2}$；　　(2) $f(z)=\sin z$；

(3) $f(z)=e^{\frac{1}{z}}+z^2$.

解 (1) 由于

$$\lim_{z\to\infty}\frac{z^2-z+1}{z^2}=1,$$

所以 ∞ 为函数 $f(z)=\dfrac{z^2-z+1}{z^2}$ 的可去奇点.

(2) $f(z)=\sin z$ 在 ∞ 的去心邻域的洛朗展开式即为其在 $z=0$ 处的泰勒展开

式，含有无穷多项正数次幂，所以∞为函数 $f(z)=\sin z$ 的本性奇点.

(3) $f(z)=e^{\frac{1}{z}}+z^2$ 在∞的去心邻域的洛朗展开式只含有正数次幂 z^2，所以∞为函数 $f(z)=e^{\frac{1}{z}}+z^2$ 的二级极点.

5.2 留　数

5.2.1 留数的定义和留数定理

第 3 章指出，根据复合闭路定理，函数在闭曲线上的积分可以转化为函数在曲线内围绕奇点的积分，此围绕奇点的积分不依赖于积分路径的选择，只和奇点本身有关. 而且在第 4 章中进一步可知此围绕奇点的积分值等于 $2\pi i c_{-1}$，其中 c_{-1} 是函数在奇点的去心邻域内的洛朗展开式的$(z-z_0)^{-1}$的系数. 因此引入如下定义：

定义 5.3　设 z_0 是函数 $f(z)$的孤立奇点，$f(z)$在 $0<|z-z_0|<\delta$ 内的洛朗展开式为

$$f(z)=\sum_{n=-\infty}^{+\infty}c_n(z-z_0)^n,$$

称其中$(z-z_0)^{-1}$的系数

$$c_{-1}=\frac{1}{2\pi i}\oint_C f(z)dz$$

为 $f(z)$在 z_0 处的留数，记作 $\mathrm{Res}[f(z),z_0]$.

利用第三章中的复合闭路定理，可以得到如下定理.

定理 5.2(留数定理)　设函数 $f(z)$在区域 D 内除有限个孤立奇点 z_1，z_2，…，z_n 外处处解析，C 是 D 内包围这些奇点的一条简单正向闭曲线，则

$$\oint_C f(z)dz=2\pi i\sum_{k=1}^{n}\mathrm{Res}[f(z_k),z_k].$$

证　以 $z_k(k=1,2,\cdots,n)$为中心做互不相交的小圆 C_k，取正向，根据复合闭路定理

$$\oint_C f(z)dz=\oint_{C_1}f(z)dz+\cdots+\oint_{C_n}f(z)dz.$$

等式两边同时除以 $2\pi i$，并根据留数的定义得

$$\begin{aligned}\frac{1}{2\pi i}\oint_C f(z)dz&=\frac{1}{2\pi i}\oint_{C_1}f(z)dz+\cdots+\frac{1}{2\pi i}\oint_{C_n}f(z)dz\\&=\sum_{k=1}^{n}\mathrm{Res}[f(z_k),z_k],\end{aligned}$$

所以

$$\oint_C f(z)\,dz = 2\pi i\sum_{k=1}^{n}\text{Res}[f(z_k), z_k].$$

根据留数定理的证明可以看到，留数定理是当函数只有孤立奇点时复合闭路定理的简化形式，在这种情形下计算积分只要着力于留数的计算. 根据留数的定义，计算留数需要计算洛朗展开式中$(z-z_0)^{-1}$的系数c_{-1}，但在有些情况下还有更简单的计算方法.

5.2.2 留数的计算

如果z_0是函数$f(z)$的可去奇点，则$f(z)$在z_0的去心邻域内的洛朗展开式中$(z-z_0)^{-1}$的系数$c_{-1}=0$，所以$\text{Res}[f(z), z_0]=0$. 如果z_0是函数$f(z)$的本性奇点，往往只能直接在z_0的去心邻域内展开洛朗级数求留数，即c_{-1}. 当z_0是函数$f(z)$的极点时，有如下的方法来求z_0的留数.

定理 5.3 如果z_0是函数$f(z)$的m级极点，则

$$\text{Res}[f(z), z_0]=\frac{1}{(m-1)!}\lim_{z\to z_0}\frac{d^{m-1}}{dz^{m-1}}[(z-z_0)^m f(z)].$$

证 由z_0是函数$f(z)$的m级极点可得

$$f(z)=c_{-m}(z-z_0)^{-m}+\cdots+c_{-1}(z-z_0)^{-1}+c_0+c_1(z-z_0)+\cdots,$$

用$(z-z_0)^m$乘上式的两端，得

$$(z-z_0)^m f(z)=c_{-m}+\cdots+c_{-1}(z-z_0)^{m-1}+c_0(z-z_0)^m+c_1(z-z_0)^{m+1}+\cdots,$$

两边求$m-1$阶导数，得

$$\lim_{z\to z_0}\frac{d^{m-1}}{dz^{m-1}}[(z-z_0)^m f(z)]=(m-1)!\,c_{-1}+\{\text{含有 } z-z_0 \text{ 正数次幂的项}\}.$$

再令$z\to z_0$取极限，得

$$\lim_{z\to z_0}\frac{d^{m-1}}{dz^{m-1}}[(z-z_0)^m f(z)]=(m-1)!\,c_{-1},$$

两端同时除以$(m-1)!$，得

$$\text{Res}[f(z), z_0]=\frac{1}{(m-1)!}\lim_{z\to z_0}\frac{d^{m-1}}{dz^{m-1}}[(z-z_0)^m f(z)].$$

推论 1 如果z_0是函数$f(z)$的一级极点，则

$$\text{Res}[f(z), z_0]=\lim_{z\to z_0}(z-z_0)f(z).$$

例 5.3 求函数$f(z)=\dfrac{1}{z(z-2)}$在$z=2$处的留数.

解 由于$z=2$是函数$f(z)=\dfrac{1}{z(z-2)}$的一级极点，从而有

$$\text{Res}\left[\frac{1}{z(z-2)},2\right]=\lim_{z\to 2}(z-2)\frac{1}{z(z-2)}=\frac{1}{2}.$$

推论 2 设函数 $f(z)=\dfrac{P(z)}{Q(z)}$，$P(z)$和$Q(z)$在z_0处都解析.如果

$$P(z_0)\neq 0,\ Q(z_0)=0,\ Q'(z_0)\neq 0,$$

则z_0是$f(z)=\dfrac{P(z)}{Q(z)}$的一级极点，而且

$$\text{Res}[f(z),z_0]=\frac{P(z_0)}{Q'(z_0)}.$$

证 由$Q(z_0)=0$，$Q'(z_0)\neq 0$知z_0是$Q(z)$的一级零点，再由$P(z_0)\neq 0$知z_0是$\dfrac{Q(z)}{P(z)}$的一级零点，所以z_0是$f(z)=\dfrac{P(z)}{Q(z)}$的一级极点，由推论1及$Q(z_0)=0$，$Q'(z_0)\neq 0$，有

$$\text{Res}[f(z),z_0]=\lim_{z\to z_0}(z-z_0)\frac{P(z)}{Q(z)}=\lim_{z\to z_0}\frac{P(z)}{\dfrac{Q(z)-Q(z_0)}{z-z_0}}$$

$$=\frac{\lim\limits_{z\to z_0}P(z)}{\lim\limits_{z\to z_0}\dfrac{Q(z)-Q(z_0)}{z-z_0}}=\frac{P(z_0)}{Q'(z_0)}.$$

例 5.4 求函数$f(z)=\dfrac{e^{iz}}{z^2+1}$在奇点处的留数.

解 $f(z)=\dfrac{e^{iz}}{z^2+1}$有两个一级极点$z=\pm i$，根据推论2得

$$\text{Res}[f(z),i]=\frac{P(i)}{Q'(i)}=\frac{e^{i^2}}{2i}=-\frac{i}{2e},$$

$$\text{Res}[f(z),-i]=\frac{P(i)}{Q'(i)}=\frac{e^{-i^2}}{-2i}=\frac{ie}{2}.$$

例 5.5 计算积分$\oint_C\dfrac{e^z}{z(z-1)^2}dz$，$C$为正向圆周：$|z|=2$.

解 $z=0$为被积函数的一级极点，$z=1$为被积函数的二级极点，从而

$$\text{Res}[f(z),0]=\lim_{z\to 0}zf(z)=\lim_{z\to 0}\frac{e^z}{(z-1)^2}=1,$$

$$\text{Res}[f(z),1]=\frac{1}{(2-1)!}\lim_{z\to 1}\frac{d}{dz}[(z-1)^2f(z)]=\lim_{z\to 1}\frac{d}{dz}\left(\frac{e^z}{z}\right)=0,$$

所以根据留数定理得

$$\oint_C\frac{e^z}{z(z-1)^2}dz=2\pi i\text{Res}[f(z),0]+2\pi i\text{Res}[f(z),1]=2\pi i.$$

例 5.6 计算$\frac{z-\sin z}{z^6}$在 $z=0$ 处的留数.

解 $z=0$ 是$\frac{z-\sin z}{z^6}$的极点,为了利用定理 5.3 求留数,需要知道 $z=0$ 的级数. 易知 $z=0$ 是 $z-\sin z$ 的三级零点,从而也是$\frac{z-\sin z}{z^6}$的三级极点. 如果直接利用定理 5.3,有

$$\mathrm{Res}\left[\frac{z-\sin z}{z^6},0\right]=\frac{1}{(3-1)!}\lim_{z\to 0}\frac{\mathrm{d}^2}{\mathrm{d}z^2}\left(z^3\ \frac{z-\sin z}{z^6}\right)=\frac{1}{2!}\lim_{z\to 0}\frac{\mathrm{d}^2}{\mathrm{d}z^2}\left(\frac{z-\sin z}{z^3}\right).$$

该计算式十分复杂,如果直接用定义来求,就比较方便. 因为

$$\frac{z-\sin z}{z^6}=\frac{1}{z^6}\left[z-\left(z-\frac{1}{3!}z^3+\frac{1}{5!}z^5-\cdots\right)\right]=\frac{1}{3!z^3}-\frac{1}{5!z}+\cdots,$$

所以

$$\mathrm{Res}\left[\frac{z-\sin z}{z^6},0\right]=-\frac{1}{5!}.$$

由定理 5.3 的证明过程可知,把 m 取得比极点的实际级数高,结论仍然成立,有时可以利用这点简化计算. 如在上例中,虽然 $z=0$ 是$\frac{z-\sin z}{z^6}$的三级极点,如果用定理 5.3 求留数,可以取 $m=6$,有

$$\begin{aligned}\mathrm{Res}\left[\frac{z-\sin z}{z^6},0\right]&=\frac{1}{(6-1)!}\lim_{z\to 0}\frac{\mathrm{d}^5}{\mathrm{d}z^5}\left(z^6\ \frac{z-\sin z}{z^6}\right)\\&=\frac{1}{5!}\lim_{z\to 0}\frac{\mathrm{d}^5}{\mathrm{d}z^5}(z-\sin z)=\frac{1}{5!}\lim_{z\to 0}(-\cos z)=-\frac{1}{5!}.\end{aligned}$$

该计算式还是比较简便的,可见需要根据题目的特点灵活选择适当的方法.

5.2.3 无穷远点的留数

定义 5.4 设函数 $f(z)$在无穷远点∞的去心邻域 $R<|z|<+\infty$内解析,C为此圆环内绕原点的任意一条正向简单闭曲线,则积分 $\frac{1}{2\pi\mathrm{i}}\oint_{C^-}f(z)\mathrm{d}z$ 的值与C无关,称此定值为 $f(z)$ 在 ∞ 点的留数,记作

$$\mathrm{Res}[f(z),\infty]=\frac{1}{2\pi\mathrm{i}}\oint_{C^-}f(z)\mathrm{d}z.$$

注意这里积分路径的方向是负的,也就是取顺时针方向.

同样考虑 $f(z)$在无穷远点∞的去心邻域 $R<|z|<+\infty$内的洛朗展开式,其系数

$$c_n=\frac{1}{2\pi\mathrm{i}}\oint_C\frac{f(z)}{z^{n+1}}\mathrm{d}z,$$

当 $n=-1$ 时，

$$c_{-1}=\frac{1}{2\pi i}\oint_C f(z)dz,$$

所以

$$\text{Res}[f(z),\infty]=-c_{-1}.$$

这和有限孤立奇点处的留数刚好相反.

在扩充复平面内考虑∞点的留数，有如下结论：

定理 5.4 如果函数 $f(z)$ 在扩充复平面内只有有限个孤立奇点，则 $f(z)$ 在所有奇点（包括∞点）的留数的总和等于零.

证 除∞点外，设 $f(z)$ 的有限个孤立奇点为 $z_k(k=1,2,\cdots,n)$. 取 C 为一条绕原点并将 $z_k(k=1,2,\cdots,n)$ 都包含在内的正向简单闭曲线，则根据留数定理和无穷远点留数的定义，得

$$\text{Res}[f(z),\infty]+\sum_{k=1}^{n}\text{Res}[f(z_k),z_k]=\frac{1}{2\pi i}\oint_{C^-}f(z)dz+\frac{1}{2\pi i}\oint_C f(z)dz=0.$$

对于无穷远点的留数的计算，有如下定理：

定理 5.5 $\text{Res}[f(z),\infty]=-\text{Res}\left[\frac{1}{z^2}f\left(\frac{1}{z}\right),0\right]$.

证 在无穷远点的留数定义中，取正向简单闭曲线 C 为半径足够大的圆：$|z|=R$. 令 $z=\frac{1}{t}$，并设 $z=Re^{i\theta}$，$t=re^{i\varphi}$，则 $R=\frac{1}{r}$，$\theta=-\varphi$，于是有

$$\begin{aligned}\text{Res}[f(z),\infty]&=\frac{1}{2\pi i}\oint_{C^-}f(z)dz=\frac{1}{2\pi i}\int_0^{-2\pi}f(Re^{i\theta})Rie^{i\theta}d\theta\\&=-\frac{1}{2\pi i}\int_0^{2\pi}f\left(\frac{1}{re^{i\varphi}}\right)\frac{i}{re^{i\varphi}}d\varphi\\&=-\frac{1}{2\pi i}\int_0^{2\pi}f\left(\frac{1}{re^{i\varphi}}\right)\frac{1}{(re^{i\varphi})^2}dre^{i\varphi}\\&=-\frac{1}{2\pi i}\oint_{|t|=\frac{1}{R}}f\left(\frac{1}{t}\right)\frac{1}{t^2}dt,\end{aligned}$$

其中，$|t|=\frac{1}{R}$ 取正向. 由于 $f(z)$ 在无穷远点∞的去心邻域 $R<|z|<+\infty$ 内解析，从而 $f\left(\frac{1}{t}\right)\frac{1}{t^2}$ 在 $0<|t|<\frac{1}{R}$ 内解析，$f\left(\frac{1}{t}\right)\frac{1}{t^2}$ 在 $|t|<\frac{1}{R}$ 内只有奇点 $t=0$. 由留数定理得

$$\frac{1}{2\pi i}\oint_{|t|=\frac{1}{R}}f\left(\frac{1}{t}\right)\frac{1}{t^2}dt=\text{Res}\left[f\left(\frac{1}{t}\right)\frac{1}{t^2},0\right],$$

所以

$$\text{Res}[f(z),\infty]=-\text{Res}\left[\frac{1}{z^2}f\left(\frac{1}{z}\right),0\right].$$

定理 5.4 和 5.5 为计算沿闭曲线的积分提供了新的方法.

例 5.7 计算积分$\oint_C \frac{z}{z^4-1}\mathrm{d}z$,$C$ 为正向圆周:$|z|=2$.

解 函数$\frac{z}{z^4-1}$在$|z|=2$的外部除∞点外没有其他奇点,因此根据定理 5.4 和 5.5,有

$$\oint_C \frac{z}{z^4-1}\mathrm{d}z=-2\pi\mathrm{i}\text{Res}[f(z),\infty]=2\pi\mathrm{i}\text{Res}\left[f\left(\frac{1}{z}\right)\frac{1}{z^2},0\right]$$

$$=2\pi\mathrm{i}\text{Res}\left[\frac{z}{1-z^4},0\right]=0.$$

例 5.8 计算积分$\oint_C \frac{1}{z(z+1)^4(z-4)}\mathrm{d}z$,$C$ 为正向圆周:$|z|=2$.

解 除∞点外,被积函数的奇点是:$0,-1,4$. 于是

$$\text{Res}[f(z),0]+\text{Res}[f(z),-1]+\text{Res}[f(z),4]+\text{Res}[f(z),\infty]=0,$$

其中,$f(z)=\frac{1}{z(z+1)^4(z-4)}$. 由于$0,-1$在$|z|=2$的内部,所以由上式和留数定理得

$$\oint_C \frac{1}{z(z+1)^4(z-4)}\mathrm{d}z=2\pi\mathrm{i}(\text{Res}[f(z),0]+\text{Res}[f(z),-1])$$

$$=-2\pi\mathrm{i}(\text{Res}[f(z),4]+\text{Res}[f(z),\infty])$$

$$=-2\pi\mathrm{i}\left(\frac{1}{4\cdot 5^4}+0\right)=-\frac{\pi\mathrm{i}}{1\ 250}.$$

5.3 利用留数计算定积分

利用留数可以很方便地计算某些类型的实函数的定积分,而这些定积分用高等数学中的方法却很难计算,或者根本无法计算. 下面介绍 3 种常见的类型.

5.3.1 $\int_0^{2\pi} R(\cos\theta,\sin\theta)\mathrm{d}\theta$ 型积分

这里$R(\sin\theta,\cos\theta)$是$\sin\theta$和$\cos\theta$的有理函数. 令$z=\mathrm{e}^{\mathrm{i}\theta}$,则$\mathrm{d}z=\mathrm{i}\mathrm{e}^{\mathrm{i}\theta}\mathrm{d}\theta$,并且

$$\sin\theta=\frac{\mathrm{e}^{\mathrm{i}\theta}-\mathrm{e}^{-\mathrm{i}\theta}}{2\mathrm{i}}=\frac{z^2-1}{2\mathrm{i}z},$$

$$\cos\theta=\frac{\mathrm{e}^{\mathrm{i}\theta}+\mathrm{e}^{-\mathrm{i}\theta}}{2}=\frac{z^2+1}{2z}.$$

从而所求定积分可以转化为沿正向单位圆周上的积分,即有

$$\int_0^{2\pi} R(\cos\theta,\sin\theta)\mathrm{d}\theta=\oint_{|z|=1} R\left(\frac{z^2+1}{2z},\frac{z^2-1}{2\mathrm{i}z}\right)\frac{\mathrm{d}z}{\mathrm{i}z}=\oint_{|z|=1} f(z)\mathrm{d}z,$$

其中，$f(z)$为 z 的有理函数，且在单位圆周上分母不为零. 根据留数定理，所求的积分值为

$$2\pi\mathrm{i}\sum_{k=1}^{n}\mathrm{Res}[f(z_k), z_k],$$

其中，$z_k(k=1,2,\cdots,n)$为包含在单位圆周内的 $f(z)$的孤立奇点.

例 5.9 计算积分 $\int_0^{2\pi}\frac{1}{5+3\sin\theta}\mathrm{d}\theta$.

解 $$\int_0^{2\pi}\frac{1}{5+3\sin\theta}\mathrm{d}\theta=\oint_{|z|=1}\frac{1}{5+3\frac{z^2-1}{2\mathrm{i}z}}\frac{\mathrm{d}z}{\mathrm{i}z}=\oint_{|z|=1}\frac{2}{3z^2+10\mathrm{i}z-3}\mathrm{d}z$$

$$=2\pi\mathrm{i}\mathrm{Res}\left[\frac{2}{3z^2+10\mathrm{i}z-3},-\frac{\mathrm{i}}{3}\right]=\frac{\pi}{2}.$$

例 5.10 计算积分 $\int_0^{\pi}\frac{\cos m\theta}{5-4\cos\theta}\mathrm{d}\theta$，$m$ 是正整数.

解 因为被积函数是偶函数，故

$$\int_0^{\pi}\frac{\cos m\theta}{5-4\cos\theta}\mathrm{d}\theta=\frac{1}{2}\int_{-\pi}^{\pi}\frac{\cos m\theta}{5-4\cos\theta}\mathrm{d}\theta.$$

如果直接利用上面的结论，需要将 $\cos m\theta$ 展开成 $\cos\theta$ 的多项式，难以计算. 现在同时考虑积分 $\int_{-\pi}^{\pi}\frac{\sin m\theta}{5-4\cos\theta}\mathrm{d}\theta$，被积函数是奇函数，实际值为零. 将两个积分分别作为实部和虚部同时计算有

$$\int_{-\pi}^{\pi}\frac{\cos m\theta}{5-4\cos\theta}\mathrm{d}\theta+\mathrm{i}\int_{-\pi}^{\pi}\frac{\sin m\theta}{5-4\cos\theta}\mathrm{d}\theta$$

$$=\int_{-\pi}^{\pi}\frac{\mathrm{e}^{\mathrm{i}m\theta}}{5-4\cos\theta}\mathrm{d}\theta$$

$$=\oint_{|z|=1}\frac{z^m}{5-4\frac{z^2+1}{2z}}\frac{\mathrm{d}z}{\mathrm{i}z}$$

$$=\frac{1}{\mathrm{i}}\oint_{|z|=1}\frac{z^m}{5z-2(1+z^2)}\mathrm{d}z$$

$$=2\pi\mathrm{Res}\left[\frac{z^m}{5z-2(1+z^2)},\frac{1}{2}\right]$$

$$=\frac{\pi}{3(2^{m-1})},$$

所以 $$\int_0^{\pi}\frac{\cos m\theta}{5-4\cos\theta}\mathrm{d}\theta=\frac{\pi}{3(2^m)}.$$

5.3.2 $\int_{-\infty}^{+\infty}R(x)\mathrm{d}x$ 型积分

这里被积函数是 x 的有理函数，分母的次数比分子的次数至少高两次，并且

$R(x)$在实轴上没有奇点.这时积分是收敛的,现说明它的求法.

设

$$R(x)=\frac{z^n+a_1z^{n-1}+\cdots+a_n}{z^m+b_1z^{n-1}+\cdots+b_m}\quad(m-n\geqslant 2)$$

为既约分式.

取积分路径如图 5.1 所示,其中 C_R 是以原点为中心,R 为半径的上半平面的半圆周.取 R 充分大,使 $R(z)$在上半平面内的所有极点 $z_k(k=1,2,\cdots,n)$都包含在积分路径内.根据留数定理,得

$$\int_{-R}^{R}R(x)\mathrm{d}x+\int_{C_R}R(z)\mathrm{d}z=2\pi\mathrm{i}\sum_{k=1}^{n}\mathrm{Res}[R(z),z_k].\tag{5.3}$$

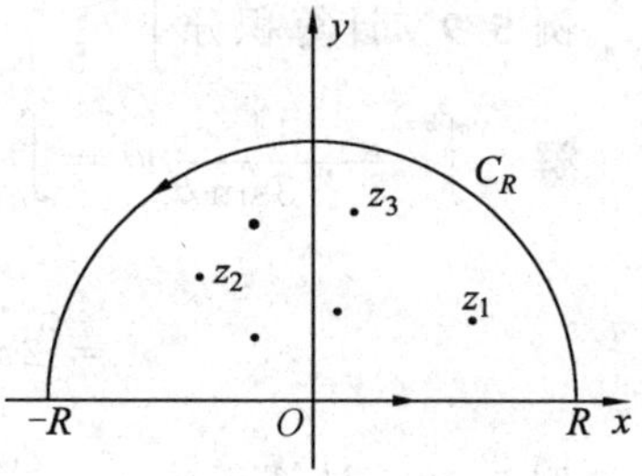

图 5.1

由于

$$|R(z)|=\frac{1}{|z|^{m-n}}\frac{|1+a_1z^{-1}+\cdots+a_nz^{-n}|}{|1+b_1z^{-1}+\cdots+b_mz^{-m}|}$$

$$\leqslant\frac{1}{|z|^{m-n}}\frac{1+|a_1z^{-1}+\cdots+a_nz^{-n}|}{1-|b_1z^{-1}+\cdots+b_mz^{-m}|},$$

当$|z|$充分大时,总可使

$$|a_1z^{-1}+\cdots+a_nz^{-n}|<\frac{1}{10},\quad|b_1z^{-1}+\cdots+b_mz^{-m}|<\frac{1}{10}.$$

再由 $m-n\geqslant 2$,可得

$$|R(z)|<\frac{1}{|z|^{m-n}}\frac{1+\frac{1}{10}}{1-\frac{1}{10}}<\frac{2}{|z|^2}.$$

因此,在半径 R 充分大的 C_R 上,有

$$\left|\int_{C_R}R(z)\mathrm{d}z\right|\leqslant\int_{C_R}|R(z)|\,\mathrm{d}s\leqslant\frac{2}{R^2}\cdot\pi R=\frac{2\pi}{R},$$

所以当 $R\to\infty$ 时,$\int_{C_R}R(z)\mathrm{d}z\to 0$,从而由式(5.3)得

$$\int_{-\infty}^{\infty}R(x)\mathrm{d}x=2\pi\mathrm{i}\sum_{k=1}^{n}\mathrm{Res}[R(z),z_k].$$

如果 $R(x)$为偶函数,则有

$$\int_{0}^{\infty}R(x)\mathrm{d}x=\pi\mathrm{i}\sum_{k=1}^{n}\mathrm{Res}[R(z),z_k].$$

例 5.11 计算积分$\displaystyle\int_{-\infty}^{+\infty}\frac{x^2}{(x^2+1)^2}\mathrm{d}x$.

解 被积函数分母的次数比分子的高两次,并且分母在实轴上没有零点,因

此积分收敛. 函数

$$R(z)=\frac{z^2}{(z^2+1)^2}$$

在上半平面内只有一个二级极点 $z=\mathrm{i}$,并且

$$\operatorname{Res}[R(z),\mathrm{i}]=\lim_{z\to\mathrm{i}}\frac{\mathrm{d}}{\mathrm{d}z}\left[(z-\mathrm{i})^2\frac{z^2}{(z^2+1)^2}\right]$$

$$=\left[\frac{2z}{(z+\mathrm{i})^2}-\frac{2z^2}{(z+\mathrm{i})^3}\right]\bigg|_{z=\mathrm{i}}=-\frac{\mathrm{i}}{4},$$

所以

$$\int_{-\infty}^{+\infty}\frac{x^2}{(x^2+1)^2}\mathrm{d}x=2\pi\mathrm{i}\left(-\frac{\mathrm{i}}{4}\right)=\frac{\pi}{2}.$$

5.3.3 $\int_{-\infty}^{+\infty}R(x)\mathrm{e}^{aix}\mathrm{d}x\,(a>0)$ 型积分

这里 $R(x)$ 是 x 的有理函数,分母的次数比分子的次数至少高一次,并且 $R(x)$ 在实轴上没有奇点. 这时积分是收敛的,现说明它的求法.

同样设

$$R(x)=\frac{z^n+a_1z^{n-1}+\cdots+a_n}{z^m+b_1z^{n-1}+\cdots+b_m}\quad(m-n\geqslant 1)$$

为既约分式,仍然取如图 5.1 所示的积分路径. 由于 $m-n\geqslant 1$,故对于充分大的 $|z|$,有

$$|R(z)|<\frac{2}{|z|},$$

因此,在半径 R 充分大的 C_R 上,有

$$\left|\int_{C_R}R(z)\mathrm{e}^{aiz}\mathrm{d}z\right|\leqslant\int_{C_R}|R(z)||\mathrm{e}^{aiz}|\mathrm{d}s<\frac{2}{R}\int_{C_R}\mathrm{e}^{-ay}\mathrm{d}s$$

$$=2\int_0^{\pi}\mathrm{e}^{-aR\sin\theta}\mathrm{d}\theta=4\int_0^{\frac{\pi}{2}}\mathrm{e}^{-aR\sin\theta}\mathrm{d}\theta.$$

利用不等式 $\sin x\geqslant\frac{2}{\pi}x\left(0<x\leqslant\frac{\pi}{2}\right)$,可得

$$\left|\int_{C_R}R(z)\mathrm{e}^{aiz}\mathrm{d}z\right|\leqslant 4\int_0^{\frac{\pi}{2}}\mathrm{e}^{-aR\sin\theta}\mathrm{d}\theta\leqslant 4\int_0^{\frac{\pi}{2}}\mathrm{e}^{-aR\left(\frac{2\theta}{\pi}\right)}\mathrm{d}\theta=\frac{2\pi}{aR}(1-\mathrm{e}^{-aR}),$$

当 $R\to\infty$ 时,$\int_{C_R}R(z)\mathrm{e}^{aiz}\mathrm{d}z\to 0$. 所以

$$\int_{-\infty}^{+\infty}R(x)\mathrm{e}^{aix}\mathrm{d}x=\lim_{R\to\infty}\int_{-R}^{+R}R(x)\mathrm{e}^{aix}\mathrm{d}x$$

$$=\lim_{R\to\infty}\left[\int_{-R}^{+R}R(z)\mathrm{e}^{aiz}\mathrm{d}z+\int_{C_R}R(z)\mathrm{e}^{aiz}\mathrm{d}z\right]$$

$$=2\pi\mathrm{i}\sum_{k=1}^{n}\operatorname{Res}[R(z)\mathrm{e}^{aiz},z_k]$$

或

$$\int_{-\infty}^{+\infty} R(x)\cos ax\,\mathrm{d}x + \mathrm{i}\int_{-\infty}^{+\infty} R(x)\sin ax\,\mathrm{d}x = 2\pi\mathrm{i}\sum_{k=1}^{n} \mathrm{Res}[R(z)\mathrm{e}^{aiz}, z_k],$$

其中，$z_k(k=1,2,\cdots,n)$为$R(z)\mathrm{e}^{aiz}$在上半平面内的奇点.

例 5.12 计算积分$\int_{-\infty}^{+\infty}\frac{\cos x}{(x^2+a^2)^2}\mathrm{d}x(a>0)$.

解 被积函数分母次数比分子的高一次以上，并且分母在实轴上没有零点，因此积分收敛. 函数$R(z)=\frac{1}{(z^2+1)^2}$在上半平面内只有一个二级极点$z=a\mathrm{i}$，并且

$$\begin{aligned}\mathrm{Res}[R(z)\mathrm{e}^{\mathrm{i}z}, a\,\mathrm{i}] &= \lim_{z\to a\mathrm{i}}\frac{\mathrm{d}}{\mathrm{d}z}\left[(z-a\mathrm{i})^2\frac{\mathrm{e}^{\mathrm{i}z}}{(z^2+a^2)^2}\right]\\ &= -\frac{\mathrm{e}^{-a}(a+1)\mathrm{i}}{4a^3},\end{aligned}$$

因此

$$\int_{-\infty}^{+\infty}\frac{\mathrm{e}^{\mathrm{i}x}}{(x^2+a^2)^2}\mathrm{d}x = 2\pi\mathrm{i}\mathrm{Res}[R(z)\mathrm{e}^{\mathrm{i}z}, a\,\mathrm{i}] = \frac{\mathrm{e}^{-a}(a+1)\pi}{2a^3},$$

所以

$$\int_{-\infty}^{+\infty}\frac{\cos x}{(x^2+a^2)^2}\mathrm{d}x = \mathrm{Re}\left[\int_{-\infty}^{+\infty}\frac{\mathrm{e}^{\mathrm{i}x}}{(x^2+a^2)^2}\mathrm{d}x\right] = \frac{\mathrm{e}^{-a}(a+1)\pi}{2a^3}.$$

5.4 对数留数与辐角原理

5.4.1 对数留数

定义 5.5 积分

$$\frac{1}{2\pi\mathrm{i}}\oint_C\frac{f'(z)}{f(z)}\mathrm{d}z$$

称为函数$f(z)$关于曲线C的对数留数.

为了计算$f(z)$关于曲线C的对数留数，需要知道$\frac{f'(z)}{f(z)}$的奇点. 由于解析函数的导数仍然解析，所以$f'(z)$的奇点与$f(z)$的奇点相同，从而可知$\frac{f'(z)}{f(z)}$的奇点是$f(z)$的奇点和零点.

引理 (1) 设a为$f(z)$的n级零点，则a是$\frac{f'(z)}{f(z)}$的一级极点，且

$$\text{Res}\left[\frac{f'(z)}{f(z)},a\right]=n;$$

(2) 设 b 为 $f(z)$的 m 级极点,则 b 是$\frac{f'(z)}{f(z)}$的一级极点,且

$$\text{Res}\left[\frac{f'(z)}{f(z)},b\right]=-m.$$

证 (1) 由于 a 为 $f(z)$的 n 级零点,故在点 a 的某个邻域内,有

$$f(z)=(z-a)^n g(z),$$

其中,$g(z)$在点 a 的邻域内解析,且 $g(a)\neq 0$. 于是

$$f'(z)=n(z-a)^{n-1}g(z)+(z-a)^n g'(z),$$

从而有

$$\frac{f'(z)}{f(z)}=\frac{n}{z-a}+\frac{g'(z)}{g(z)}.$$

由$\frac{g'(z)}{g(z)}$在点 a 解析可知$\frac{n}{z-a}$是$\frac{f'(z)}{f(z)}$在点 a 的去心邻域内的洛朗展开式的负数次幂,所以点 a 是$\frac{f'(z)}{f(z)}$的一级极点,且 $\text{Res}\left[\frac{f'(z)}{f(z)},a\right]=n$.

(2) 由于 b 为 $f(z)$的 m 级极点,故在点 b 的某个去心邻域内,有 $f(z)=\frac{h(z)}{(z-b)^m}$,其中 $h(z)$在点 b 的邻域内解析,且 $h(b)\neq 0$. 于是

$$f'(z)=-m(z-b)^{-m-1}h(z)+(z-b)^{-m}h'(z),$$

从而有

$$\frac{f'(z)}{f(z)}=-\frac{m}{z-b}+\frac{h'(z)}{h(z)}.$$

由$\frac{h'(z)}{h(z)}$在点 b 解析知$-\frac{m}{z-b}$是$\frac{f'(z)}{f(z)}$在点 b 的去心邻域内的洛朗展开式的负数次幂,所以点 b 是$\frac{f'(z)}{f(z)}$的一级极点,且 $\text{Res}\left[\frac{f'(z)}{f(z)},b\right]=-m$.

定理 5.6 设 C 为简单闭曲线,$f(z)$满足

(1) $f(z)$在 C 内除有限个极点外解析;

(2) $f(z)$在 C 上解析且不为零,

则

$$\frac{1}{2\pi i}\oint_C \frac{f'(z)}{f(z)}dz = N(f,C)-P(f,C).$$

这里 $N(f,C)$和 $P(f,C)$分别表示 $f(z)$在 C 内零点和极点的个数(一个 n 级零点算 n 个零点,一个 m 级极点算 m 个极点).

证 设 $a_k(k=1,2,\cdots,p)$ 为 $f(z)$ 在 C 内不同的零点，其级分别为 $n_k(k=1,2,\cdots,p)$，$b_j(j=1,2,\cdots,q)$ 为 $f(z)$ 在 C 内不同的极点，其级分别为 $m_j(j=1,2,\cdots,q)$. 由引理知 $\dfrac{f'(z)}{f(z)}$ 在 C 内除一级极点 $a_k(k=1,2,\cdots,p)$ 和 $b_j(j=1,2,\cdots,q)$ 外均解析，且

$$\begin{aligned}\frac{1}{2\pi i}\oint_C \frac{f'(z)}{f(z)}dz &= \sum_{k=1}^{p}\mathrm{Res}\left[\frac{f'(z)}{f(z)},a_k\right]+\sum_{j=1}^{q}\mathrm{Res}\left[\frac{f'(z)}{f(z)},b_j\right]\\ &=(n_1+n_2+\cdots+n_p)-(m_1+m_2+\cdots+m_q)\\ &=N(f,C)-P(f,C).\end{aligned}$$

5.4.2 辐角原理

对数留数的意义在于用积分反映函数零点和极点的信息，为此进一步研究左端的积分，有

$$\begin{aligned}\frac{1}{2\pi i}\oint_C \frac{f'(z)}{f(z)}dz &= \frac{1}{2\pi i}\oint_C \frac{d}{dz}[\ln f(z)]dz=\frac{1}{2\pi i}\oint_C d\ln f(z)\\ &=\frac{1}{2\pi i}\left[\oint_C d\ln|f(z)|+i\oint_C d\arg f(z)\right].\end{aligned}$$

如图 5.2 所示，假设简单闭曲线 C 在函数 $w=f(z)$ 映射下变为闭曲线 Γ.

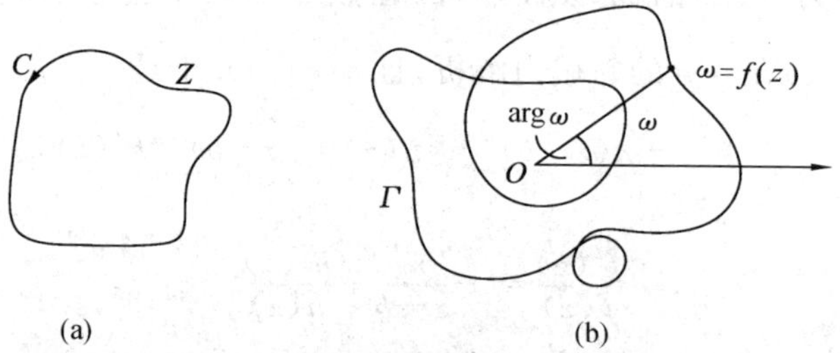

图 5.2

当 z 从 z_0 起沿 C 正向绕行一周回到 z_0 时，由于函数 $\ln|f(z)|$ 是 z 的单值函数，于是

$$\frac{1}{2\pi i}\oint_C d\ln|f(z)|=\ln|f(z_0)|-\ln|f(z_0)|=0.$$

但 C 的像 Γ 可能绕原点旋转，从而 $\arg f(z)$ 的值可能改变，即有

$$\frac{1}{2\pi i}\oint_C \frac{f'(z)}{f(z)}dz=\frac{i(\varphi_1-\varphi_0)}{2\pi i}=\frac{\Delta_C\arg f(z)}{2\pi},$$

$\Delta_C\arg f(z)$ 表示当 z 从 z_0 起沿 C 正向绕行一周回到 z_0 时 $\arg f(z)$ 的改变量，它一定是 2π 的整数倍. 再由定理 5.6 可得：

定理 5.7(辐角原理) 设 C 为简单闭曲线,$f(z)$满足

(1) $f(z)$在 C 内除有限个极点外解析;

(2) $f(z)$在 C 上解析且不为零,

则 $f(z)$在 C 的内部的零点个数与极点个数之差,等于当 z 沿 C 正向绕行一周后 $\arg f(z)$的改变量 $\Delta_C \arg f(z)$除以 2π,即

$$N(f,C)-P(f,C)=\frac{\Delta_C \arg f(z)}{2\pi}.$$

例 5.13 设 $f(z)=(z-1)(z-2)^2(z-4)$,$C:|z|=3$.验证辐角原理.

解 $f(z)$在复平面内解析,在 C 上无零点,且在 C 内只有一级零点 $z=1$ 和二级零点 $z=2$.从而

$$N(f,C)=1+2=3.$$

另一方面,当 z 沿 C 正向绕行一周后,有

$$\begin{aligned}\Delta_C \arg f(z)&=\Delta_C \arg (z-1)+\Delta_C \arg (z-2)^2+\Delta_C \arg (z-4)\\&=\Delta_C \arg (z-1)+2\Delta_C \arg (z-2)\\&=2\pi+4\pi=6\pi.\end{aligned}$$

辐角原理成立.

5.4.3 儒歇(Rouche)定理

下面的定理是辐角原理的推论,使用起来更为方便.

定理 5.8(儒歇定理) 设 C 为简单闭曲线,函数 $f(z)$和 $g(z)$满足

(1) $f(z)$和 $g(z)$在 C 上和 C 内都解析;

(2) 在 C 上$|f(z)|>|g(z)|$,

则 $f(z)+g(z)$和 $f(z)$在 C 内的零点个数相同,即 $N(f+g,C)=N(f,C)$.

证 $f(z)$和 $g(z)$在 C 上和 C 内都解析,且在 C 上$|f(z)|>|g(z)|$,从而在 C 上$|f(z)|>0$,$|f(z)+g(z)|\geqslant|f(z)|-|g(z)|>0$.即 $f(z)$和 $f(z)+g(z)$在 C 上都不等于零.根据辐角原理

$$N(f,C)=\frac{\Delta_C \arg f(z)}{2\pi},\ N(f+g,C)=\frac{\Delta_C \arg [f(z)+g(z)]}{2\pi}.$$

由于 $f(z)$在 C 上不等于零,从而

$$\begin{aligned}\Delta_C \arg [f(z)+g(z)]&=\Delta_C \arg f(z)\left[1+\frac{g(z)}{f(z)}\right]\\&=\Delta_C \arg f(z)+\Delta_C \arg\left[1+\frac{g(z)}{f(z)}\right].\end{aligned}$$

令 $w=1+\dfrac{g(z)}{f(z)}$，则 $|w-1|=\left|\dfrac{g(z)}{f(z)}\right|<1$，即 w 在以 1 为中心的单位圆内，所以 C 在变换 w 下的像曲线 Γ 不围绕原点，可得 $\Delta_C\arg\left[1+\dfrac{g(z)}{f(z)}\right]=0$，故

$$\Delta_C\arg[f(z)+g(z)]=\Delta_C\arg f(z),$$

即有 $N(f+g,C)=N(f,C)$，$f(z)+g(z)$ 和 $f(z)$ 在 C 内的零点个数相同.

例 5.14 求方程 $z^8+5z^5-2z+1=0$ 在 $|z|<1$ 内根的个数.

解 取 $f(z)=5z^5$，$g(z)=z^8-2z+1$，显然它们都解析，并且在 $|z|=1$ 上

$$|g(z)|\leqslant|z^8|+|-2z|+1=4<|f(z)|=5,$$

由儒歇定理可知 $f(z)+g(z)=z^8+5z^5-2z+1$ 和 $f(z)=5z^5$ 在 $|z|<1$ 内根的个数相同，都是 5 个.

本章小结

1. 重点与难点、要求

本章的重点是函数的孤立奇点的分类，函数在孤立奇点处的留数和留数定理，利用留数计算实积分，辐角原理和儒歇定理. 其中孤立奇点的分类和利用留数计算积分是难点.

要求如下：

(1) 熟练掌握函数的孤立奇点的分类(包括无穷远点)及其相应性质，并能求出极点的级数，同时掌握函数的零点和极点之间的关系.

(2) 掌握留数的概念，熟练掌握留数的计算方法(包括在无穷远点的留数)，深刻理解留数定理，并能灵活运用留数定理计算函数在闭曲线上的积分.

(3) 了解应用留数定理计算实积分的方法(三种)，并能计算简单的实积分.

(4) 了解辐角原理及儒歇定理，并能利用这些结论判定简单的解析函数零点的个数.

2. 知识要点

(1) 函数的孤立奇点的分类.

在数学里，奇点非常重要，可以反映丰富的信息，复变函数的孤立奇点也是如此. 使用洛朗级数作为工具恰好可以对孤立奇点进行分类，并得到相应的极限的性质. 需要重点掌握的是极点，以及在研究极点时引入的函数零点的性质和零点与极点之间的关系. 这里还要特别注意无穷远点作为孤立奇点与有限孤立奇点的相同和不同之处.

(2) 留数和留数定理.

函数在围绕孤立奇点的闭曲线上的积分是只依赖于孤立奇点的不变量，而且

在计算积分时特别重要,为此将其定义成留数,同时利用留数的概念可以把第3章中的复合闭路定理改写成留数定理,用来计算函数在闭曲线上的积分.计算留数有多种方法,而且各有其特点,因此需要灵活地选择相应的方法计算留数.同时计算函数在闭曲线上的积分时,一般用扩充复平面上的留数定理,并根据孤立奇点的具体情况简化计算.

(3) 利用留数计算实积分.

在一定的条件下利用留数可以方便地计算出实积分里难以计算或者不可能计算的积分.本书只介绍了三种基本类型.一般而言,对于不同的积分,要针对具体情况,恰当地选择积分路径进行计算.这方面可以参考相关的教材.

(4) 辐角原理和儒歇定理.

辐角原理和儒歇定理也是解析函数的重要性质.辐角计算是复数中最关键也是最难之处,而辐角原理和儒歇定理从辐角增量的角度等价地刻画了解析函数的性质,利用它们可以得到很多重要的结论,但只要会判断简单的函数的零点的信息,进一步地学习可以参考相关的教材.

3. 例题选讲

例1 求函数 $f(z)=e^{\tan\frac{1}{z}}$ 的奇点,并判断奇点的类型.

解 显然 $z=0,z=\infty$ 是奇点.还有奇点满足 $\cos\dfrac{1}{z}=0$,由此得到的奇点是

$$z_k=\frac{1}{k\pi+\frac{\pi}{2}},\ k\in\mathbf{Z}.$$

由 $\lim\limits_{z\to\infty}f(z)=e^{\lim\limits_{z\to\infty}\tan\frac{1}{z}}=e^{\tan\lim\limits_{z\to\infty}\frac{1}{z}}=1$ 知 $z=\infty$ 是可去奇点.

$\lim\limits_{z\to z_k}\tan\dfrac{1}{z}=\infty$,而 $\lim\limits_{z\to\infty}e^z$ 不存在(由 z 取实数即知),故 $\lim\limits_{z\to z_k}f(z)=\lim\limits_{z\to z_k}e^{\tan\frac{1}{z}}$ 不存在.

即 $z_k=\dfrac{1}{k\pi+\frac{\pi}{2}},k\in\mathbf{Z}$ 是本性奇点.

由 $z_k=\dfrac{1}{k\pi+\frac{\pi}{2}}\to0$ 知 $z=0$ 是非孤立奇点.

判断函数奇点的类型是常见的问题,但由于一个函数有多个奇点,不能利用定义一一地把函数在奇点处展开成洛朗级数判断.对于可去奇点,应该直接求极限判断,求极限时可以用实函数求极限的方法,包括连续函数的性质,等价无穷小,洛必达法则等等;对于极点,通常取倒数,转化成零点来考虑;对于本性奇点,一般只有用定义,展开成洛朗级数来判断,因为判断一个复变函数极限不存在并

不容易，但例题中利用实函数极限不存在直接得到了复变函数极限不存在. 最后要注意也可能会出现非孤立奇点.

例 2 求函数 $f(z)=\dfrac{e^z}{z^2(z-1)}$ 的孤立奇点处的留数.

解 函数 $f(z)=\dfrac{e^z}{z^2(z-1)}$ 的孤立奇点是 $z=0, z=1$ 和 $z=\infty$.

$z=0$ 是二级极点，$\text{Res}[f(z),0]=\lim\limits_{z\to 0}\dfrac{d}{dz}[z^2 f(z)]=\dfrac{e^z(z-1)-e^z}{(z-1)^2}\Big|_{z=0}=-2.$

$z=1$ 是一级极点，$\text{Res}[f(z),1]=\lim\limits_{z\to 1}[zf(z)]=\dfrac{e^z}{z^2}\Big|_{z=1}=e.$

$z=\infty$ 是本性奇点，如果直接计算必须把 $f(z)=\dfrac{e^z}{z^2(z-1)}$ 展开成洛朗级数，求出 c_{-1}. 这里 c_{-1} 是一个无穷级数的和，计算比较麻烦，但可以利用扩充复平面上的留数定理，得到

$$\text{Res}[f(z),0]+\text{Res}[f(z),1]+\text{Res}[f(z),\infty]=0,$$

从而

$$\text{Res}[f(z),\infty]=-\text{Res}[f(z),0]-\text{Res}[f(z),1]=2-e.$$

计算孤立奇点处的留数首先要找出奇点，并判别其类型. 可去奇点的留数为零，极点的留数也有相应的计算方法，但本性奇点的留数如果直接计算，只能展开成洛朗级数求出 c_{-1}. 通常比较烦琐，所以应当转化，以便计算.

例 3 计算积分 $I=\oint_{|z|=4}\dfrac{z^{15}}{(z^2+1)^2(z^4+2)^3}dz.$

解 令 $f(z)=\dfrac{z^{15}}{(z^2+1)^2(z^4+2)^3}$，在扩充复平面内有 7 个奇点：

$$z_k=\sqrt[4]{2}e^{i\frac{\pi+2k\pi}{4}}(k=0,1,2,3),\ z_4=i,\ z_5=-i,\ z_6=\infty,$$

其中前 6 个都在 $|z|=4$ 的内部. 由扩充复平面上的留数定理，得

$$I=2\pi i\sum_{k=1}^{6}\text{Res}[f(z),z_k]=-2\pi i\text{Res}[f(z),\infty].$$

由于

$$\frac{1}{t^2}f\left(\frac{1}{t}\right)=\frac{1}{t^2}\frac{\frac{1}{t^{15}}}{\left(\frac{1}{t^2}+1\right)^2\left(\frac{1}{t^4}+1\right)^3}=\frac{1}{t(1+t^2)^2(1+2t^4)^3}$$

以 $t=0$ 为一级极点，故

$$\text{Res}\left[\frac{1}{t^2}f\left(\frac{1}{t}\right),0\right]=\frac{1}{(1+t^2)^2(1+2t^4)^3}\Bigg|_{t=0}=1,$$

所以

$$I=-2\pi i\mathrm{Res}[f(z),\infty]=2\pi i\mathrm{Res}\left[\frac{1}{t^2}f\left(\frac{1}{t}\right),0\right]=2\pi i.$$

计算函数在闭曲线上的积分，利用扩充复平面上的留数定理来选择留数的计算是很重要的方法，不过在计算过程中除了考虑奇点的多少外，也应该考虑奇点处留数计算的复杂程度.

例 4 计算积分 $\int_0^{+\infty}\frac{\sin x}{x}\mathrm{d}x$.

解 由于 $\frac{\sin z}{z}$ 在实轴上有奇点 $z=0$，不能直接套用 5.3.3 中的结论，而要恰当选择积分路径绕开原点 $z=0$，可取如图 5.3 所示的积分路径.

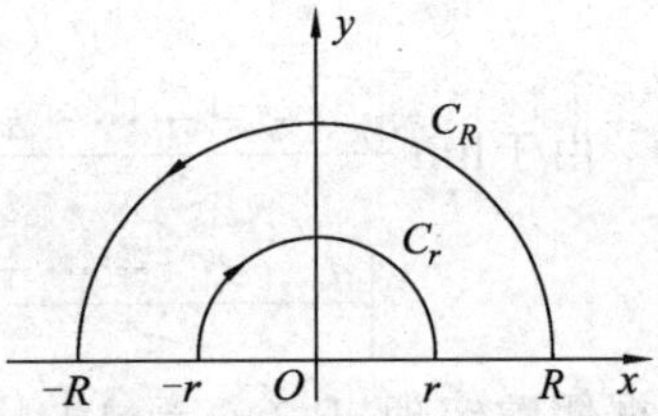

图 5.3

闭曲线 $C=C_R+[-R,-r]+C_r+[r,R]$，由柯西-古萨定理，得

$$\int_{C_R}\frac{e^{iz}}{z}\mathrm{d}z+\int_{-R}^{-r}\frac{e^{ix}}{x}\mathrm{d}x+\int_{C_r}\frac{e^{iz}}{z}\mathrm{d}z+\int_r^R\frac{e^{ix}}{x}\mathrm{d}x=0.$$

令 $x=-t$，则

$$\int_{-R}^{-r}\frac{e^{ix}}{x}\mathrm{d}x=\int_R^r\frac{e^{-it}}{t}\mathrm{d}t=-\int_r^R\frac{e^{-ix}}{x}\mathrm{d}x,$$

由 $\sin x=\frac{e^{ix}-e^{-ix}}{2i}$，得

$$2i\int_r^R\frac{\sin x}{x}\mathrm{d}x+\int_{C_R}\frac{e^{iz}}{z}\mathrm{d}z+\int_{C_r}\frac{e^{iz}}{z}\mathrm{d}z=0.$$

由 5.3.3 中的结论，当 $R\to\infty$ 时，$\int_{C_R}\frac{e^{iz}}{z}\mathrm{d}z\to 0$. 当 r 充分小时，有

$$\frac{e^{iz}}{z}=\frac{1}{z}+i-\frac{z}{2!}+\cdots+\frac{i^nz^{n-1}}{n!}+\cdots=\frac{1}{z}+g(z),$$

$$g(z)=i-\frac{z}{2!}+\cdots+\frac{i^nz^{n-1}}{n!}+\cdots.$$

当 $|z|$ 充分小时，总有 $|g(z)|\leqslant 2$，同时

$$\int_{C_r}\frac{e^{iz}}{z}\mathrm{d}z=\int_{C_r}\frac{1}{z}\mathrm{d}z+\int_{C_r}g(z)\mathrm{d}z,$$

$$\int_{C_r}\frac{1}{z}\mathrm{d}z=\int_\pi^0\frac{ire^{i\theta}}{re^{i\theta}}\mathrm{d}\theta=-i\pi.$$

因为

$$\left|\int_{C_r}g(z)\mathrm{d}z\right|\leqslant\int_{C_r}|g(z)|\mathrm{d}s\leqslant 2\int_{C_r}\mathrm{d}s=2\pi r,$$

当 $r\to 0$ 时，$\left|\int_{C_r}g(z)\mathrm{d}z\right|\to 0$，即

$$\lim_{r\to 0}\int_{C_r}\frac{e^{iz}}{z}\mathrm{d}z=-\pi i+0=-\pi i,$$

$$\int_0^{+\infty}\frac{\sin x}{x}\mathrm{d}x=\lim_{\substack{R\to+\infty\\ r\to 0}}\int_r^R\frac{\sin x}{x}\mathrm{d}x=-\frac{1}{2\mathrm{i}}\left(\lim_{R\to+\infty}\int_{C_R}\frac{\mathrm{e}^{\mathrm{i}z}}{z}\mathrm{d}z+\lim_{r\to 0}\int_{C_r}\frac{\mathrm{e}^{\mathrm{i}z}}{z}\mathrm{d}z\right)$$

$$=-\frac{1}{2\mathrm{i}}(-\pi\mathrm{i})=\frac{\pi}{2}.$$

用复变函数的方法计算实积分，往往要像本例一样恰当地选择被积函数和积分路径，同时取极限，除了5.3节的三种类型外，并无统一的方法，所以虽然计算简单，但并不容易.

例5 用儒歇定理证明代数基本定理：$n(n\geqslant 1)$次多项式在复数范围内有n个根.

证 不妨设n次多项式为

$$P_n(z)=z^n+a_{n-1}z^{n-1}+\cdots+a_0.$$

由于$\lim\limits_{z\to\infty}\dfrac{a_{n-1}z^{n-1}+\cdots+a_0}{z^n}=0$，因此在充分大的$|z|=R$上，

$$\left|\frac{a_{n-1}z^{n-1}+\cdots+a_0}{z^n}\right|<1\ 或\ |a_{n-1}z^{n-1}+\cdots+a_0|<|z^n|,$$

根据儒歇定理，$P_n(z)=z^n+a_{n-1}z^{n-1}+\cdots+a_0$与$z^n$在$|z|<R$内零点个数相同，都是$n$个根. 另一方面$n$次多项式至多有$n$个根，定理得证.

用儒歇定理证明代数基本定理特别简单，这是本书用了很多内容证明儒歇定理的缘故，另一方面也说明了儒歇定理巨大的作用.

自我检测题5

一、填空题

1. $z=-1$是$f(z)=\dfrac{\mathrm{e}^{\mathrm{i}\pi z}+1}{(1+z)^2}$的极点的级数是________.

2. 函数$f(z)=\mathrm{e}^{\frac{1}{1-z}}$在$z=1$处的留数是________.

3. 设C为正向圆周$|z|=2$，积分$\oint_C \mathrm{e}^{\frac{1}{z^2}}\mathrm{d}z=$________.

4. 函数$f(z)=\dfrac{\cos z}{\sin z}$在$z=0$处的留数是________.

二、选择题

5. 下列函数中$z=0$为本性奇点的是(　　).

A. $f(z)=\dfrac{\sin z}{z}$　　B. $f(z)=\dfrac{1}{z(z-1)}$

C. $f(z)=\dfrac{1}{\mathrm{e}^z-1}$　　D. $f(z)=\mathrm{e}^{\frac{1}{z}}$

6. 点$z=0$是函数$f(z)=\dfrac{1+\cos z}{z^3}$的极点的级数是(　　).

A. 0　　B. 1　　C. 2　　D. 3

7. 点 $z=0$ 是函数 $f(z)=\frac{\sin z}{z^2}$ 的奇点的类型是(　　).

A. 可去奇点　　B. 极点　　C. 本性奇点　　D. 非孤立奇点

8. 下列函数中在 $z=0$ 处的留数不等于零的是(　　).

A. $e^z\sin z$　　B. $\frac{\sin z}{z}$　　C. $\frac{1}{\sin z}$　　D. $\cos\frac{1}{z^2}$

9. 下列函数中 $z=0$ 为可去奇点的是(　　).

A. $f(z)=\frac{1}{e^z-1}$　　B. $f(z)=\frac{1}{z(z-1)}$

C. $f(z)=\frac{\sin z-z^2}{z}$　　D. $f(z)=e^{\frac{1}{z}}$

三、计算题

10. 求函数 $f(z)=\frac{z+2}{z(z+1)(z-1)^3}$ 的奇点,并确定它们的类型,对于极点,要指出它们的级数,对于无穷远点也要讨论.

11. 计算积分 $\oint_{|z|=2}\frac{e^z}{(z+1)(z-1)^2}dz$,其中 $|z|=2$ 取正向.

12. 计算积分 $\oint_{|z|=2}\frac{z-2}{(z+1)(z-1)^4(z^2+1)}dz$,其中 $|z|=2$ 取正向.

13. 计算积分 $\int_{-\infty}^{+\infty}\frac{x^2}{(x^2+a^2)(x^2+b^2)}dx, a>0, b>0, a\neq b$.

四、证明题

14. 设函数 $f(z)$ 在点 $z=a$ 处连续,且在 $z=a$ 的去心邻域内解析,证明 $f(z)$ 在点 $z=a$ 处也解析.

15. 设 $z=a$ 是 $f(z)$ 的 m 级极点,证明函数 $\frac{f'(z)}{f(z)}$ 在 $z=a$ 处的留数为 $-m$.

16. 设函数 $f(z)$ 在复平面 **C** 内解析,且 $\lim\limits_{z\to\infty}\frac{f(z)}{z}=0$,证明 $f(z)$ 恒等于常数.

复习题 5

1. 求下列函数的奇点(包括无穷远点),并判断它们的类型,如果是极点,指出它的级数:

(1) $\frac{z-1}{z(z^2+1)^2}$;　　(2) $\frac{\sin z}{z^3}$;

(3) $\frac{\ln(1+z)}{z}$;　　(4) $z^3\sin\frac{1}{z}$;

(5) $\cos\frac{1}{z+i}$;　　(6) $\frac{1}{z^2(e^z-1)}$;

(7) $\frac{z^3+1}{z(z+1)^2}$;　　(8) $\frac{1}{(1+z^2)(1+e^{\pi z})}$.

2. 如果 z_0 是 $f(z)$ 的 m 级零点,证明 z_0 是 $f'(z)$ 的 $m-1$ 级零点.

3. $f(z)$ 和 $g(z)$ 是以 z_0 为零点的两个不恒等于零的解析函数,证明 $\lim\limits_{z\to z_0}\frac{f(z)}{g(z)}=\lim\limits_{z\to z_0}\frac{f'(z)}{g'(z)}$

(或两端均为∞).

4. 设函数 $f(z)$ 和 $g(z)$ 分别以 $z=a$ 为 m 级与 n 级极点(或零点),试问 $z=a$ 为下列函数的什么点?

(1) $f(z)+g(z)$; (2) $f(z)g(z)$;

(3) $f(z)/g(z)$.

5. 若 $f(z)$ 以 z_0 为一级极点,证明 $\mathrm{Res}[f'(z),z_0]=0$.

6. 求下列函数在孤立奇点(包括∞)处的留数.

(1) $\dfrac{z-1}{z(z+1)^2}$; (2) $\dfrac{1}{\cos z}$;

(3) $\dfrac{1-\mathrm{e}^{2z}}{z^4}$; (4) $z^4\sin\dfrac{1}{z}$;

(5) $\mathrm{e}^{\frac{1}{z-1}}$; (6) $\dfrac{1}{z^2(\mathrm{e}^z-1)}$;

(7) $\dfrac{1}{z^2\sin z}$; (8) $\dfrac{1+z^2}{1+\mathrm{e}^{\pi z}}$.

7. 计算下列积分(利用留数,圆周均取正向).

(1) $\oint_{|z|=1}\sin\dfrac{1}{z}\mathrm{d}z$; (2) $\oint_{|z|=3}\dfrac{1}{(4+z^2)(z+5\mathrm{i})}\mathrm{d}z$;

(3) $\oint_{|z-i|=1}\dfrac{\mathrm{e}^{\mathrm{i}z}}{1+z^2}\mathrm{d}z$; (4) $\oint_{|z|=2}\mathrm{e}^{\frac{1}{z^2}}\,\mathrm{d}z$;

(5) $\oint_{|z|=2}\dfrac{\sin z}{z^2(z-1)}\mathrm{d}z$; (6) $\oint_{|z|=1}\dfrac{1-\cos z}{z^m}\mathrm{d}z\quad(m\in\mathbf{N}^*,m>1)$;

(7) $\oint_{|z|=2}\dfrac{z^{2n}}{1+z^n}\mathrm{d}z\quad(n\in\mathbf{N}^*)$; (8) $\oint_{|z|=2}\dfrac{z+2}{(z^4-1)(z+1)^3}\mathrm{d}z$;

(9) $\oint_{|z|=3}\dfrac{z^7}{(z^3+1)(z-1)(z+2)^4}\mathrm{d}z$.

8. 计算下列实积分.

(1) $\int_0^{2\pi}\dfrac{1}{\frac{5}{4}+\sin\theta}\mathrm{d}\theta$; (2) $\int_0^{2\pi}\dfrac{1}{1-2a\cos\theta+a^2}\mathrm{d}\theta\quad(0<a<1)$;

(3) $\int_{-\infty}^{\infty}\dfrac{x^2}{1+x^4}\mathrm{d}x$; (4) $\int_{-\infty}^{+\infty}\dfrac{x^2}{(x^2+1)(x^2+16)}\mathrm{d}x$;

(5) $\int_0^{+\infty}\dfrac{x\sin x}{x^2+1}\mathrm{d}x$; (6) $\int_{-\infty}^{+\infty}\dfrac{\cos x}{x^2+4x+5}\mathrm{d}x$.

9. 证明:方程 $z^6+6z^5-2z+2=0$ 在单位圆内有 5 个零点.

10. 证明:当 $|a|>\mathrm{e}$ 时,方程 $\mathrm{e}^z-az^n=0$ 在单位圆内有 n 个零点.

11. 证明方程 $z^7-z^3+12=0$ 的根都在圆环 $1\leqslant|z|\leqslant2$ 内.

6 保形映射

前面的章节从分析的角度，也就是用复变函数的微分、积分和级数等讨论了解析函数的性质和应用．从几何的角度来看，一个复变函数 $w=f(z)$ 实际上给出了 z 平面上点集到 w 平面上点集的一个映射，研究这种映射关系，可以帮助我们对解析函数的性质和应用有更深刻的认识．本章讨论由解析函数构成的映射及其主要特征，并将得到这种映射在导数不为零的点处具有某种保形性，它在数学本身以及在流体力学、弹性力学、电学等学科的某些实际问题中，都是一种使问题化繁为简的重要方法．

6.1 保形映射的概念

6.1.1 解析函数导数的几何意义

设 $w=f(z)$ 在区域 D 内解析，$z_0\in D$，且 $f'(z_0)\neq 0$．过 z_0 任意引一条有向光滑曲线

$$C:\ z=z(t)=x(t)+\mathrm{i}y(t)\ \ (\alpha\leqslant t\leqslant\beta),$$

设 $z_0=z(t_0)$．则必有 $z'(t_0)$ 存在且 $z'(t_0)\neq 0$，从而曲线 C 在点 z_0 处有切线，且 $z'(t_0)$ 为其切向量，倾斜角 $\psi=\arg z'(t_0)$．经变换 $w=f(z)$，z 平面上曲线 C 变成 w 平面上通过点 $w_0=f(z_0)$ 的有向光滑曲线 $\Gamma=f(C)$（见图 6.1），且 Γ 的参数方程为

$$\Gamma:\ w=f(z(t))\ \ (\alpha\leqslant t\leqslant\beta).$$

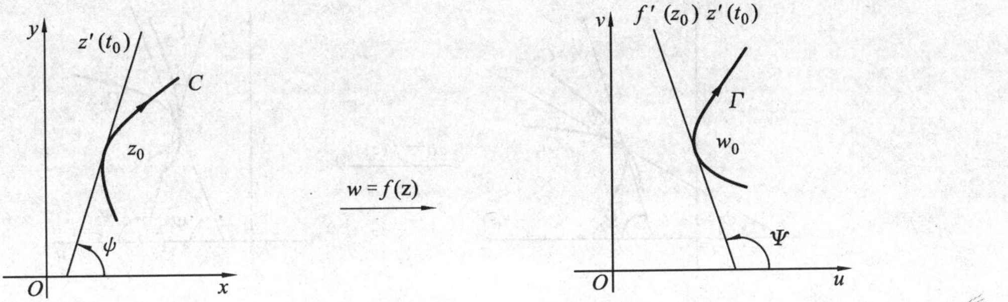

图 6.1

因为 $w'(t_0)=f'(z_0)z'(t_0)\neq 0$,可见 Γ 在点 $w_0=f(z_0)$ 处也有切线且切向量为 $f'(z_0)z'(t_0)$,其倾斜角

$$\Psi=\arg[f'(z_0)z'(t_0)]=\arg f'(z_0)+\arg z'(t_0),$$

因此

$$\Psi-\psi=\arg f'(z_0).$$

这说明像曲线 Γ 在点 w_0 处的切线的正向,可由原像曲线 C 在点 z_0 处切线正向旋转一个角 $\arg f'(z_0)$ 得到. $\arg f'(z_0)$ 仅与 z_0 有关,而与曲线 C 的形状及在 z_0 处切线的方向无关,它称为映射 $w=f(z)$ 在 z_0 的旋转角. 这是导数辐角的几何意义.

另外,由

$$\lim_{\Delta z\to 0}\left|\frac{\Delta w}{\Delta z}\right|=|f'(z_0)|\neq 0$$

知:像点间的无穷小距离与原像点间的无穷小距离之比的极限是 $|f'(z_0)|$,它仅与点 z_0 有关,而与过点 z_0 的曲线 C 的形状及方向无关,称为映射 $w=f(z_0)$ 在点 z_0 的伸缩率. 这是导数模的几何意义.

旋转角与 C 无关的性质称为旋转角不变性;伸缩率与 C 的方向无关的性质称为伸缩率不变性.

例 6.1 求 $w=f(z)=z^2$ 在点 i 的伸缩率和旋转角,并指明它把哪部分放大,哪部分缩小.

解 因为

$$f'(z)=2z,\ f'(\mathrm{i})=2\mathrm{i},$$

故 $w=f(z)=z^2$ 在点 i 处的伸缩率 $=|f'(\mathrm{i})|=2$,旋转角 $=\arg f'(\mathrm{i})=\frac{\pi}{2}$. 将圆周 $|z|=\frac{1}{2}$ 的外部放大,内部缩小.

继续上面的讨论. 经过点 z_0 的两条有向曲线 C_1,C_2 的切线方向所成的角称为两曲线在该点的夹角. 设 $C_i(i=1,2)$ 在点 z_0 的切线倾角为 $\psi_i(i=1,2)$,C_i 在变换 $w=f(z)$ 下的像曲线 Γ_i 在点 $w_0=f(z_0)$ 的切线倾角为 $\Psi_i(i=1,2)$(见图 6.2),则

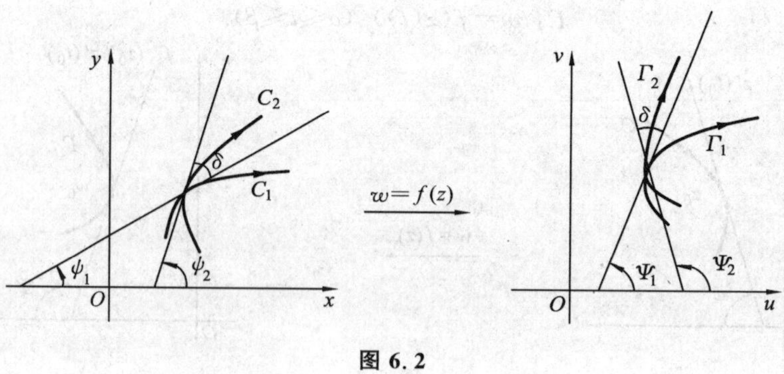

图 6.2

$$\Psi_1-\psi_1=\arg f'(z_0),\quad \Psi_2-\psi_2=\arg f'(z_0).$$

所以

$$\Psi_1-\psi_1=\Psi_2-\psi_2.$$

从而

$$\Psi_1-\Psi_2=\psi_1-\psi_2=\delta.$$

即相交于点 z_0 的任何两条曲线 C_1 与 C_2 之间的夹角，在其大小和方向上都等同于经过 $w=f(z)$映射后跟 C_1 与 C_2 对应的曲线 Γ_1 与 Γ_2 之间的夹角(见图 6.2). 所以这种映射具有保持两曲线间夹角的大小和方向的性质，这种性质称为保角性.

定理 6.1 如果 $w=f(z)$在区域 D 内解析，z_0 为 D 内一点，且 $f'(z_0)\neq 0$，则映射 $w=f(z)$在 z_0 具有两个性质：

(1) 保角性. 即通过 z_0 的两条曲线的夹角跟经过映射后所得两曲线间的夹角在大小和方向上保持不变.

(2) 伸缩率不变性. 即通过 z_0 的任何一条曲线的伸缩率均为$|f'(z_0)|$而与其形状和方向无关.

6.1.2 保形映射的概念

定义 6.1 如果函数 $w=f(z)$是区域 D 内的一一映射，且在 D 内的每一点都具有保角性和伸缩率不变性，则称 $w=f(z)$在区域 D 内是保形的，或称它为 D 内的保形映射.

通过 6.1.1 的分析，可得：

定理 6.2 如果 $w=f(z)$是区域 D 内的一一映射，在 D 内解析且导数不为零，则 $w=f(z)$在区域 D 内是保形的.

显然，保形映射的逆映射仍是保形映射；两个保形映射的复合仍是保形映射.

保形映射的几何意义：如 $w=f(z)$将区域 D 保形映射成区域 $G=f(D)$，则区域 D 内的一个无穷小曲边三角形 δ 映射成区域 G 内的一个无穷小曲边三角形 Δ(见图 6.3)，由于映射保持了曲线间夹角的大小和方向，故 δ 与 Δ“相似”. 这就是保形映射一词的由来.

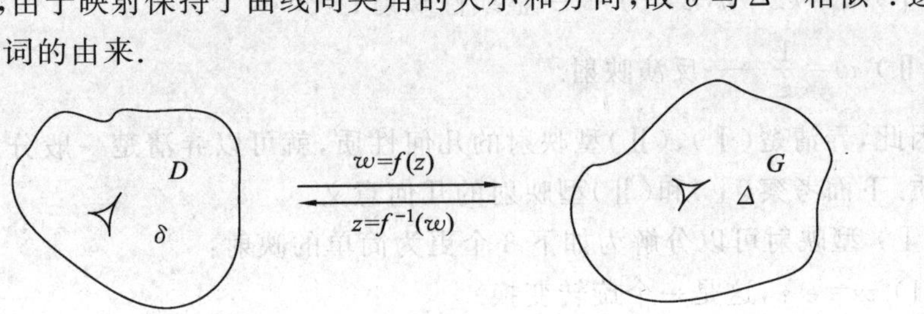

图 6.3

6.2 分式线性映射

6.2.1 分式线性映射及其逆映射

$$w=\frac{az+b}{cz+d}\ (ad-bc\neq 0), \tag{6.1}$$

称为分式线性映射,简记为 $w=L(z)$.

这里的条件 $ad-bc\neq 0$ 的限制是为了保证映射的保角性,否则将导致映射恒为常数.

此外,将式(6.1)在扩充复平面上补充定义如下:

如 $c\neq 0$,在 $z=\infty$ 处定义 $w(\infty)=\frac{a}{c}$,在 $z=-\frac{d}{c}$ 处定义 $w\left(-\frac{d}{c}\right)=\infty$;

如 $c=0$,在 $z=\infty$ 处定义 $w(\infty)=\infty$.

分式线性映射 $w=L(z)$ 定义在整个扩充复平面上,并将扩充 z 平面一一映射到 w 平面.

注 (1) 分式线性映射 $w=L(z)$ 的逆映射 $z=\frac{-dw+b}{cw-a}$ 也是分式线性映射.

(2) 分式线性映射的复合仍是分式线性映射.

(3) 德国数学家莫比乌斯(Möbius)对分式线性映射 $w=L(z)$ 做过大量研究.在许多文献中,该变换称为莫比乌斯变换.

6.2.2 分式线性映射的分解

当 $c=0$ 时,$w=\frac{a}{d}z+\frac{b}{d}$;

当 $c\neq 0$ 时,$w=\frac{a}{c}+\frac{bc-ad}{c}\frac{1}{cz+d}$.

这说明分式线性映射 $w=L(z)$ 总可以分解成下述两种简单类型映射的复合:

(Ⅰ) $w=kz+h(k\neq 0)$ ——整线性映射;

(Ⅱ) $w=\frac{1}{z}$——反演映射.

因此,弄清楚(Ⅰ)、(Ⅱ)型映射的几何性质,就可以弄清楚一般分式线性映射的性质.下面考察(Ⅰ)和(Ⅱ)型映射的几何意义.

(Ⅰ) 型映射可以分解为如下 3 个更为简单的映射:

(1) $w=e^{i\theta}z$,这是一个旋转变换.

(2) $w=rz\ (r>0)$,这是一个伸长($r\geqslant 1$)或缩短($0<r<1$)的变换.

(3) $w=z+h$,这是一个平移.

(Ⅱ)型映射可以分解为

$$w_1=\frac{1}{z},\ w=\overline{w}_1.$$

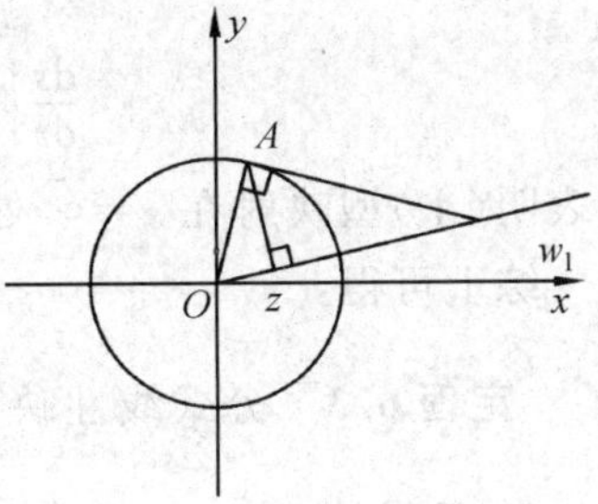

图 6.4

前者称为关于单位圆周的对称映射,并称 z 与 w_1 是关于单位圆周的对称点. 后者称为关于实轴的对称映射,并称 w_1 与 w 是关于实轴的对称点. 后者的几何意义非常明确,下面讨论关于单位圆周的对称映射的几何意义. 由 $w_1=\frac{1}{\bar{z}}$ 可知:点 z 与点 w_1 都在过单位圆圆心 O 的同一条射线上,且模长均满足 $|w_1||z|=1^2$. 于是可用图 6.4 的方法作出 $w_1=\frac{1}{\bar{z}}$.

规定:无穷远点的对称点是圆心 O.

6.2.3 分式线性映射的性质

由于分式线性映射的复合仍然是分式线性映射,若要讨论分式线性映射的性质,只需讨论(Ⅰ)和(Ⅱ)两种映射即可.

1. 保形性

由于这两个映射都是扩充复平面上的一一映射,因此对保形性的讨论实际上只需研究它们的保角性即可.

对(Ⅱ)型映射 $w=\frac{1}{z}$,当 $z\neq 0,\infty$ 时,$w'=-\frac{1}{z^2}\neq 0$,所以 $w=\frac{1}{z}$ 在 $z\neq 0,\infty$ 处是保角的. 而 $w(0)=\infty$,$w(\infty)=0$,为此需要考虑两曲线在无穷远点处交角的含义问题.

定义 6.2 两条曲线在无穷远点处的交角指的是它们在反演映射 $w=\frac{1}{z}$ 下的像曲线在原点处的交角.

在这样的定义下,易知 $w=\frac{1}{z}$ 在 $z=0$ 和 $z=\infty$ 处是保角的,从而在整个扩充复平面上是保角的.

对(Ⅰ)型映射 $w=kz+h(k\neq 0)$,当 $z\neq\infty$ 时,$w'=k\neq 0$,所以 $w=kz+h$ 在 $z\neq\infty$ 处是保角的. 当 $z=\infty$ 时,$w(\infty)=\infty$,由定义 6.2,引入两个反演变换:

$$t=\frac{1}{z},\quad s=\frac{1}{w}.$$

它们分别将 z 平面的无穷远点保角变换为 t 平面的原点；将 w 平面的无穷远点保角变换为 s 平面的原点. 把它们代入(Ⅰ)型映射得

$$s=\frac{1}{k\frac{1}{t}+h}=\frac{t}{k+ht},$$

$$\left.\frac{\mathrm{d}s}{\mathrm{d}t}\right|_{t=0}=\left.\frac{k}{(k+ht)^2}\right|_{t=0}=\frac{1}{k}\neq 0.$$

这表明(Ⅰ)型映射在 $z=\infty$ 处是保角的. 因而在扩充复平面上是保角的.

综上可得：

定理 6.3 分式线性映射在扩充复平面上是保形的.

2. 保圆性

下面考虑把直线作为圆周的特例看待，分式线性映射将圆周映射成圆周的性质，即保圆性.

形如(Ⅰ)型映射 $w=kz+h(k\neq 0)$ 是旋转、拉伸和平移这 3 个映射的复合，显然将圆周(直线)变为圆周(直线)，即具有保圆性.

对(Ⅱ)型映射，由于平面上的圆周或直线的方程可写为

$$Az\bar{z}+\bar{\beta}z+\beta\bar{z}+C=0 \quad (A,C\text{ 为实数}, |\beta|^2>AC).$$

当 $A=0$ 时就表示直线，$A\neq 0$ 时为圆周. 将 $w=\frac{1}{z}$ 代入得

$$Cw\bar{w}+\bar{\beta}\bar{w}+\beta w+A=0.$$

它表示圆周或直线(视 C 是否为零而定).

综上所述，有如下定理.

定理 6.4 分式线性映射 $w=L(z)$ 将扩充 z 平面上的圆周 γ 映射成扩充 w 平面上的圆周 $\Gamma=L(\gamma)$. 同时，γ 所界的圆(d_1 或 d_2)保形映射成 Γ 所界的圆(D_1 或 D_2)(见图 6.5). 即分式线性映射具有保圆性.

注 (1) 在扩充复平面上，直线可视为经过无穷远点的圆周；当 γ 或 $\Gamma=L(\gamma)$ 为直线时，其所界的圆是以它为界的两个半平面.

(2) 确定圆周所界区域在分式线性映射 $w=\frac{az+b}{cz+d}$ 下的对应区域有如下两种方法(见图 6.5)：

方法一 在一个区域，例如 d_1 中取一点 z_0，如果 $w(z_0)\in D_1$，则可断定 $D_1=w(d_1)$，否则 $D_2=w(d_1)$.

方法二 在 C 上任取 3 点 z_1,z_2,z_3，当沿 z_1,z_2,z_3 顺次绕行时，d_1 在观察者前进方向的左侧，由保角性可得，沿 $w_1=w(z_1)$，$w_2=w(z_2)$，$w_3=w(z_3)$ 顺次绕行

时,在观察者前进方向左侧的区域就是 $D_1=w(d_1)$.

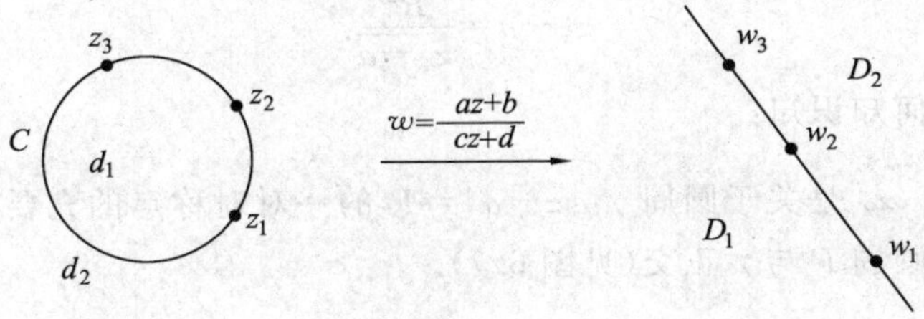

图 6.5

(3) 映射 $w=\dfrac{az+b}{cz+d}$ 把有限圆周 C 变成直线的条件是:C 上存在一点 z_0 使得 $w(z_0)=\infty$.

例 6.2 问分式线性映射 $w=\dfrac{z}{z-1}$ 将单位圆 $|z|\leqslant 1$ 映成 w 平面上什么区域?

解法一 因为 $w(1)=\infty$,所以 $w=\dfrac{z}{z-1}$ 将圆周 $|z|=1$ 映成直线.

又因为

$$w(-1)=\frac{1}{2},\ w(\mathrm{i})=\frac{1}{2}-\frac{1}{2}\mathrm{i},$$

所以 $w=\dfrac{z}{z-1}$ 将圆周 $|z|=1$ 映成直线 $\mathrm{Re}\,w=\dfrac{1}{2}$.

由于单位圆内点 $z=0$ 的像 $w(0)=0$ 在直线 $\mathrm{Re}\,w=\dfrac{1}{2}$ 的左边,所以 $w=\dfrac{z}{z-1}$ 将单位闭圆 $|z|\leqslant 1$ 映成半平面 $\mathrm{Re}\,w\leqslant\dfrac{1}{2}$.

解法二 因为 $w=\dfrac{z}{z-1}$,所以 $z=\dfrac{w}{w-1}$.

由 $|z|\leqslant 1$ 得 $\left|\dfrac{w}{w-1}\right|\leqslant 1$,即 $|w|\leqslant|w-1|$,这表示半平面:$\mathrm{Re}\,w\leqslant\dfrac{1}{2}$.

3. 保对称点性

分式线性映射不仅使圆保持为圆,而且能将关于圆的对称点保持为对称点. 所谓关于圆周的对称点,定义如下.

定义 6.3 设 γ 是以 a 为中心,R 为半径的圆周. 两点 z_1 和 z_2 都在过 γ 的圆心 a 的同一条射线上,而且满足关系式

$$|z_1-a||z_2-a|=R^2.$$

则 z_1 和 z_2 两点就称为关于圆周的对称点. 此外,还规定圆心 a 与点 ∞ 也是关于 γ 为对称的(见图 6.6).

由定义知，z_1,z_2 关于圆周 γ：$|z-a|=R$ 对称的充分必要条件是：

$$z_2-a=\frac{R^2}{\overline{z_1-a}}.$$

由平面几何知识知：

引理 z_1,z_2 是关于圆周 γ：$|z-a|=R$ 的一对对称点的充要条件是：通过 z_1,z_2 的任何圆周 Γ 与 γ 正交(见图 6.7).

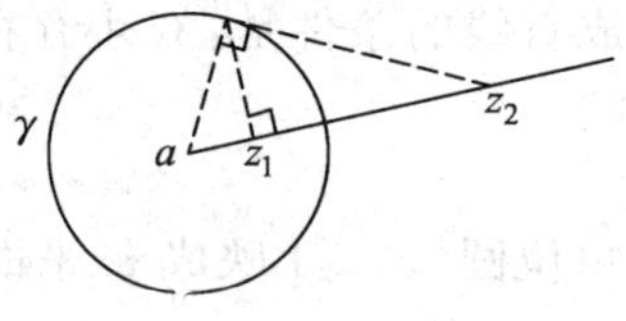

图 6.6

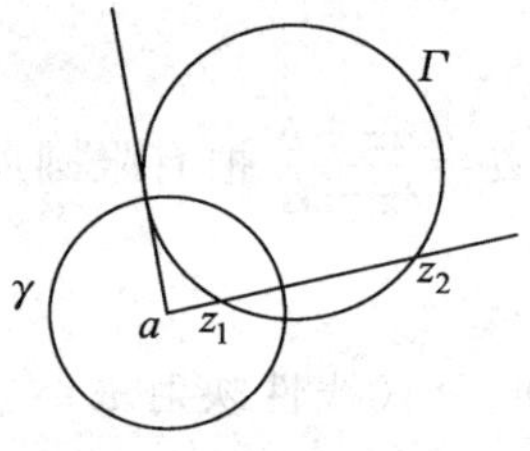

图 6.7

由分式线性映射的保角性和保圆周性可得：

定理 6.5 设扩充 z 平面上两点 z_1,z_2 关于圆周 γ 对称，那么在分式线性映射 $w=L(z)$ 下，其像点 $w_1=L(z_1)$，$w_2=L(z_2)$ 关于圆周 $\Gamma=L(\gamma)$ 对称.

4. 保交比性

定义 6.4 对扩充复平面上有顺序的 4 个相异点 z_1,z_2,z_3,z_4，

$$\frac{z_4-z_1}{z_4-z_2}:\frac{z_3-z_1}{z_3-z_2}$$

称为它们的交比，记为 (z_1,z_2,z_3,z_4).

当 4 点中有 1 点为 ∞ 时，应将包含此点的项用 1 代替，如

$$(z_1,z_2,z_3,\infty)=\frac{z_3-z_2}{z_3-z_1}.$$

定理 6.6 分式线性映射下，四点的交比保持不变，即假设

$$w_k=\frac{az_k+b}{cz_k+d}\ (k=1,2,3,4),$$

则 $(w_1,w_2,w_3,w_4)=(z_1,z_2,z_3,z_4)$.

在分式线性映射的表示式 $w=\dfrac{az+b}{cz+d}$ 中，有 4 个参数 a,b,c,d. 但由于 $ad-$

$bc\neq 0$,所以 a,b,c,d 中至少有一个不为零.不妨设 $c\neq 0$,则 $w=\dfrac{\frac{a}{c}z+\frac{b}{c}}{z+\frac{d}{c}}$.

故分式线性映射中实际只有 3 个复参数(6 个实参数),因此由定理 6.6 可知,如果任意指定 3 对对应点

$$z_k \xleftrightarrow{w=L(z)} w_k \quad (k=1,2,3),$$

则由 $(w_1,w_2,w_3,w)=(z_1,z_2,z_3,z)$,即

$$\frac{w-w_1}{w-w_2}:\frac{w_3-w_1}{w_3-w_2}=\frac{z-z_1}{z-z_2}:\frac{z_3-z_1}{z_3-z_2},$$

便可得到一个分式线性映射,它将 z_1,z_2,z_3 依次地对应为 w_1,w_2,w_3.

例 6.3 求将 $2,\mathrm{i},-2$ 对应地变成 $-1,\mathrm{i},1$ 的分式线性映射.

解法一 假设所求的变换为

$$(-1,\mathrm{i},1,w)=(2,\mathrm{i},-2,z)$$

即

$$\frac{w+1}{w-\mathrm{i}}:\frac{1+1}{1-\mathrm{i}}=\frac{z-2}{z-\mathrm{i}}:\frac{-2-2}{-2-\mathrm{i}},$$

化简得

$$\frac{w+1}{w-\mathrm{i}}=\frac{1+3\mathrm{i}}{4}\frac{z-2}{z-\mathrm{i}}.$$

因此所求的分式线性映射为 $w=\dfrac{z-6\mathrm{i}}{3\mathrm{i}z-2}$.

解法二 假设所求的变换为

$$w=\frac{az+b}{cz+d}.$$

将已知条件代入得

$$\begin{cases}\dfrac{2a+b}{2c+d}=-1,\\[2mm]\dfrac{\mathrm{i}a+b}{\mathrm{i}c+d}=\mathrm{i},\\[2mm]\dfrac{-2a+b}{-2c+d}=1.\end{cases}$$

整理得

$$b=-6\mathrm{i}a,\ c=3\mathrm{i}a,\ d=-2a.$$

因此所求的映射为

$$w=\frac{z-6\mathrm{i}}{3\mathrm{i}z-2}.$$

6.2.4 3个典型的分式线性映射

分式线性映射在处理边界为圆弧或直线的区域中有很大的作用. 而上半平面和单位圆是两个基本区域，一般区域间保形映射的构造大都围绕这两个区域进行，因此它们之间的相互转换显得尤为重要. 下面通过例子给出它们之间的映射.

例 6.4 把上半 z 平面保形映射成上半 w 平面的分式线性映射可以写成

$$w=\frac{az+b}{cz+d},$$

其中 a,b,c,d 为实数，且满足条件：$ad-bc>0$.

事实上，所述的映射将实轴变为实轴，且当 $z\in\mathbf{R}$ 时，$\frac{\mathrm{d}w}{\mathrm{d}z}=\frac{ad-bc}{(cz+d)^2}>0$. 即实轴变成实轴是同向的，因此上半 z 平面保形映射成上半 w 平面.

例 6.5 求把上半 z 平面保形映射成单位圆 $|w|<1$，并把点 $a(\mathrm{Im}\,a>0)$ 变为 $w=0$ 的分式线性映射.

解 根据分式线性映射的保对称点性，点 a 关于实轴的对称点 $\bar{a}$ 应该变换到 0 关于单位圆周的对称点∞，因此所求映射可设为

$$w=k\,\frac{z-a}{z-\bar{a}}\ (k\in\mathbf{C},|k|=1\text{ 待定}).$$

又因为 $|w(0)|=1$，即 $\left|k\,\frac{a}{\bar{a}}\right|=1$，所以 $|k|=1$. 于是可以令 $k=\mathrm{e}^{\mathrm{i}\alpha}$（$\alpha$ 是实数），最后得到所求的映射为

$$w=\mathrm{e}^{\mathrm{i}\alpha}\frac{z-a}{z-\bar{a}}\ (\mathrm{Im}\,a>0).$$

因此把上半 z 平面保形映射成单位圆 $|w|<1$，并把点 $a(\mathrm{Im}\,a>0)$ 变为 $w=0$ 的分式线性映射为

$$w=k\,\frac{z-a}{z-\bar{a}}\ (k\in\mathbf{C},|k|=1\text{ 待定}) \tag{6.2}$$

或

$$w=\mathrm{e}^{\mathrm{i}\alpha}\frac{z-a}{z-\bar{a}}\ (\alpha\in\mathbf{R}\text{ 待定}). \tag{6.3}$$

注 (1) 为确定式(6.2)中的 k，只需再给定一对边界对应点.

(2) 为确定式(6.3)中的 α，只需再给定一对边界对应点或指定 w 在 $z=a$ 处的旋转角 $\arg w'(a)$. 这里

$$\arg w'(a)=\alpha-\frac{\pi}{2}.$$

例 6.6 求把单位圆 $|z|<1$ 保形映射成单位圆 $|w|<1$，且把点 $z=a(0<|a|<1)$ 映为点 $w=0$ 的分式线性映射.

解 根据分式线性映射的保对称点性，点 a 关于单位圆的对称点 $\frac{1}{\bar{a}}$ 应该变换到 0 关于单位圆周的对称点 ∞，因此所求映射可设为

$$w=k'\frac{z-a}{z-\frac{1}{\bar{a}}}=-k'\bar{a}\ \frac{z-a}{1-\bar{a}z}=k\ \frac{z-a}{1-\bar{a}z}\ (k'\in\mathbf{C},k=-k'\bar{a}).$$

又因为 $|w(1)|=1$，即 $\left|k\ \frac{1-a}{1-\bar{a}}\right|=1$，所以 $|k|=1$. 因此可以令 $k=e^{i\beta}$（β 是实数），最后得到所求的映射为

$$w=e^{i\beta}\frac{z-a}{1-\bar{a}z}\ (0<|a|<1).$$

因此把单位圆 $|z|<1$ 保形映射成单位圆 $|w|<1$，并把点 $a(0<|a|<1)$ 变为 $w=0$ 的分式线性映射为

$$w=k\ \frac{z-a}{1-\bar{a}z}\ (k\in\mathbf{C},|k|=1\ 待定) \tag{6.4}$$

或

$$w=e^{i\beta}\frac{z-a}{1-\bar{a}z}\ (\beta\in\mathbf{R}\ 待定). \tag{6.5}$$

注 (1) 为确定式(6.4)中的 k，只需再给定一对边界对应点.

(2) 为确定式(6.5)中的 β，只需再给定一对边界对应点或指定 w 在 $z=a$ 处的旋转角 $\arg w'(a)$. 这里

$$\arg w'(a)=\beta.$$

例 6.7 求将单位圆 $|z|<1$ 保形映射成单位圆 $|w|<1$ 的分式线性映射 $w=L(z)$，使其符合条件：$L\left(\frac{1}{2}\right)=0$，$\arg L'\left(\frac{1}{2}\right)=-\frac{\pi}{2}$.

解 设所求的分式线性映射为

$$w=e^{i\beta}\frac{z-\frac{1}{2}}{1-\frac{1}{2}z}.$$

因为 $\arg L'\left(\frac{1}{2}\right)=-\frac{\pi}{2}$，所以 $\beta=-\frac{\pi}{2}$. 因此所求的分式线性映射为

$$w=e^{-\frac{\pi}{2}i}\frac{z-\frac{1}{2}}{1-\frac{1}{2}z},$$

即

$$w=\frac{i(2z-1)}{z-2}.$$

例 6.8 求将上半 z 平面保形映射成圆 $|w-w_0|<R$ 的分式线性映射 $w=$

$L(z)$，使其符合条件：$L(\mathrm{i})=0$，$L'(\mathrm{i})>0$.

分析 为了利用例 6.4、例 6.5、例 6.6 的 3 个特例结果，对于非标区域（一般圆域或半平面），一般先将其化成标准区域单位圆或上半平面，然后再做讨论.

解 首先作分式线性映射 $\xi=\dfrac{w-w_0}{R}$，将圆 $|w-w_0|<R$ 映成单位圆 $|\xi|<1$.

其次作出上半 z 平面到单位圆 $|\xi|<1$ 的分式线性映射，使 $z=\mathrm{i}$ 变成 $\xi=0$，此分式线性映射为 $\xi=\mathrm{e}^{\mathrm{i}\beta}\dfrac{z-\mathrm{i}}{z+\mathrm{i}}$（见图 6.8）.

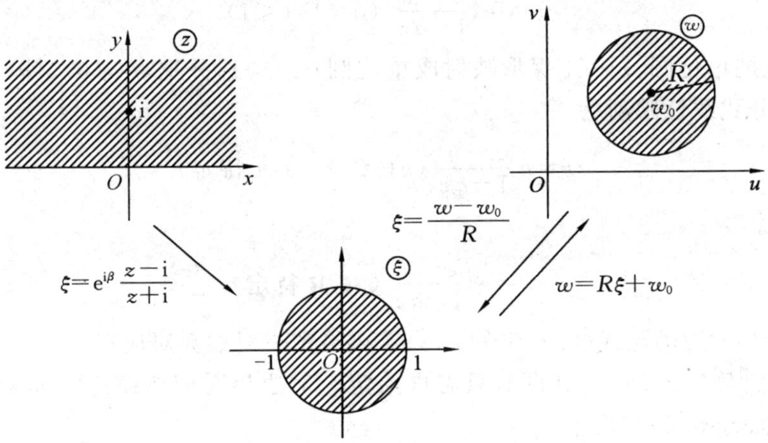

图 6.8

复合上述两个分式线性映射得

$$w=R\mathrm{e}^{\mathrm{i}\beta}\frac{z-\mathrm{i}}{z+\mathrm{i}}+w_0.$$

又因为

$$\left.\frac{\mathrm{d}w}{\mathrm{d}z}\right|_{z=\mathrm{i}}=R\mathrm{e}^{\mathrm{i}\beta}\left.\frac{2\mathrm{i}}{(z+\mathrm{i})^2}\right|_{z=\mathrm{i}}=R\mathrm{e}^{\mathrm{i}\beta}\left(-\frac{\mathrm{i}}{2}\right),$$

则

$$L'(\mathrm{i})=-\frac{R}{2}\mathrm{e}^{\mathrm{i}\beta}\mathrm{i}=\frac{R}{2}\mathrm{e}^{\mathrm{i}\left(\beta-\frac{\pi}{2}\right)}.$$

由题设 $L'(\mathrm{i})>0$ 得

$$\beta-\frac{\pi}{2}=0,\beta=\frac{\pi}{2}.$$

综上可得，所求的分式线性映射为 $w=w_0+R\mathrm{i}\dfrac{z-\mathrm{i}}{z+\mathrm{i}}$.

6.3 几个初等函数所构成的映射

6.3.1 幂函数 $w=z^n$ 与根式函数 $z=\sqrt[n]{w}$（n 是不小于 2 的自然数）

先讨论幂函数 $w=z^n$. 它是一个单值函数且在 z 平面内处处可导，当 $z\neq 0$ 时 $\frac{\mathrm{d}w}{\mathrm{d}z}=nz^{n-1}\neq 0$，因此 $w=z^n$ 所构成的映射在 z 平面内除原点及 $z=\infty$ 外是处处保角的. 要得到该函数在什么情况下是保形的，只需找出它在什么区域内是一一映射即可. 下面简单分析一下.

令 $z=re^{i\theta}$，$w=\rho e^{i\varphi}$，则

$$\rho=r^n,\ \ \theta=n\varphi. \tag{6.6}$$

由此可知，映射 $w=z^n$ 把从原点出发的射线 $\theta=\alpha$ 变成从原点出发的射线 $\varphi=n\alpha$，并把圆周 $|z|=r_0$ 变成圆周 $|w|=r_0^n$. 为方便起见，仅对角形区域（或扇形区域）进行讨论.

当 z 平面上的动射线从射线 $\theta=0$ 扫动到射线 $\theta=\alpha$ 时，在映射 $w=z^n$ 下的像就在 w 平面上从射线 $\varphi=0$ 扫动到射线 $\varphi=n\alpha$. 从而，z 平面上的角形区域 $0<\theta<\alpha$ 就变成 w 平面上的角形区域 $0<\varphi<n\alpha$. 从这里可以看出，在 $z=0$ 处的角形区域的张角经过这个映射后变成了原来的 n 倍. 因此，要使映射 $w=z^n$ 在角形区域 $0<\theta<\alpha$ 内是一一映射，α 的值应满足 $\alpha\leqslant\frac{2\pi}{n}$.

于是幂函数 $w=z^n$ 将角形区域 $d:0<\arg z<\alpha$ $\left(0<\alpha\leqslant\frac{2\pi}{n}\right)$ 保形映射成角形区域 $D:0<\arg w<n\alpha$；而作为 $w=z^n$ 逆映射的 $z=\sqrt[n]{w}$，则将 w 平面上的角形区域 $D:0<\arg w<n\alpha$ 保形映射成 z 平面上的角形区域 $d:0<\arg z<\alpha$.

总之，若要将一个角形区域的张角扩大或者缩小时，就可以利用幂函数 $w=z^n$ 或根式函数 $z=\sqrt[n]{w}$ 所构成的保形映射（见图 6.9）.

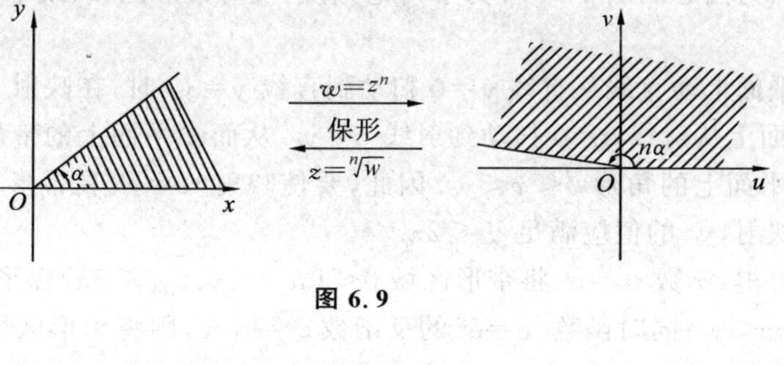

图 6.9

例 6.9 求把角形区域 $0<\arg z<\frac{\pi}{3}$ 映射成单位圆 $|w|<1$ 的一个保形映射.

解 复合如图 6.10 所示的两个映射,即得所求的保形映射为 $w=\frac{z^3-\mathrm{i}}{z^3+\mathrm{i}}$.

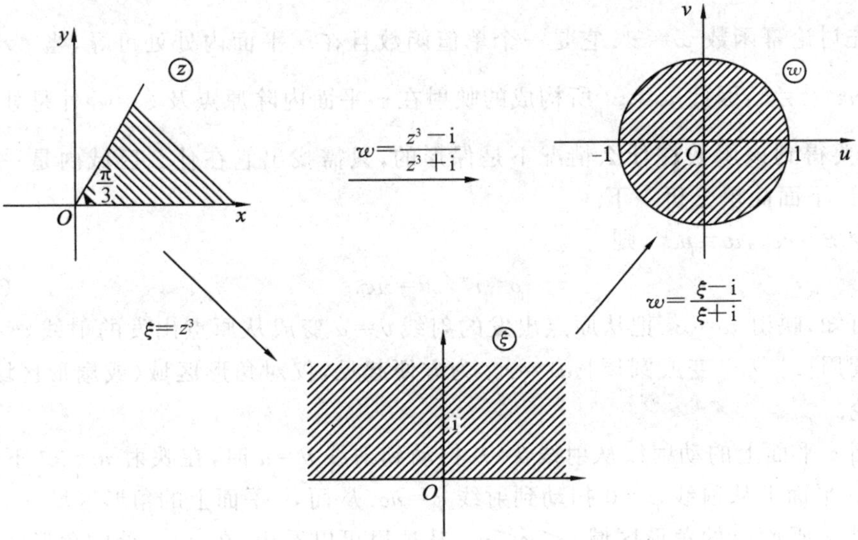

图 6.10

6.3.2 指数函数 $w=\mathrm{e}^z$ 与对数函数 $z=\ln w$(这里的 $\ln w$ 指主值支)

由于函数 $w=\mathrm{e}^z$ 在复平面内解析且导数不为零,所以由 $w=\mathrm{e}^z$ 构成的映射在复平面内是保角的,下面考察它的映射性质.

设 $z=x+\mathrm{i}y$, $w=\rho\mathrm{e}^{\mathrm{i}\varphi}$,则

$$\rho=\mathrm{e}^x,\ \varphi=y.$$

这说明,映射 $w=\mathrm{e}^z$ 把 z 平面上平行于实轴的直线 $y=y_0$ 变为 w 平面上通过原点的射线 $\varphi=y_0$. 把 z 平面上平行于虚轴的线段"$x=x_0$ 且 $-\pi<y\leqslant\pi$"变为 w 平面上以原点为圆心的圆 $\rho=\mathrm{e}^{x_0}$. 为了讨论方便,仅对带形区域(或半带形区域)进行考察.

当 z 平面上动直线从直线 $y=0$ 扫动到直线 $y=y_0$ 时,在映射 $w=\mathrm{e}^z$ 下的像,就在 w 平面上从射线 $\varphi=0$ 扫动到射线 $\varphi=y_0$. 从而 z 平面上的带形 $0<y<y_0$ 就被变成 w 平面上的角形 $0<\varphi<y_0$. 因此,要使映射 $w=\mathrm{e}^z$ 在带形区域 $0<y<y_0$ 内是一一映射,y_0 的值应满足 $y_0\leqslant 2\pi$.

由此可得,函数 $w=\mathrm{e}^z$ 将带形区域 $0<\operatorname{Im} z<y_0\ (y_0\leqslant 2\pi)$ 保形映射为角形区域 $0<\arg w<y_0$;同时函数 $w=\mathrm{e}^z$ 的反函数 $z=\ln w$,则将角形区域 $0<\arg w<y_0$

($y_0\leqslant 2\pi$)保形映射成带形区域 $0<\mathrm{Im}\ z<y_0$(如图 6.11 所示).

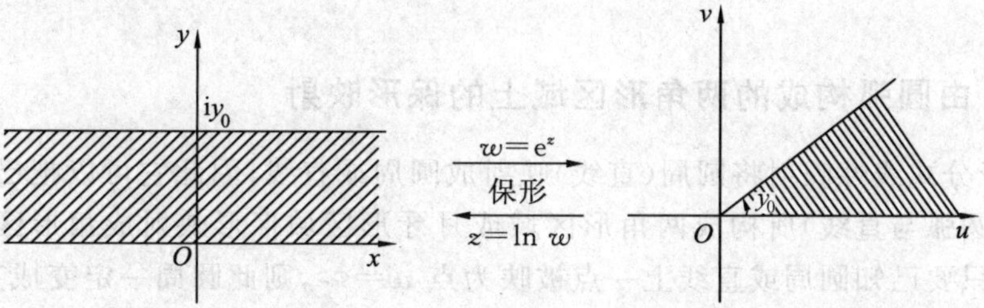

图 6.11

例 6.10 求一保形映射把带形区域 $0<\mathrm{Im}\ z<\pi$ 映射成单位圆 $|w|<1$.

解 由复合图 6.12 所示的 2 个映射,即得所要求的映射为 $w=\dfrac{e^z-i}{e^z+i}$.

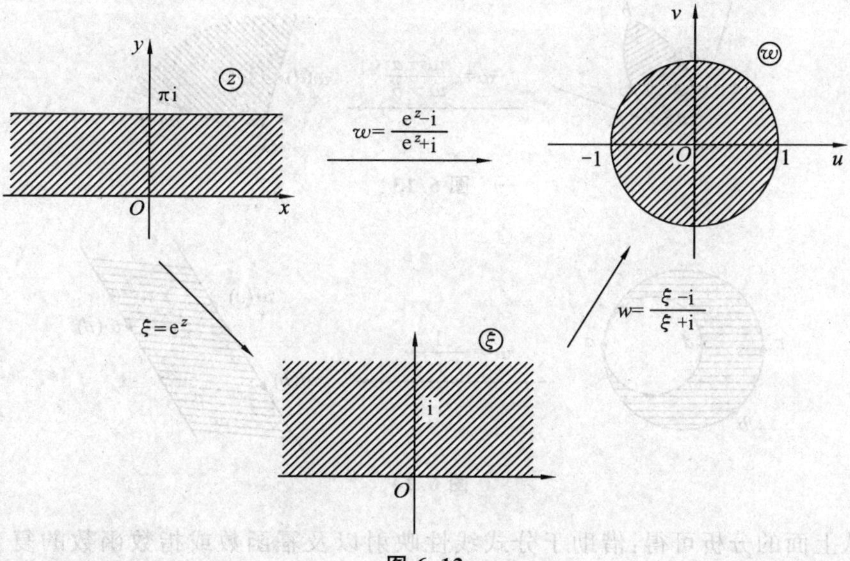

图 6.12

6.4 综合举例

6.4.1 由圆弧构成的两角形区域上的保形映射

由于分式线性映射将圆周(直线)映射成圆周或直线,因此它可以把已知的由圆弧(或圆弧与直线)所构成两角形区域或月牙形区域保形映射成角形区域或带形区域.只要已知圆周或直线上一点被映为点 $w=\infty$,则此圆周一定变成直线.因此如果两圆弧构成的是两角形区域,则可以借助分式线性映射将它们的一个公共点映到 $w=\infty$,而另一个公共点映为有限点,便可得一个角形区域(见图 6.13);如果两圆弧构成的是月牙形区域,相当于它们的两个交点重合了,此时可以借助分式线性映射将它们的公共点映到 $w=\infty$,这意味着原来的两个圆弧被映成了直线,且相交于无穷远点,即平行,这样就得到了一个带形区域(见图 6.14).

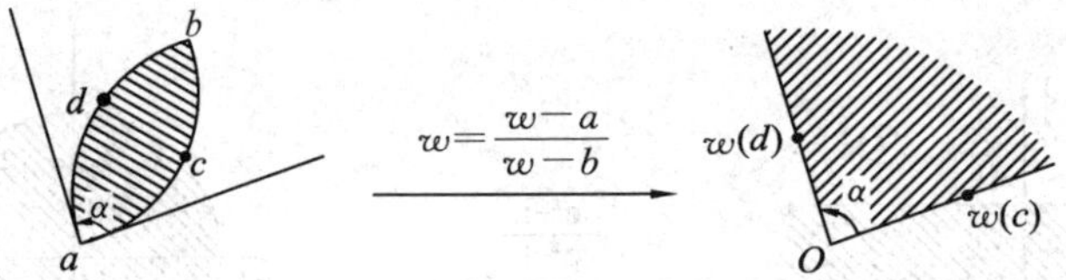

图 6.13

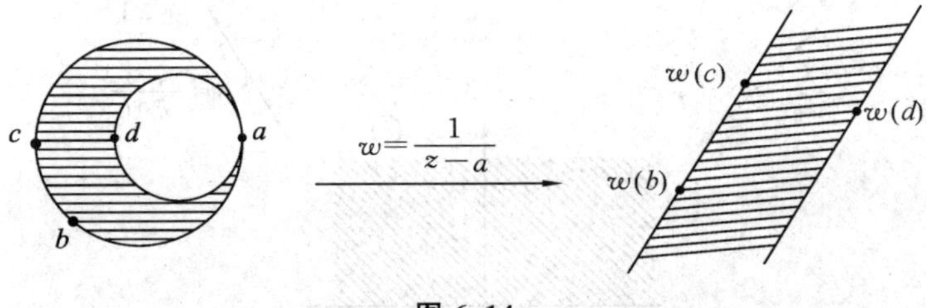

图 6.14

从上面的分析可得:借助于分式线性映射以及幂函数或指数函数的复合,可以将两圆弧或直线段所构成的两角形区域或月牙形区域保形映射成一个标准区域,比如上半平面或单位圆.

例 6.11 求一个保形映射 $w=f(z)$,使得它把上半单位圆盘 $\{z:|z|<1,\operatorname{Im} z>0\}$ 保形地映射成单位圆盘 $\{w:|w|<1\}$.

解 复合如图 6.15 所示的两个映射,得所求的映射为

$$w=\frac{(z+1)^2-\mathrm{i}(z-1)^2}{(z+1)^2+\mathrm{i}(z-1)^2}.$$

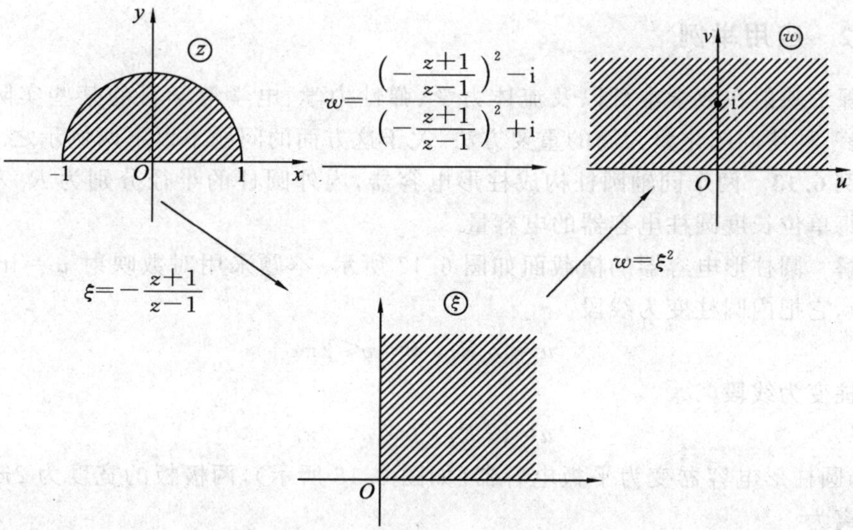

图 6.15

例 6.12 求一个保形映射把区域 D: $|z|<1$, $\left|z-\frac{i}{2}\right|>\frac{1}{2}$ 映射成上半平面 $\text{Im } w>0$.

解 复合如图 6.16 所示的 3 个映射，得所求的保形映射为

$$w=e^{\pi\frac{1-iz}{z-i}}.$$

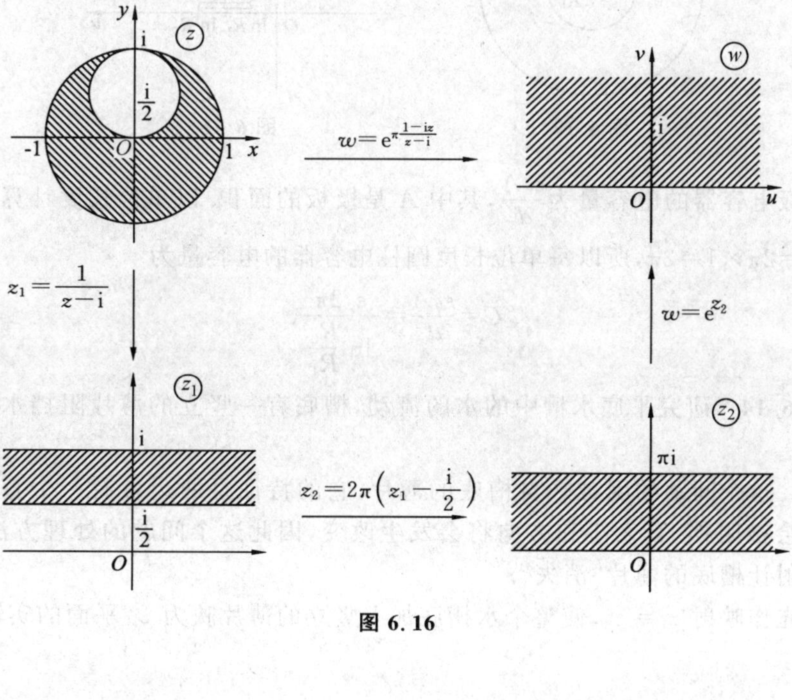

图 6.16

6.4.2 应用举例

保形映射在数学本身以及流体力学、弹性力学、电学等学科的某些实际问题中，是一种使问题化繁为简的重要方法. 关于这方面的问题举以下两例示之.

例 6.13 两个同轴圆柱构成柱形电容器，内外圆柱的半径分别为 R_1 和 R_2. 计算每单位长度圆柱电容器的电容量.

解 圆柱形电容器的横截面如图 6.17 所示. 本题采用对数映射 $w=\ln z$（主值支），它把内圆柱变为线段

$$u=\ln R_1,\quad 0\leqslant v\leqslant 2\pi;$$

外圆柱变为线段

$$u=\ln R_2,\quad 0\leqslant v\leqslant 2\pi.$$

这样，圆柱形电容器变为平板电容器（如图 6.18 所示），两极板的宽度为 2π，两板间距离为

$$\ln R_2-\ln R_1=\ln\frac{R_2}{R_1}.$$

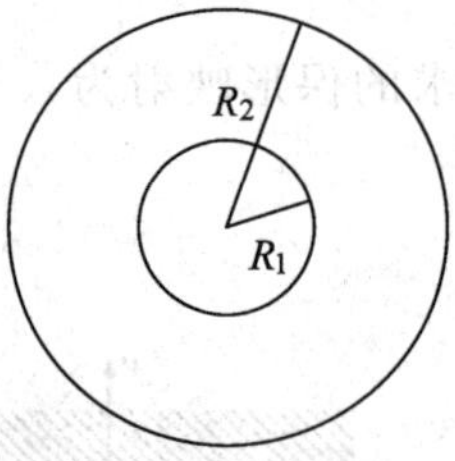

图 6.17

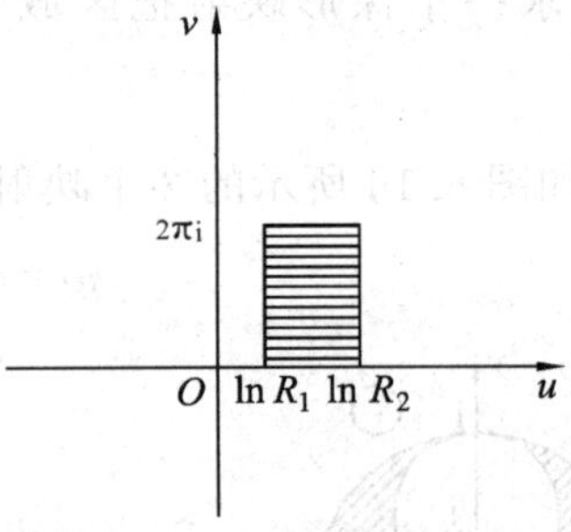

图 6.18

平板电容器的电容量为 $\frac{\varepsilon_0 A}{d}$，其中 A 是极板的面积. 以单位长度计算，极板的面积 $A=2\pi\times 1=2\pi$，所以每单位长度圆柱电容器的电容量为

$$C=\frac{\varepsilon_0 A}{d}=\frac{\varepsilon_0 2\pi}{\ln\frac{R_2}{R_1}}.$$

例 6.14 研究平底水槽中的水的流动，槽底有一竖立的薄片阻挡水流（见图 6.19a）.

解 这个问题的困难来自槽底的薄片，它的特征是两边各有一个直角，水流到此处会被阻挡，其大小和方向将会发生改变，因此这个问题的处理方法是通过保形映射让槽底的薄片"消失".

首先作映射 $z_1=z^2$，使整个水槽底加上竖立的薄片映为 z_1 平面的实轴从 $-h^2$

经原点向$+\infty$去的割线两岸(见图 6.19b);

z_1 平面的割线端点不在原点,不便于计算,再作映射 $z_2=z_1+h^2$,将割线端点移到原点(如图 6.19c);

最后作映射 $\xi=\sqrt{z_2}$,这样割线两岸就变成 ξ 平面的实轴(见图 6.19d).

这样 ξ 平面上的速度势

$$u=C\zeta,$$

回到原来的自变量,

$$\begin{aligned}u&=\mathrm{Re}(C\sqrt{z_2})=\mathrm{Re}(C\sqrt{z_1+h^2})=\mathrm{Re}(C\sqrt{z^2+h^2})\\&=\mathrm{Re}(C\sqrt{(x^2-y^2+h^2)+\mathrm{i}2xy})\\&=C\sqrt{\frac{(x^2-y^2+h^2)+\sqrt{(x^2-y^2+h^2)^2+4x^2y^2}}{2}}.\end{aligned}$$

从而各点的流速 $\boldsymbol{v}=\nabla u$ 不难从 u 算出.

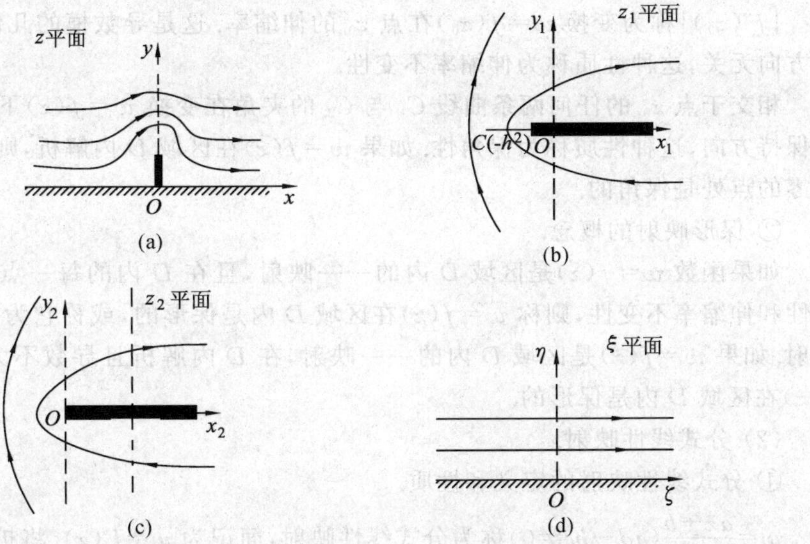

图 6.19

本章小结

1. 重点与难点、要求

本章的重点是讨论由分式线性函数和初等函数所构成的映射. 本章的难点是将分式线性映射与初等函数相结合,求一些边界由圆周、圆弧、直线、直线段所围区域的保形映射问题.

要求如下：

(1) 正确理解解析函数导数的几何意义和保形映射的概念.

(2) 应熟练掌握分式线性映射保形性、保圆周性、保对称点性和保交比性等一些性质，并会应用分式线性映射的各种性质寻找一些简单而典型的区域之间的保形映射.

(3) 掌握上半平面到上半平面，上半平面到单位圆，单位圆到单位圆的分式线性映射.

(4) 会求一些简单区域之间的保形映射.

2. 知识要点

(1) 保形映射的概念.

① 导数的几何意义.

$\arg f'(z_0)$称为变换 $w=f(z)$在 z_0 的旋转角. 这是导数辐角的几何意义，与过点 z_0 的曲线 C 的选择无关，称为旋转角不变性；

$|f'(z_0)|$称为变换 $w=f(z_0)$在点 z_0 的伸缩率. 这是导数模的几何意义，与 C 的方向无关，这种性质称为伸缩率不变性.

相交于点 z_0 的任何两条曲线 C_1 与 C_2 的夹角在变换 $w=f(z)$下既保持大小又保持方向，这种性质称为保角性. 如果 $w=f(z)$在区域 D 内解析，则它在导数不为零的点处是保角的.

② 保形映射的概念.

如果函数 $w=f(z)$是区域 D 内的一一映射，且在 D 内的每一点处都具有保角性和伸缩率不变性，则称 $w=f(z)$在区域 D 内是保形的，或称它为 D 内的保形映射. 如果 $w=f(z)$是区域 D 内的一一映射，在 D 内解析且导数不为零，则 $w=f(z)$在区域 D 内是保形的.

(2) 分式线性映射.

① 分式线性映射的定义和性质.

$w=\dfrac{az+b}{cz+d}(ad-bc\neq 0)$称为分式线性映射，简记为 $w=L(z)$. 将扩充 z 平面一一映射到扩充 w 平面. 分式线性映射 $w=L(z)$的逆映射 $z=\dfrac{-dw+b}{cw+a}$也是分式线性映射. 分式线性映射的复合仍是分式线性映射. 分式线性映射具有保形性、保圆性、保对称点性和保交比性.

② 3 个典型的分式线性映射.

把上半 z 平面保形映射成上半 w 平面的分式线性映射为

$$w=\frac{az+b}{cz+d},$$

其中，a,b,c,d 为实数，且 $ad-bc>0$；

把单位圆$|z|<1$保形映射成单位圆$|w|<1$,并把点$a(0<|a|<1)$变为$w=0$的分式线性映射为

$$w=k\frac{z-a}{1-\bar{a}z}\ (k\in\mathbf{C},|k|=1\text{ 待定})$$

或

$$w=\mathrm{e}^{\mathrm{i}\beta}\frac{z-a}{1-\bar{a}z}\ (\beta\in\mathbf{R}\text{ 待定});$$

把上半z平面保形映射成单位圆$|w|<1$,并把点$a(\mathrm{Im}\,a>0)$变为$w=0$的分式线性映射为

$$w=k\frac{z-a}{z-\bar{a}}\ (k\in\mathbf{C},|k|=1\text{ 待定})$$

或

$$w=\mathrm{e}^{\mathrm{i}\alpha}\frac{z-a}{z-\bar{a}}\ (\alpha\in\mathbf{R}\text{ 待定}).$$

(3) 几个初等函数所构成的映射.

① 幂函数和根式函数.

幂函数$w=z^n$将z平面上的角形区域$0<\theta<\alpha\left(0<\alpha\leqslant\frac{2\pi}{n}\right)$保形变成$w$平面上的角形区域$0<\varphi<n\alpha$.而作为$w=z^n$逆映射的$z=\sqrt[n]{w}$,则将$w$平面上的角形区域$D$:$0<\arg w<n\alpha$保形映射成$z$平面上的角形区域$d$:$0<\arg z<\alpha$.总之,要将一个角形区域的张角扩大或者缩小时,就可以利用幂函数$w=z^n$或根式函数$z=\sqrt[n]{w}$所构成的保形映射.

② 指数函数和对数函数.

指数函数$w=\mathrm{e}^z$将带形区域$0<\mathrm{Im}\,z<y_0$($y_0\leqslant2\pi$)保形映射为角形区域$0<\arg w<y_0$,同时作为函数$w=\mathrm{e}^z$的反函数$z=\ln w$,则将角形区域$0<\arg w<y_0$($y_0\leqslant2\pi$)保形映射成带形区域$0<\mathrm{Im}\,z<y_0$.因此,要实现带形区域和角形区域之间的转换,可以利用指数函数和对数函数.

3. 例题选讲

例 1 试证:$w=\mathrm{e}^{\mathrm{i}z}$将互相正交的直线族$\mathrm{Re}\,z=c_1$与$\mathrm{Im}\,z=c_2$依次映射为互相正交的直线族$v=u\tan c_1$与圆周族$u^2+v^2=\mathrm{e}^{-2C_2}$.

解 正交直线族$\mathrm{Re}\,z=c_1$与$\mathrm{Im}\,z=c_2$在映射$w=\mathrm{e}^{\mathrm{i}z}$下的像曲线族为

$$v=u\tan c_1\quad\text{与}\quad u^2+v^2=\mathrm{e}^{-2C_2}.$$

由于$\mathrm{e}^{\mathrm{i}z}$在z平面上处处解析,且

$$\frac{\mathrm{d}w}{\mathrm{d}z}=\mathrm{i}\mathrm{e}^{\mathrm{i}z}\neq0,$$

所以映射$w=\mathrm{e}^{\mathrm{i}z}$是保角的.从而互相正交的直线族$\mathrm{Re}\,z=c_1$与$\mathrm{Im}\,z=c_2$在$w$平

面上的像曲线族：直线族 $v=u\tan c_1$ 与圆周族 $u^2+v^2=e^{-2C_2}$ 也是正交的.

例 2 求将上半 z 平面保形映射成上半 w 平面的分式线性映射 $w=L(z)$,使合条件:$1+i=L(i),0=L(0)$.

解 设所求的映射为

$$w=\frac{az+b}{cz+d},\ a,b,c,d\in\mathbf{R},\text{且 } ad-bc>0.$$

因为 $1+i=L(i),0=L(0)$,所以

$$\frac{ai}{ci+d}=1+i,\ \frac{b}{d}=0.$$

因而

$$b=0,\ a\neq 0,\ \text{且 } ai=(d-c)+(c+d)i.$$

又因为 $a,c,d\in\mathbf{R}$,因此 $d=c=\frac{a}{2}$.

故所求的分式线性映射为

$$w=\frac{az}{\frac{a}{2}z+\frac{a}{2}}=\frac{2z}{z+1}.$$

例 3 求把圆 $|z|<2$ 保形映射成圆 $|w-1|<1$ 的分式线性映射 $w=L(z)$,使合条件:$L(2)=0,L(0)=\frac{1}{2}$.

解 复合如图 6.20 所示的两个分式线性映射,得所求的分式线性映射为

$$w=\frac{-z+2}{z+4}.$$

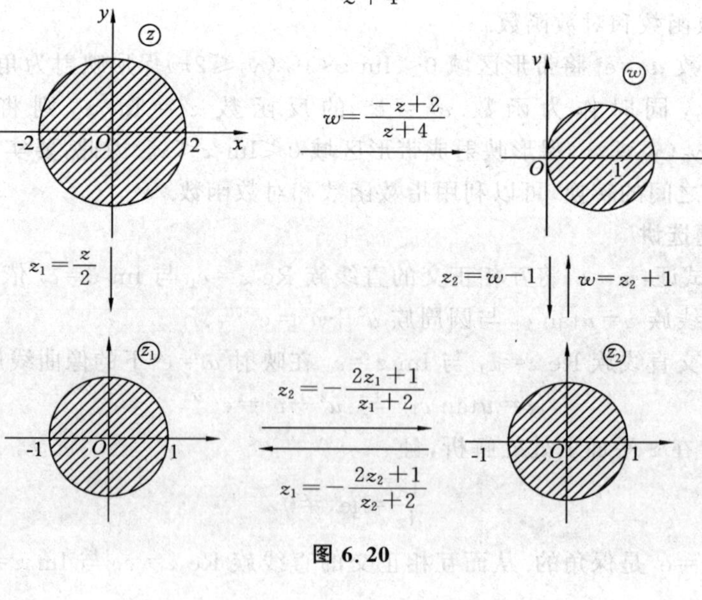

图 6.20

例 4 求一个保形映射将两角形区域 $D:|z+\mathrm{i}|<2,\operatorname{Im} z>0$ 映射成带形区域 $0<\operatorname{Im} w<\pi$.

解 复合图 6.21 中所示的 3 个映射，即得所求的保形映射为

$$w=\ln\left(-\frac{z+\sqrt{3}}{z-\sqrt{3}}\right)^3.$$

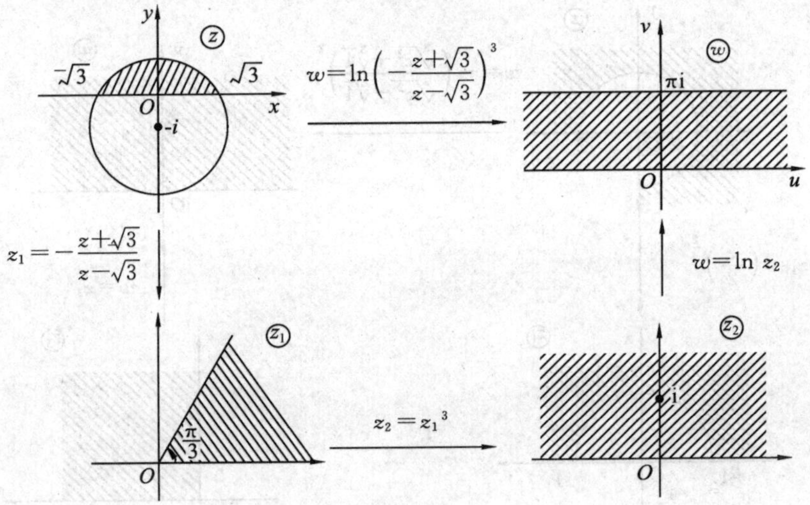

图 6.21

例 5 将扩充 z 平面上割去 $1+\mathrm{i}$ 到 $2+\mathrm{i}$ 的线段后剩下的区域保形映射成上半平面.

解 复合如图 6.22 所示的 2 个映射，即得所要求的映射为：$w=\sqrt{\dfrac{1+\mathrm{i}-z}{z-(2+\mathrm{i})}}$.

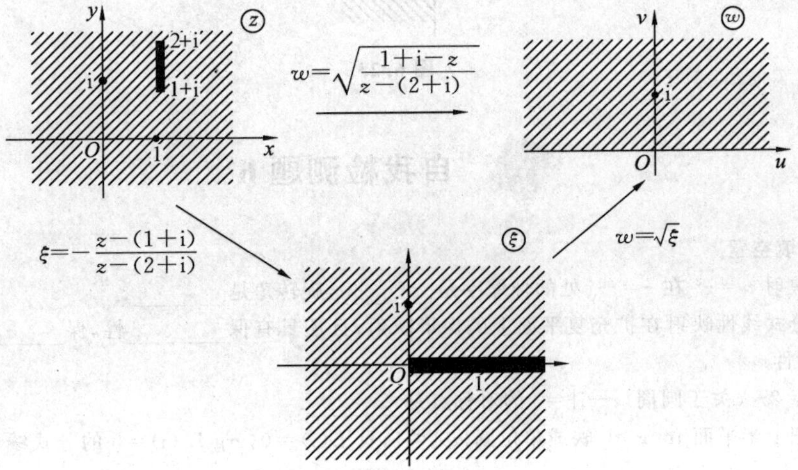

图 6.22

例 6 求一个保形映射，将区域$|z|>2, 0<\arg z<\frac{3\pi}{2}$映为上半平面.

解 复合如图 6.23 所示的 4 个映射，即得所要求的映射为

$$w=-\left(\frac{\sqrt[3]{z^2}+\sqrt[3]{4}}{\sqrt[3]{z^2}-\sqrt[3]{4}}\right)^2.$$

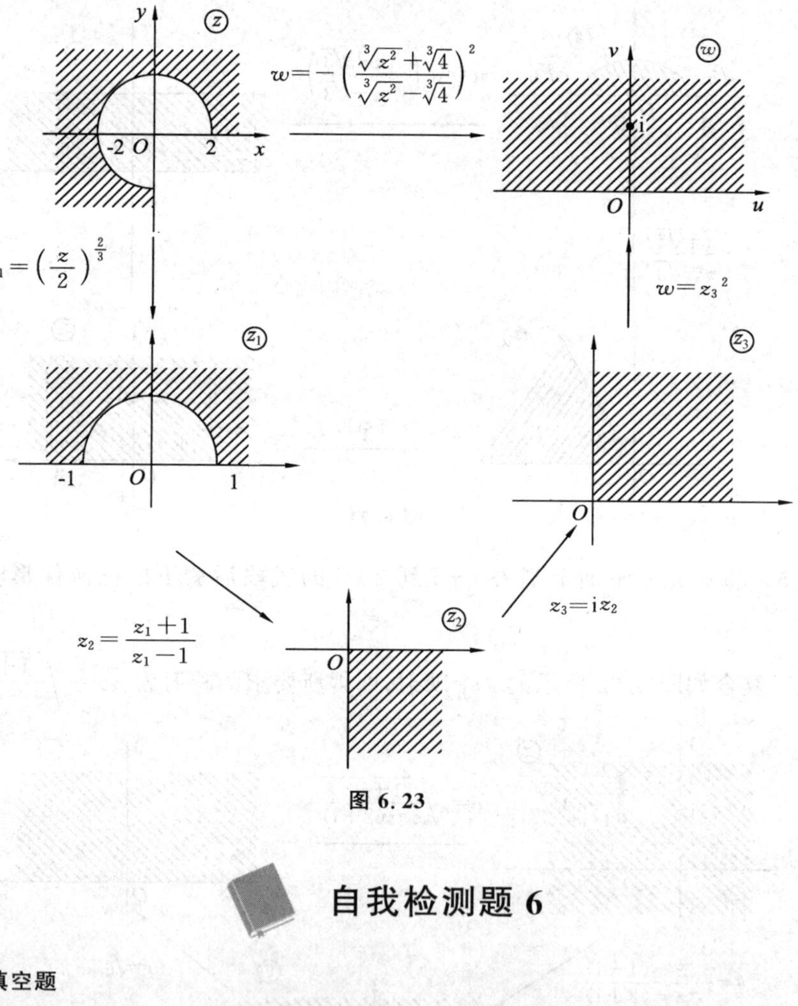

图 6.23

自我检测题 6

一、填空题

1. 映射 $w=z^2$ 在 $z=-\mathrm{i}$ 处的伸缩率是________，旋转角是________.
2. 分式线性映射在扩充复平面上的保形映射，且还具有保________性，保________性，保________性.
3. 点 $2-\mathrm{i}$ 关于圆周 $|z-\mathrm{i}|=3$ 的对称点是________.
4. 把上半平面 $\mathrm{Im}\,z>0$ 映成单位圆 $|w|<1$，且 $L(\mathrm{i})=0$，$\arg L'(\mathrm{i})=0$ 的分式线性映射为________.

5. 把单位圆 $|z|<1$ 映成单位圆 $|w|<1$，且 $L\left(\frac{1}{2}\right)=0$，$\arg L'\left(\frac{1}{2}\right)=0$ 的分式线性映射为________.

6. 函数 $w=\frac{e^z-i}{e^z+i}$ 将带形区域 $0<\mathrm{Im}\,z<\pi$ 映成区域________.

二、选择题

7. 映射 $w=z^2+2z$ 在下列区域中每一点的伸缩率都大于 1 的是(　　).

A. $|z+1|>\frac{1}{2}$　　B. $|z+1|<\frac{1}{2}$　　C. $|z|>\frac{1}{2}$　　D. $|z|<\frac{1}{2}$

8. 下列映射中，把角形域 $0<\arg z<\frac{\pi}{4}$ 保角映射成单位圆内部 $|w|<1$ 的为(　　).

A. $w=\frac{z^4+1}{z^4-1}$　　B. $w=\frac{z^4-1}{z^4+1}$　　C. $w=\frac{z^4-i}{z^4+i}$　　D. $w=\frac{z^4+i}{z^4-i}$

9. 函数 $w=z^2$ 把 z 平面上的扇形区域：$0<\arg z<\frac{\pi}{3}$，$0<|z|<2$ 映射成 w 平面上的区域(　　).

A. $0<\arg w<\frac{2\pi}{3}$，$0<|w|<4$　　B. $0<\arg w<\frac{\pi}{3}$，$0<|w|<4$

C. $0<\arg w<\frac{2\pi}{3}$，$0<|w|<2$　　D. $0<\arg w<\frac{\pi}{3}$，$0<|w|<2$

10. $w=iz$ 将 z 平面上的第一象限保角映射为(　　).

A. 第一象限　　B. 第二象限　　C. 第三象限　　D. 第四象限

三、解答题

11. 已知映射 $w=z^2-iz$，问

(1) 该映射在 $z=2i$ 处的伸缩率和旋转角是多少？

(2) z 平面上哪一部分被缩小，哪一部分被放大？

12. 问分式线性映射 $w=\frac{1}{z}$ 将 $\mathrm{Im}\,z>1$ 映成 w 平面上什么区域？

13. 求将上半平面 $\mathrm{Im}\,z>0$ 保形映射成单位圆 $|w|<1$ 的分式线性映射，使合条件：$z=-1,0,1$ 分别变成 $w=-1,1,i$.

14. 求一保形映射把带形区域 $0<\mathrm{Re}\,z<\frac{\pi}{6}$ 映射为单位圆 $|w|<1$.

15. 求一保形映射将由 $|z|<2$，$0<\arg z<\frac{3}{2}\pi$ 确定的区域映射为单位圆 $|w|<1$.

四、证明题

16. 以 p,q 为对称点的圆周方程为

$$\left|\frac{z-p}{z-q}\right|=k>0,$$

当 $k=1$ 时退化为以 p,q 为对称点的直线.

复习题6

1. 求$w=\ln(z+1)$在点$-1+i$处的伸缩率和旋转角，并指明它把哪一部分放大？哪一部分缩小.

2. 下列各题中，给出了3对对应点$z_k \leftrightarrow w_k(k=1,2,3)$，试写出相应的分式线性映射.

(1) $z=-1,0,1 \leftrightarrow w=1,i,-1$；　(2) $z=\infty,1,0 \leftrightarrow w=2,0,\infty$；

(3) $z=-1,i,1 \leftrightarrow w=-1,0,1$；　(4) $z=1-i,1+i,\infty \leftrightarrow w=-1,0,i$.

3. 求把上半平面$\mathrm{Im}\, z>0$映射成单位圆$|w|<1$的分式线性映射，使满足条件

(1) $w(i)=0$，$w(-1)=1$；　(2) $w(i)=0$，$\arg w'(i)=\dfrac{\pi}{2}$.

4. 求把单位圆$|z|<1$映射成单位圆$|w|<1$的分式线性映射，使满足条件：

(1) $w\left(\dfrac{1}{2}\right)=0$，$w(-1)=1$；　(2) $w\left(\dfrac{i}{2}\right)=0$，$w'\left(\dfrac{i}{2}\right)<0$.

5. 求出一个把左半平面$\mathrm{Re}\, z<0$映射到单位圆$|w|<1$的保形映射.

6. 求出角形区域$0<\arg z<\dfrac{\pi}{4}$到单位圆$|w|<1$的一个保形映射.

7. 试求把上半单位圆盘$|z|<1$保形映射成上半平面$\mathrm{Im}\, w>0$，并且把点$-1,1,i$映射成$\infty,0,1$的保形映射.

8. 试将由$\mathrm{Im}\, z>1$，$|z|<2$所确定的区域保形地映射为上半平面.

9. 试将由$|z|<1$及$|z-1|<1$所确定的区域保形地映射为上半平面.

10. 求一保形映射将由$|z|<2$，$|z-1|>1$所确定的区域，映射为上半平面.

11. 求一保形映射把$|z-a|>a$，$|z-b|<b\ (b>a>0)$之间的区域映射成上半w平面.

12. 求把单位圆外部$|z|>1$，且沿虚轴$y>1$有割痕的区域映射为上半平面的一个保形映射.

13. 试求一保形映射将由$|z|>1$，$0<\arg z<\dfrac{3}{2}\pi$确定的区域映射为上半平面$\mathrm{Im}\, w>0$.

14. 试求一保形映射将实轴上有1到3的割痕的z平面映射为上半平面$\mathrm{Im}\, w>0$.

7 傅里叶变换

在数学中，为了把较复杂的运算转化为较简单的运算，常常采用变换的方法. 积分变换能够将微分积分运算转化为代数运算，因而使得它在微分方程和其他方程的求解中成为重要方法之一. 积分变换的理论和方法不仅在数学的一些分支中得到广泛应用，而且在电力、通信和控制领域等工程技术领域中也发挥着极为重要的作用.

积分变换起源于 19 世纪末，是英国著名的无线电工程师海维赛(O. Heaviside)在求解电工学、物理学等领域内线性微分方程的过程中逐步形成的一种符号法，后来演变成今天的积分变换.

何谓积分变换？即通过积分运算，把某一类函数变成另一类函数的变换. 具体而言，就是把函数类 A 中的函数 $f(t)$ 乘上一个确定的二元函数 $k(t,\alpha)$，通过下列含参量积分

$$F(\alpha)=\int_a^b f(t)k(t,\alpha)\mathrm{d}t$$

的运算变成另一函数类 B 中的函数 $F(\alpha)$，其中 $k(t,\alpha)$ 称为积分变换的核. 当选取不同的积分域和变换核，就得到不同名称的积分变换. $f(t)$ 称为像原函数，$F(\alpha)$ 称为 $f(t)$ 的像函数. 在一定条件下，它们一一对应且变换可逆. 通常可利用积分变换把一些难于求解的微分积分方程进行变换，使得变换后易于求出解 $F(\alpha)$，然后利用逆变换求得 $f(t)$.

工程技术中最常用的积分变换是傅里叶(Fourier)变换和拉普拉斯(Laplace)变换. 本章主要介绍傅里叶变换的概念、性质，单位脉冲函数及广义傅里叶变换.

7.1 傅里叶积分

本节首先从周期函数的傅里叶级数展开式出发，讨论非周期函数 $f(t)$ 的展开问题，然后得到 $f(t)$ 的傅里叶积分表达式，即傅里叶积分公式.

7.1.1 周期函数的傅里叶级数的复指数形式

在傅里叶级数中，一个以 T 为周期的周期函数 $f_T(t)$，如果满足狄利克雷(Dirichlet)条件，即函数 $f_T(t)$ 在 $\left[-\frac{\pi}{2},\frac{\pi}{2}\right]$ 上满足：

(1) 连续或只有有限个第一类间断点，

(2) 只有有限个极值点，

则 $f_T(t)$ 就可以在 $\left[-\frac{\pi}{2},\frac{\pi}{2}\right]$ 上展开为傅里叶级数，且在连续点处有

$$f_T(t)=\frac{a_0}{2}+\sum_{n=1}^{\infty}(a_n\cos n\omega t+b_n\sin n\omega t), \tag{7.1}$$

其中，

$$\omega=\frac{2\pi}{T},$$

$$a_0=\frac{2}{T}\int_{-T/2}^{T/2}f_T(t)\mathrm{d}t,$$

$$a_n=\frac{2}{T}\int_{-T/2}^{T/2}f_T(t)\cos n\omega t\,\mathrm{d}t\quad(n=1,2,3,\cdots),$$

$$b_n=\frac{2}{T}\int_{-T/2}^{T/2}f_T(t)\sin n\omega t\,\mathrm{d}t\quad(n=1,2,3,\cdots).$$

为了方便应用，通常把傅里叶级数的三角形式转换为复指数形式. 利用欧拉公式①

$$\cos\varphi=\frac{\mathrm{e}^{\mathrm{j}\varphi}+\mathrm{e}^{-\mathrm{j}\varphi}}{2},$$

$$\sin\varphi=\frac{\mathrm{e}^{\mathrm{j}\varphi}-\mathrm{e}^{-\mathrm{j}\varphi}}{2\mathrm{j}}=-\mathrm{j}\,\frac{\mathrm{e}^{\mathrm{j}\varphi}-\mathrm{e}^{-\mathrm{j}\varphi}}{2},$$

将式(7.1)改写为

$$\begin{aligned}f_T(t)&=\frac{a_0}{2}+\sum_{n=1}^{\infty}\left(a_n\,\frac{\mathrm{e}^{\mathrm{j}n\omega t}+\mathrm{e}^{-\mathrm{j}n\omega t}}{2}+b_n\,\frac{\mathrm{e}^{\mathrm{j}n\omega t}-\mathrm{e}^{-\mathrm{j}n\omega t}}{2\mathrm{j}}\right)\\&=\frac{a_0}{2}+\sum_{n=1}^{\infty}\left(\frac{a_n-\mathrm{j}b_n}{2}\mathrm{e}^{\mathrm{j}n\omega t}+\frac{a_n+\mathrm{j}b_n}{2}\mathrm{e}^{-\mathrm{j}n\omega t}\right).\end{aligned}$$

若令

$$c_0=\frac{a_0}{2}=\frac{1}{T}\int_{-T/2}^{T/2}f_T(t)\mathrm{d}t,$$

① 数学中常用"i"表示虚数单位，这里用"j"是按照电工学中的习惯写法.

$$c_n=\frac{a_n-\mathrm{j}b_n}{2}$$
$$=\frac{1}{T}\left[\int_{-T/2}^{T/2}f_T(t)\cos n\omega t\,\mathrm{d}t-\mathrm{j}\int_{-T/2}^{T/2}f_T(t)\sin n\omega t\,\mathrm{d}t\right]$$
$$=\frac{1}{T}\int_{-T/2}^{T/2}f_T(t)[\cos n\omega t-\mathrm{j}\sin n\omega t]\mathrm{d}t$$
$$=\frac{1}{T}\int_{-T/2}^{T/2}f_T(t)\mathrm{e}^{-\mathrm{j}n\omega t}\,\mathrm{d}t\ (n=1,2,3,\cdots),$$
$$c_{-n}=\frac{a_n+\mathrm{j}b_n}{2}=\frac{1}{T}\int_{-T/2}^{T/2}f_T(t)\mathrm{e}^{\mathrm{j}n\omega t}\,\mathrm{d}t\quad(n=1,2,3,\cdots).$$

将上述几个表达式合并为一个式子，即

$$c_n=\frac{1}{T}\int_{-T/2}^{T/2}f_T(t)\mathrm{e}^{-\mathrm{j}n\omega t}\,\mathrm{d}t\ (n=0,\pm1,\pm2,\pm3,\cdots).$$

从而式(7.1)可写为

$$f_T(t)=c_0+\sum_{n=1}^{\infty}[c_n\mathrm{e}^{\mathrm{j}n\omega t}+c_{-n}\mathrm{e}^{-\mathrm{j}n\omega t}]=\sum_{n=-\infty}^{+\infty}c_n\mathrm{e}^{\mathrm{j}n\omega t},\tag{7.2}$$

或者写成以下形式

$$f_T(t)=\frac{1}{T}\sum_{n=-\infty}^{+\infty}\left[\int_{-T/2}^{T/2}f_T(\tau)\mathrm{e}^{-\mathrm{j}n\omega\tau}\,\mathrm{d}\tau\right]\mathrm{e}^{\mathrm{j}n\omega t}.\tag{7.3}$$

式(7.2)和式(7.3)均为傅里叶级数的复指数形式.

7.1.2 非周期函数的傅里叶积分公式

对于定义在$(-\infty,+\infty)$上的非周期函数$f(t)$，可看成由某个周期函数$f_T(t)$当$T\to+\infty$转化而来，即

$$f(t)=\lim_{T\to+\infty}f_T(t),$$

由周期函数的傅里叶展开式(7.3)，可从形式上推得

$$f(t)=\frac{1}{2\pi}\int_{-\infty}^{+\infty}\left[\int_{-\infty}^{+\infty}f(\tau)\mathrm{e}^{-\mathrm{j}\omega\tau}\,\mathrm{d}\tau\right]\mathrm{e}^{\mathrm{j}\omega t}\,\mathrm{d}\omega.$$

这个公式称为函数$f(t)$的傅里叶积分公式.下面的定理给出了一个非周期函数$f(t)$在什么条件下，可以用傅里叶积分公式表示.

定理 7.1(傅里叶积分定理) 若函数$f(t)$在$(-\infty,+\infty)$上满足下列条件：

(1) $f(t)$在任一有限区间上满足狄利克雷条件；

(2) $f(t)$在无限区间$(-\infty,+\infty)$上绝对可积，即积分$\int_{-\infty}^{+\infty}|f(t)|\,\mathrm{d}t$收敛，

则有

$$f(t)=\frac{1}{2\pi}\int_{-\infty}^{+\infty}\left[\int_{-\infty}^{+\infty}f(\tau)e^{-j\omega\tau}d\tau\right]e^{j\omega t}d\omega \text{ ①} \tag{7.4}$$

成立,在 $f(t)$的间断点处,上式中 $f(t)$以$\frac{f(t+0)+f(t-0)}{2}$代替.

该定理的证明需要用到较多的基础理论,这里从略.

式(7.4)是 $f(t)$的傅里叶积分公式的复数形式,利用欧拉公式,以及定积分在对称区间上的性质,可得

$$f(t)=\frac{1}{\pi}\int_{0}^{+\infty}\left[\int_{-\infty}^{+\infty}f(\tau)\cos\omega(t-\tau)d\tau\right]d\omega,$$

这便是 $f(t)$的傅里叶积分公式的三角形式.

进一步,当 $f(t)$为奇函数或偶函数时,分别得到傅里叶正弦积分公式和傅里叶余弦积分公式:

$$f(t)=\frac{2}{\pi}\int_{0}^{+\infty}\left[\int_{0}^{+\infty}f(\tau)\sin\omega\tau d\tau\right]\sin\omega t d\omega;$$

$$f(t)=\frac{2}{\pi}\int_{0}^{+\infty}\left[\int_{0}^{+\infty}f(\tau)\cos\omega\tau d\tau\right]\cos\omega t d\omega.$$

如果 $f(t)$仅在$(0,+\infty)$上有定义,且满足傅里叶积分定理存在条件,可采用类似于傅里叶级数中的奇延拓或偶延拓的方法,得到 $f(t)$相应的傅里叶正弦积分展开式或傅里叶余弦积分展开式.

例 7.1 求函数 $f(t)=\begin{cases}1, & |t|\leqslant 1\\ 0, & |t|>1\end{cases}$的傅里叶积分展开式,并推证

$$\int_{0}^{+\infty}\frac{\sin\omega\cos\omega t}{\omega}d\omega=\begin{cases}\frac{\pi}{2}, & |t|<1,\\ \frac{\pi}{4}, & |t|=1,\\ 0, & |t|>1.\end{cases}$$

解 由傅里叶积分公式(7.4),得

$$\begin{aligned}f(t)&=\frac{1}{2\pi}\int_{-\infty}^{+\infty}\left[\int_{-\infty}^{+\infty}f(\tau)e^{-j\omega\tau}d\tau\right]e^{j\omega t}d\omega=\frac{1}{2\pi}\int_{-\infty}^{+\infty}\left[\int_{-1}^{1}(\cos\omega\tau-j\sin\omega\tau)d\tau\right]e^{j\omega t}d\omega\\&=\frac{1}{\pi}\int_{-\infty}^{+\infty}\left[\int_{0}^{1}\cos\omega\tau d\tau\right]e^{j\omega t}d\omega=\frac{1}{\pi}\int_{-\infty}^{+\infty}\frac{\sin\omega}{\omega}(\cos\omega t+j\sin\omega t)d\omega\\&=\frac{2}{\pi}\int_{0}^{+\infty}\frac{\sin\omega\cos\omega t}{\omega}d\omega\quad(t\neq\pm 1).\end{aligned}$$

---

① 式中的广义积分都是在主值意义下,所谓主值意义是指

$$\int_{-\infty}^{+\infty}f(x)dx=\lim_{N\to+\infty}\int_{-N}^{N}f(x)dx.$$

当 $t=\pm 1$ 时,上述积分收敛于

$$\frac{f(\pm 1+0)+f(\pm 1-0)}{2}=\frac{1}{2}.$$

根据上面的结果,便得到

当 $|t|<1$ 时, $\frac{2}{\pi}\int_0^{+\infty}\frac{\sin\omega\cos\omega t}{\omega}\mathrm{d}\omega=1$;

当 $|t|=1$ 时, $\frac{2}{\pi}\int_0^{+\infty}\frac{\sin\omega\cos\omega t}{\omega}\mathrm{d}\omega=\frac{1}{2}$;

当 $|t|>1$ 时, $\frac{2}{\pi}\int_0^{+\infty}\frac{\sin\omega\cos\omega t}{\omega}\mathrm{d}\omega=0$.

故有

$$\int_0^{+\infty}\frac{\sin\omega\cos\omega t}{\omega}\mathrm{d}\omega=\begin{cases}\frac{\pi}{2}, & |t|<1,\\ \frac{\pi}{4}, & |t|=1,\\ 0, & |t|>1.\end{cases}$$

7.2 傅里叶变换

7.2.1 傅里叶变换的定义

由傅里叶积分定理知,若函数 $f(t)$满足一定的条件,则在其连续点处有

$$f(t)=\frac{1}{2\pi}\int_{-\infty}^{+\infty}\left[\int_{-\infty}^{+\infty}f(\tau)\mathrm{e}^{-\mathrm{j}\omega\tau}\mathrm{d}\tau\right]\mathrm{e}^{\mathrm{j}\omega t}\mathrm{d}\omega.$$

若令

$$F(\omega)=\int_{-\infty}^{+\infty}f(t)\mathrm{e}^{-\mathrm{j}\omega t}\mathrm{d}t, \tag{7.5}$$

则

$$f(t)=\frac{1}{2\pi}\int_{-\infty}^{+\infty}F(\omega)\mathrm{e}^{\mathrm{j}\omega t}\mathrm{d}\omega. \tag{7.6}$$

可见,$f(t)$和 $F(\omega)$通过指定的积分运算可以相互表达.

称 $F(\omega)=\int_{-\infty}^{+\infty}f(t)\mathrm{e}^{-\mathrm{j}\omega t}\mathrm{d}t$ 为 $f(t)$ 的傅里叶变换,记为

$$F(\omega)=\mathscr{F}[f(t)],$$

$F(\omega)$称为 $f(t)$的像函数.

称 $f(t)=\frac{1}{2\pi}\int_{-\infty}^{+\infty}F(\omega)\mathrm{e}^{\mathrm{j}\omega t}\mathrm{d}\omega$ 为 $F(\omega)$ 的傅里叶逆变换,记为

$$f(t)=\mathscr{F}^{-1}[F(\omega)],$$

$f(t)$称为 $F(\omega)$的像原函数.

$F(\omega)$和 $f(t)$称为一个傅里叶变换对.

例 7.2 求工程技术中常用的指数衰减函数

$$f(t)=\begin{cases}0, & t<0,\\ e^{-\beta t}, & t\geqslant 0\end{cases}\quad(\text{其中 }\beta>0)$$

的傅里叶变换及其积分表达式.

解

$$\begin{aligned}F(\omega)&=\mathscr{F}[f(t)]=\int_{-\infty}^{+\infty}f(t)e^{-j\omega t}dt\\&=\int_{0}^{+\infty}e^{-\beta t}e^{-j\omega t}dt\\&=\int_{0}^{+\infty}e^{-(\beta+j\omega)t}dt=\frac{1}{\beta+j\omega}=\frac{\beta-j\omega}{\beta^2+\omega^2}.\end{aligned}$$

积分表达式为

$$\begin{aligned}f(t)&=\mathscr{F}^{-1}[F(\omega)]=\frac{1}{2\pi}\int_{-\infty}^{+\infty}F(\omega)e^{j\omega t}d\omega\\&=\frac{1}{2\pi}\int_{-\infty}^{+\infty}\frac{\beta-j\omega}{\beta^2+\omega^2}e^{j\omega t}d\omega\\&=\frac{1}{2\pi}\int_{-\infty}^{+\infty}\frac{\beta-j\omega}{\beta^2+\omega^2}(\cos\omega t+j\sin\omega t)d\omega\\&=\frac{1}{2\pi}\left(\int_{-\infty}^{+\infty}\frac{\beta\cos\omega t+\omega\sin\omega t}{\beta^2+\omega^2}d\omega+j\int_{-\infty}^{+\infty}\frac{\beta\sin\omega t-\omega\cos\omega t}{\beta^2+\omega^2}d\omega\right)\\&=\frac{1}{\pi}\int_{0}^{+\infty}\frac{\beta\cos\omega t+\omega\sin\omega t}{\beta^2+\omega^2}d\omega.\end{aligned}$$

当 $t=0$ 时,上述积分收敛于$\frac{1}{2}$. 因此得到一个含参量的广义积分值:

$$\int_{0}^{+\infty}\frac{\beta\cos\omega t+\omega\sin\omega t}{\beta^2+\omega^2}d\omega=\begin{cases}0, & t<0,\\ \frac{\pi}{2}, & t=0,\\ \pi e^{-\beta t}, & t>0.\end{cases}$$

傅里叶变换和频谱的概念密切相关. 随着无线电技术、声学、振动学的发展,频谱理论也相应得到了发展,并已形成独立的频谱理论. 这里仅仅简单介绍非周期函数的频谱.

在频谱分析中,傅里叶变换 $F(\omega)$又称为 $f(t)$的频谱函数,而频谱函数的模$|F(\omega)|$称为 $f(t)$的振幅频谱(简称频谱). 对一个时间函数作傅里叶变换,就相当于求这个时间函数的频谱函数.

例 7.3 求如图 7.1 所示单个矩形脉冲的频谱，并画出频谱图.

解 单个矩形脉冲的频谱函数为

$$F(\omega)=\int_{-\infty}^{+\infty}f(t)\mathrm{e}^{-\mathrm{j}\omega t}\mathrm{d}t=\int_{-\frac{\tau}{2}}^{\frac{\tau}{2}}E\mathrm{e}^{-\mathrm{j}\omega t}\mathrm{d}t=\frac{2E}{\omega}\sin\frac{\omega\tau}{2}.$$

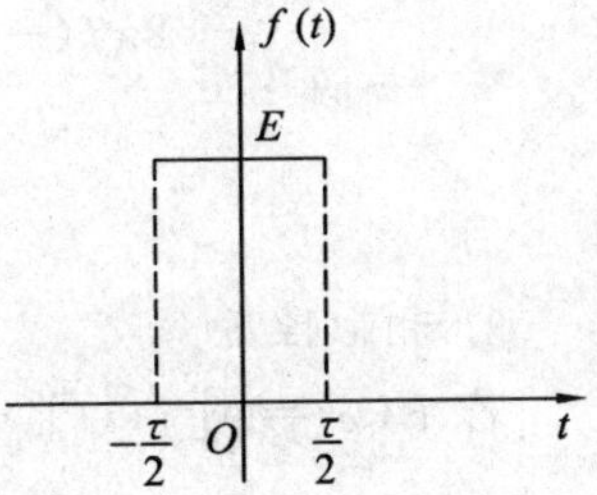

图 7.1

故频谱为

$$|F(\omega)|=2E\left|\frac{\sin\frac{\omega\tau}{2}}{\omega}\right|.$$

频谱图如图 7.2 所示(图中只画出了 $\omega\geqslant0$ 这一半).

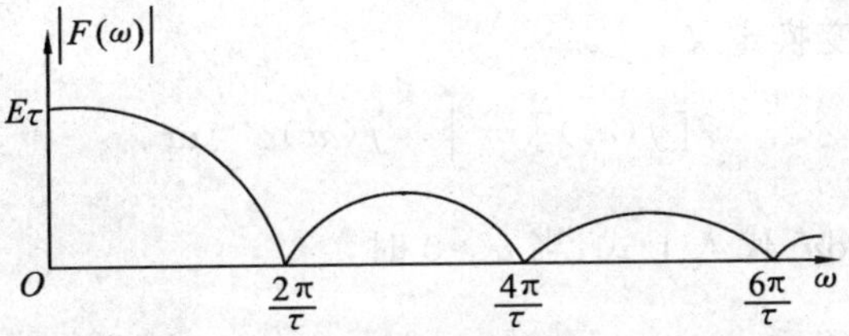

图 7.2

在物理学和工程技术中，会遇到很多非周期函数，它们的频谱不一一列举了. 本书将一些常见函数的傅里叶变换(或频谱)列于附录 1 中，以备读者查用.

7.2.2 傅里叶变换的性质

本节介绍傅里叶变换的一些重要性质. 以下的叙述和证明中，都假定所涉及的傅里叶变换存在.

1. 线性性质

$$\mathscr{F}[\alpha f_1(t)+\beta f_2(t)]=\alpha\mathscr{F}[f_1(t)]+\beta\mathscr{F}[f_2(t)],\tag{7.7}$$

$$\mathscr{F}^{-1}[\alpha F_1(\omega)+\beta F_2(\omega)]=\alpha\mathscr{F}^{-1}[F_1(\omega)]+\beta\mathscr{F}^{-1}[F_2(\omega)],\tag{7.8}$$

其中，α,β 为常数.

2. 对称性质

若 $F(\omega)=\mathscr{F}[f(t)]$，则有

$$\mathscr{F}[F(t)]=2\pi f(-\omega).\tag{7.9}$$

证 由傅里叶逆变换，有

$$f(t)=\frac{1}{2\pi}\int_{-\infty}^{+\infty}F(\omega)\mathrm{e}^{\mathrm{j}\omega t}\mathrm{d}\omega,$$

所以

$$f(-t)=\frac{1}{2\pi}\int_{-\infty}^{+\infty}F(\omega)\mathrm{e}^{-\mathrm{j}\omega t}\mathrm{d}\omega,$$

将变量 t 与 ω 互换,可得

$$2\pi f(-\omega)=\int_{-\infty}^{+\infty}F(t)\mathrm{e}^{-\mathrm{j}\omega t}\mathrm{d}t=\mathscr{F}[F(t)],$$

故

$$\mathscr{F}[F(t)]=2\pi f(-\omega).$$

3. 相似性质

若 $F(\omega)=\mathscr{F}[f(t)],a\neq 0$,则有

$$\mathscr{F}[f(at)]=\frac{1}{|a|}F\left(\frac{\omega}{a}\right). \tag{7.10}$$

证 由傅里叶变换定义,

$$\mathscr{F}[f(at)]=\int_{-\infty}^{+\infty}f(at)\mathrm{e}^{-\mathrm{j}\omega t}\mathrm{d}t.$$

令 $u=at$,则 $\mathrm{d}t=\frac{1}{a}\mathrm{d}u$. 代入上式,当 $a>0$ 时,

$$\mathscr{F}[f(at)]=\frac{1}{a}\int_{-\infty}^{+\infty}f(u)\mathrm{e}^{-\mathrm{j}\frac{\omega}{a}u}\mathrm{d}u=\frac{1}{a}F\left(\frac{\omega}{a}\right);$$

当 $a<0$ 时,

$$\mathscr{F}[f(at)]=\frac{1}{a}\int_{+\infty}^{-\infty}f(u)\mathrm{e}^{-\mathrm{j}\frac{\omega}{a}u}\mathrm{d}u=-\frac{1}{a}\int_{-\infty}^{+\infty}f(u)\mathrm{e}^{-\mathrm{j}\frac{\omega}{a}u}\mathrm{d}u=-\frac{1}{a}F\left(\frac{\omega}{a}\right).$$

综上,便得

$$\mathscr{F}[f(at)]=\frac{1}{|a|}F\left(\frac{\omega}{a}\right).$$

4. 位移性质

若 $F(\omega)=\mathscr{F}[f(t)]$,则

(1) $\mathscr{F}[f(t\pm t_0)]=\mathrm{e}^{\pm\mathrm{j}\omega t_0}F(\omega)$; (7.11)

(2) $\mathscr{F}^{-1}[F(\omega\mp\omega_0)]=\mathrm{e}^{\pm\mathrm{j}\omega_0 t}f(t)$. (7.12)

证 由傅里叶变换定义,

$$\mathscr{F}[f(t\pm t_0)]=\int_{-\infty}^{+\infty}f(t\pm t_0)\mathrm{e}^{-\mathrm{j}\omega t}\mathrm{d}t.$$

令 $u=t\pm t_0$,代入上式得

$$\begin{aligned}\mathscr{F}[f(t\pm t_0)]&=\int_{-\infty}^{+\infty}f(u)\mathrm{e}^{-\mathrm{j}\omega(u\mp t_0)}\mathrm{d}u\\&=\mathrm{e}^{\pm\mathrm{j}\omega t_0}\int_{-\infty}^{+\infty}f(u)\mathrm{e}^{-\mathrm{j}\omega u}\mathrm{d}u\\&=\mathrm{e}^{\pm\mathrm{j}\omega t_0}F(\omega).\end{aligned}$$

同理可证另一式.

式(7.11)表明:时间函数 $f(t)$ 沿 t 轴向左(或向右)位移 t_0 的傅里叶变换等于 $f(t)$ 的傅里叶变换乘以因子 $e^{j\omega t_0}$(或 $e^{-j\omega t_0}$).

式(7.12)表明:频谱函数 $F(\omega)$ 沿 ω 轴向右(或向左)位移 ω_0 的傅里叶逆变换等于 $f(t)$ 乘以因子 $e^{j\omega_0 t}$(或 $e^{-j\omega_0 t}$).

例 7.4 求矩形单脉冲 $f(t)=\begin{cases}E, & 0<t<\tau,\\ 0, & \text{其他}\end{cases}$ 的频谱函数.

解 由例 7.3 可知,矩形单脉冲

$$f_1(t)=\begin{cases}E, & -\dfrac{\tau}{2}<t<\dfrac{\tau}{2},\\ 0, & \text{其他}\end{cases}$$

的频谱函数

$$F_1(\omega)=\frac{2E}{\omega}\sin\frac{\omega\tau}{2}.$$

利用位移性质,因

$$f(t)=f_1\left(t-\frac{\tau}{2}\right),$$

故

$$\begin{aligned}F(\omega)&=\mathscr{F}[f(t)]=\mathscr{F}\left[f_1\left(t-\frac{\tau}{2}\right)\right]=e^{-j\frac{\omega\tau}{2}}F_1(\omega)\\&=\frac{2E}{\omega}e^{-j\frac{\omega\tau}{2}}\sin\frac{\omega\tau}{2}.\end{aligned}$$

此题也可像例 7.3 那样,用傅里叶变换定义去求.

5. 微分性质

若函数 $f(t)$ 在$(-\infty,+\infty)$上连续或只有有限个可去间断点,并且 $\lim\limits_{|t|\to+\infty} f(t)=0$,则

(1) $\mathscr{F}[f'(t)]=j\omega\mathscr{F}[f(t)]$; (7.13)

(2) $\dfrac{d}{d\omega}F(\omega)=\mathscr{F}[-jtf(t)]$. (7.14)

证 (1) 由傅里叶变换定义,并利用分部积分可得

$$\begin{aligned}\mathscr{F}[f'(t)]&=\int_{-\infty}^{+\infty}f'(t)e^{-j\omega t}dt\\&=f(t)e^{-j\omega t}\Big|_{-\infty}^{+\infty}+j\omega\int_{-\infty}^{+\infty}f(t)e^{-j\omega t}dt\\&=j\omega\mathscr{F}[f(t)].\end{aligned}$$

(2) 在以下证明中总假定积分和微分运算次序可交换.

$$\frac{d}{d\omega}F(\omega)=\frac{d}{d\omega}\int_{-\infty}^{+\infty}f(t)e^{-j\omega t}dt=\int_{-\infty}^{+\infty}f(t)\frac{de^{-j\omega t}}{d\omega}dt$$
$$=\int_{-\infty}^{+\infty}-jtf(t)e^{-j\omega t}dt=\mathscr{F}[-jtf(t)].$$

推论 如果函数 $f^{(k)}(t)$ 在 $(-\infty,+\infty)$ 上连续或只有有限个可去间断点，且有 $\lim\limits_{|t|\to+\infty}f^{(k)}(t)=0,k=0,1,2,\cdots,n-1$,则

(1) $\mathscr{F}[f^{(n)}(t)]=(j\omega)^n\mathscr{F}[f(t)]$; (7.15)

(2) $\dfrac{d^n}{d\omega^n}F(\omega)=(-j)^n\mathscr{F}[t^nf(t)]$. (7.16)

例 7.5 已知函数 $f(t)=\begin{cases}0, & t<0,\\ te^{-\beta t}, & t\geqslant 0\end{cases}$ (其中 $\beta>0$),求 $\mathscr{F}[f(t)]$.

解 令 $f_1(t)=\begin{cases}0, & t<0,\\ e^{-\beta t}, & t\geqslant 0,\end{cases}$ 由例 7.2 知 $\mathscr{F}[f_1(t)]=\dfrac{1}{\beta+j\omega}$,故有

$$\mathscr{F}[f(t)]=F[tf_1(t)]=j\frac{d}{d\omega}F(\omega)=\frac{1}{(\beta+j\omega)^2}.$$

6. 积分性质

如果当 $t\to+\infty$ 时, $g(t)=\int_{-\infty}^{t}f(t)dt\to 0$,则

$$\mathscr{F}[g(t)]=\frac{1}{j\omega}\mathscr{F}[f(t)].\tag{7.17}$$

证 因为

$$\frac{d}{dt}\left[\int_{-\infty}^{t}f(t)dt\right]=f(t),$$

所以

$$\mathscr{F}\left[\frac{d}{dt}\int_{-\infty}^{t}f(t)dt\right]=\mathscr{F}[f(t)],$$

由微分性质

$$\mathscr{F}\left[\frac{d}{dt}\int_{-\infty}^{t}f(t)dt\right]=j\omega\mathscr{F}\left[\int_{-\infty}^{t}f(t)dt\right],$$

故

$$\mathscr{F}\left[\int_{-\infty}^{t}f(t)dt\right]=\frac{1}{j\omega}\mathscr{F}[f(t)].$$

7. 卷积与卷积定理

定义 7.1 若给定两个函数 $f_1(t)$ 和 $f_2(t)$，则由积分

$$\int_{-\infty}^{+\infty} f_1(\tau) f_2(t-\tau)\mathrm{d}\tau$$

确定的 t 的函数称为函数 $f_1(t)$ 与 $f_2(t)$ 的卷积，记作 $f_1(t) * f_2(t)$，即

$$f_1(t) * f_2(t) = \int_{-\infty}^{+\infty} f_1(\tau) f_2(t-\tau)\mathrm{d}\tau. \tag{7.18}$$

可以证明，卷积满足以下性质：

(1) 交换律：$f_1(t) * f_2(t) = f_2(t) * f_1(t)$；

(2) 分配律：$f_1(t) * [f_2(t) + f_3(t)] = f_1(t) * f_2(t) + f_1(t) * f_3(t)$.

例 7.6 设函数

$$f_1(t) = \begin{cases} 0, & t<0, \\ 1, & t \geqslant 0, \end{cases} \quad f_2(t) = \begin{cases} 0, & t<0, \\ \mathrm{e}^{-t}, & t \geqslant 0, \end{cases}$$

求 $f_1(t) * f_2(t)$.

解 由卷积定义，得

$$\begin{aligned} f_1(t) * f_2(t) &= \int_{-\infty}^{+\infty} f_1(\tau) f_2(t-\tau)\mathrm{d}\tau = \int_0^t 1 \cdot \mathrm{e}^{-(t-\tau)}\mathrm{d}\tau \\ &= \mathrm{e}^{-t}\int_0^t \mathrm{e}^{\tau}\mathrm{d}\tau = \mathrm{e}^{-t}(\mathrm{e}^{t}-1) = 1-\mathrm{e}^{-t}. \end{aligned}$$

注意，本题中如何确定 $f_1(\tau) f_2(t-\tau) \neq 0$ 的区间，可以用解不等式组的方法解决. 即要求

$$\begin{cases} \tau \geqslant 0, \\ t-\tau \geqslant 0 \end{cases} \quad 或 \quad \begin{cases} \tau \geqslant 0, \\ \tau \leqslant t \end{cases}$$

成立. 可见，$f_1(\tau) f_2(t-\tau) \neq 0$ 的区间为 $[0, t]$.

此外，还可以分别画出 $f_1(\tau)$ 和 $f_2(t-\tau)$ 的图形，找出 $f_1(\tau) f_2(t-\tau) \neq 0$ 的区间.

定理 7.2(卷积定理) 设 $f_1(t), f_2(t)$ 都满足傅里叶积分定理中的条件，且 $\mathscr{F}[f_1(t)] = F_1(\omega)$，$\mathscr{F}[f_2(t)] = F_2(\omega)$，则有

(1) $\mathscr{F}[f_1(t) * f_2(t)] = F_1(\omega) \cdot F_2(\omega)$； (7.19)

(2) $\mathscr{F}[f_1(t) \cdot f_2(t)] = \dfrac{1}{2\pi} F_1(\omega) * F_2(\omega)$. (7.20)

证 只证明式(1)，类似可证式(2).

由傅里叶变换定义，

$$\begin{aligned}\mathscr{F}[f_1(t)*f_2(t)] &= \int_{-\infty}^{+\infty}[f_1(t)*f_2(t)]\mathrm{e}^{-\mathrm{j}\omega t}\mathrm{d}t\\ &= \int_{-\infty}^{+\infty}\left[\int_{-\infty}^{+\infty}f_1(\tau)f_2(t-\tau)\mathrm{d}\tau\right]\mathrm{e}^{-\mathrm{j}\omega t}\mathrm{d}t\\ &= \int_{-\infty}^{+\infty}\int_{-\infty}^{+\infty}f_1(\tau)\mathrm{e}^{-\mathrm{j}\omega\tau}\cdot f_2(t-\tau)\mathrm{e}^{-\mathrm{j}\omega(t-\tau)}\mathrm{d}\tau\mathrm{d}t\\ &= \int_{-\infty}^{+\infty}f_1(\tau)\mathrm{e}^{-\mathrm{j}\omega\tau}\left[\int_{-\infty}^{+\infty}f_2(t-\tau)\mathrm{e}^{-\mathrm{j}\omega(t-\tau)}\mathrm{d}t\right]\mathrm{d}\tau\\ &= F_1(\omega)\cdot F_2(\omega).\end{aligned}$$

推论 设 $f_k(t)(k=1,2,\cdots,n)$ 都满足傅里叶积分定理中的条件，且 $\mathscr{F}[f_k(t)]=F_k(\omega)(k=1,2,\cdots,n)$，则有

(1) $\mathscr{F}[f_1(t)*f_2(t)*\cdots*f_n(t)]=F_1(\omega)\cdot F_2(\omega)\cdot\cdots\cdot F_n(\omega)$；

(2) $\mathscr{F}[f_1(t)\cdot f_2(t)\cdot\cdots\cdot f_n(t)]=\dfrac{1}{(2\pi)^{n-1}}F_1(\omega)*F_2(\omega)*\cdots*F_n(\omega)$.

由上可见，卷积并不总是容易计算，但卷积定理提供了卷积计算的简便方法．这就使得卷积在线性系统分析中成为特别有用的方法．

8*．乘积定理与能量积分

定理 7.3 设 $\mathscr{F}[f_1(t)]=F_1(\omega)$，$\mathscr{F}[f_2(t)]=F_2(\omega)$，这里 $f_1(t)$，$f_2(t)$ 均为实函数，则有

$$\int_{-\infty}^{+\infty}f_1(t)f_2(t)\mathrm{d}t=\frac{1}{2\pi}\int_{-\infty}^{+\infty}\overline{F_1(\omega)}F_2(\omega)\mathrm{d}\omega=\frac{1}{2\pi}\int_{-\infty}^{+\infty}F_1(\omega)\overline{F_2(\omega)}\mathrm{d}\omega, \tag{7.21}$$

其中 $\overline{F_1(\omega)}$，$\overline{F_2(\omega)}$ 为 $F_1(\omega)$，$F_2(\omega)$ 的共轭函数．

证

$$\begin{aligned}\int_{-\infty}^{+\infty}f_1(t)f_2(t)\mathrm{d}t &= \int_{-\infty}^{+\infty}f_1(t)\left[\frac{1}{2\pi}\int_{-\infty}^{+\infty}F_2(\omega)\mathrm{e}^{\mathrm{j}\omega t}\mathrm{d}\omega\right]\mathrm{d}t\\ &= \frac{1}{2\pi}\int_{-\infty}^{+\infty}F_2(\omega)\left[\int_{-\infty}^{+\infty}f_1(t)\mathrm{e}^{\mathrm{j}\omega t}\mathrm{d}t\right]\mathrm{d}\omega.\end{aligned}$$

因为 $\mathrm{e}^{\mathrm{j}\omega t}=\overline{\mathrm{e}^{-\mathrm{j}\omega t}}$，并且 $f_1(t)$ 为实函数，所以

$$f_1(t)\mathrm{e}^{\mathrm{j}\omega t}=f_1(t)\overline{\mathrm{e}^{-\mathrm{j}\omega t}}=\overline{f_1(t)\mathrm{e}^{-\mathrm{j}\omega t}}.$$

于是

$$\begin{aligned}\int_{-\infty}^{+\infty}f_1(t)f_2(t)\mathrm{d}t &= \frac{1}{2\pi}\int_{-\infty}^{+\infty}F_2(\omega)\left[\int_{-\infty}^{+\infty}\overline{f_1(t)\mathrm{e}^{-\mathrm{j}\omega t}}\mathrm{d}t\right]\mathrm{d}\omega\\ &= \frac{1}{2\pi}\int_{-\infty}^{+\infty}F_2(\omega)\left[\overline{\int_{-\infty}^{+\infty}f_1(t)\mathrm{e}^{-\mathrm{j}\omega t}\mathrm{d}t}\right]\mathrm{d}\omega\\ &= \frac{1}{2\pi}\int_{-\infty}^{+\infty}\overline{F_1(\omega)}F_2(\omega)\mathrm{d}\omega.\end{aligned}$$

同理可证

$$\int_{-\infty}^{+\infty} f_1(t) f_2(t)\,\mathrm{d}t = \frac{1}{2\pi}\int_{-\infty}^{+\infty} F_1(\omega)\,\overline{F_2(\omega)}\,\mathrm{d}\omega.$$

若令 $f_1(t)=f_2(t)=f(t)$，则有下面的推论.

推论(Parseval 等式) 若 $\mathscr{F}[f(t)]=F(\omega)$，则有

$$\int_{-\infty}^{+\infty} [f(t)]^2\,\mathrm{d}t = \frac{1}{2\pi}\int_{-\infty}^{+\infty} |F(\omega)|^2\,\mathrm{d}\omega. \tag{7.22}$$

在上式中，记

$$S(\omega)=|F(\omega)|^2$$

为能量密度函数(或能量谱密度). 将它对所有频率积分就得到 $f(t)$的总能量

$$\int_{-\infty}^{+\infty} [f(t)]^2\,\mathrm{d}t.$$

故 Parseval 等式又称为能量积分. 利用能量积分可以计算某些积分.

例 7.7 求 $\displaystyle\int_{-\infty}^{+\infty} \frac{\sin^2 x}{x^2}\mathrm{d}x$.

解 令 $f(t)=\dfrac{\sin t}{t}$，则查附录 1 可得

$$F(\omega)=\mathscr{F}[f(t)]=\begin{cases}\pi, & |\omega|<1\\ 0, & \text{其他}.\end{cases}$$

从而由 Parseval 等式，有

$$\int_{-\infty}^{+\infty} \frac{\sin^2 x}{x^2}\mathrm{d}x = \frac{1}{2\pi}\int_{-\infty}^{+\infty} |F(\omega)|^2\,\mathrm{d}\omega = \frac{1}{2\pi}\int_{-1}^{1} \pi^2\,\mathrm{d}\omega = \pi.$$

9*. 自相关定理

定义 7.2 称积分

$$\int_{-\infty}^{+\infty} f(t) f(t+\tau)\,\mathrm{d}t$$

为函数 $f(t)$的自相关函数(简称相关函数)，记作 $R(\tau)$，即

$$R(\tau) = \int_{-\infty}^{+\infty} f(t) f(t+\tau)\,\mathrm{d}t.$$

定理 7.4(自相关定理) 若 $\mathscr{F}[f(t)]=F(\omega)$，则有

$$\int_{-\infty}^{+\infty} f(t) f(t+\tau)\,\mathrm{d}t = \mathscr{F}^{-1}[|F(\omega)|^2]. \tag{7.23}$$

证 由位移性质知

$$\mathscr{F}[f(t+\tau)]=\mathrm{e}^{\mathrm{j}\omega\tau}F(\omega),$$

再由乘积定理，得

$$\int_{-\infty}^{+\infty} f(t)f(t+\tau)\mathrm{d}t = \frac{1}{2\pi}\int_{-\infty}^{+\infty} \overline{F(\omega)}\mathrm{e}^{\mathrm{j}\omega\tau}F(\omega)\mathrm{d}\omega$$
$$= \frac{1}{2\pi}\int_{-\infty}^{+\infty} |F(\omega)|^2\mathrm{e}^{\mathrm{j}\omega\tau}\mathrm{d}\omega$$
$$= \mathscr{F}^{-1}[|F(\omega)|^2].$$

7.3 δ-函数与广义傅里叶变换

7.3.1 δ-函数的定义

在物理和工程技术中，许多物理现象具有脉冲性质．如在电学中，要研究线性电路受具有脉冲性质的电势作用后所产生的电流；在力学中，要研究机械系统受冲击力作用力后的运动规律等，而研究此类问题就会用到单位脉冲函数．

在原来电流为零的电路中，设某一瞬时($t=0$)进入一单位电量的脉冲，现在要确定电路上 t 时刻的电流 $i(t)$．用 $q(t)$ 表示上述电路中的电荷函数，则

$$q(t)=\begin{cases}0, & t\neq 0,\\ 1, & t=0.\end{cases}$$

由于电流强度是电荷函数对时间的变化率，即

$$i(t)=\frac{\mathrm{d}q(t)}{\mathrm{d}t}=\lim_{\Delta t\to 0}\frac{q(t+\Delta t)-q(t)}{\Delta t}=\begin{cases}0, & t\neq 0,\\ \infty, & t=0.\end{cases}$$

因 $t=0$ 时，$q(t)$不连续，从而在普通导数意义下，$q(t)$在 $t=0$ 不可导．即在通常意义下的函数类中找不到一个函数能够用来表示上述电路中的电流强度，为此需要引入一个新的函数，称为狄拉克(Dirac)函数，简单地记成 δ-函数．用它可描述一些集中于一点或一瞬间的量，如点电荷、点热源等等．

在数学上，δ-函数定义为

$$\delta_\varepsilon(t)=\begin{cases}0, & t<0,\\ \dfrac{1}{\varepsilon}, & 0\leqslant t\leqslant\varepsilon,\\ 0, & t>\varepsilon\end{cases}$$

的弱极限．即对于任何一个无穷次可微的函数 $f(t)$，有

$$\lim_{\varepsilon\to 0}\int_{-\infty}^{+\infty}\delta_\varepsilon(t)f(t)\mathrm{d}t=\int_{-\infty}^{+\infty}\delta(t)f(t)\mathrm{d}t. \tag{7.24}$$

这样的函数 $\delta(t)$称为 δ-函数．

注　δ-函数是一个广义函数，它没有普通意义下的“函数值”，也不能用通常意义下的“值的对应关系”定义．形式上，δ-函数可看成普通函数序列的极限，即

$$\delta(t)=\lim_{\varepsilon\to 0}\delta_\varepsilon(t).$$

7.3.2 δ-函数的性质

对于上述定义的 δ-函数，有下列性质：

(1) $\int_{-\infty}^{+\infty}\delta(t)\mathrm{d}t=1.$

证 由 δ-函数的定义，当取 $f(t)=1$ 时，有

$$\lim_{\varepsilon\to 0}\int_{-\infty}^{+\infty}\delta_\varepsilon(t)f(t)\mathrm{d}t=\lim_{\varepsilon\to 0}\int_0^\varepsilon\frac{1}{\varepsilon}\mathrm{d}t=1,$$

所以

$$\int_{-\infty}^{+\infty}\delta(t)\mathrm{d}t=1.$$

工程上，一般称 δ-函数为单位脉冲函数，且常常将 δ-函数用一个长度等于 1 的有向线段表示(见图 7.3)，这个线段的长度表示 δ-函数的积分值，称为 δ-函数的强度.

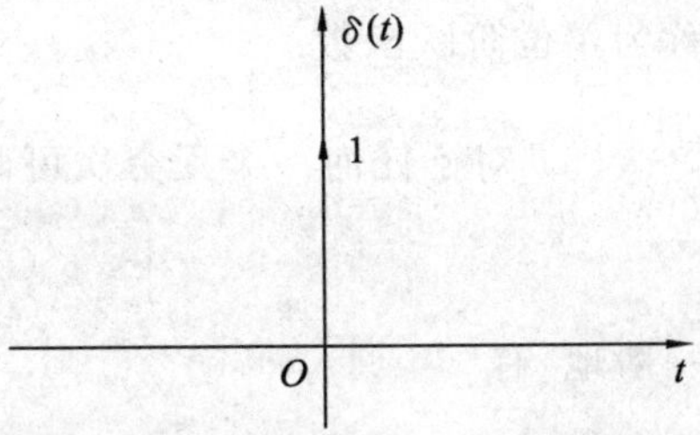

图 7.3

(2) 对于任何一个无穷次可微的函数 $f(t)$，有

$$\int_{-\infty}^{+\infty}\delta(t)f(t)\mathrm{d}t=f(0). \tag{7.25}$$

证 因为

$$\begin{aligned}\int_{-\infty}^{+\infty}\delta(t)f(t)\mathrm{d}t&=\lim_{\varepsilon\to 0}\int_{-\infty}^{+\infty}\delta_\varepsilon(t)f(t)\mathrm{d}t\\&=\lim_{\varepsilon\to 0}\int_0^\varepsilon\frac{1}{\varepsilon}f(t)\mathrm{d}t\\&=\lim_{\varepsilon\to 0}\frac{1}{\varepsilon}\int_0^\varepsilon f(t)\mathrm{d}t,\end{aligned}$$

由积分中值定理，有

$$\int_{-\infty}^{+\infty}\delta(t)f(t)\mathrm{d}t=\lim_{\varepsilon\to 0}\frac{1}{\varepsilon}f(\theta\varepsilon)\cdot\varepsilon=f(0)\quad(0<\theta<1),$$

所以 $$\int_{-\infty}^{+\infty}\delta(t)f(t)\mathrm{d}t=f(0).$$

一般地，还有

$$\int_{-\infty}^{+\infty}\delta(t-t_0)f(t)\mathrm{d}t=f(t_0). \tag{7.26}$$

此性质称为 δ-函数的筛选性质，这是 δ-函数的一个重要结果，它在近代物理和工程技术中有着较广泛的应用. 该性质表明，尽管 δ-函数没有普通意义下的函

数值,但它与任何一个无穷次可微函数的乘积在$(-\infty,+\infty)$上的积分是一个固定值$f(0)$或$f(t_0)$.

(3) δ-函数为偶函数,即$\delta(t)=\delta(-t)$.

(4) δ-函数是单位阶跃函数的导数,即$\frac{\mathrm{d}}{\mathrm{d}t}u(t)=\delta(t)$,其中

$$u(t)=\begin{cases}1, & t>0,\\ 0, & t<0\end{cases}$$

称为单位阶跃函数.

(5) 对于任何一个无穷次可微的函数$f(t)$,有

$$\int_{-\infty}^{+\infty}\delta'(t)f(t)\mathrm{d}t=-f'(0),$$

一般地,有

$$\int_{-\infty}^{+\infty}\delta^{(n)}(t)f(t)\mathrm{d}t=(-1)^n f^{(n)}(0).$$

它们的证明留作习题.

7.3.3 广义傅里叶变换

利用δ-函数的性质,可求δ-函数的傅里叶变换:

$$\mathscr{F}[\delta(t)]=\int_{-\infty}^{+\infty}\delta(t)\mathrm{e}^{-\mathrm{j}\omega t}\mathrm{d}t=\mathrm{e}^{-\mathrm{j}\omega t}\big|_{t=0}=1,$$

$$\mathscr{F}[\delta(t-t_0)]=\int_{-\infty}^{+\infty}\delta(t-t_0)\mathrm{e}^{-\mathrm{j}\omega t}\mathrm{d}t=\mathrm{e}^{-\mathrm{j}\omega t}\big|_{t=t_0}=\mathrm{e}^{-\mathrm{j}\omega t_0},$$

所以$\delta(t)$和1,$\delta(t-t_0)$和$\mathrm{e}^{-\mathrm{j}\omega t_0}$分别构成了傅里叶变换对.

需要指出的是:上式中出现的广义积分,不是普通意义下的积分值,而是按照式(7.25)及式(7.26)定义的.因此,我们把傅里叶变换式或其逆变换式中出现δ-函数的这样一种变换视为广义傅里叶变换.为了方便起见,仍旧将广义傅里叶变换写成古典定义的形式.

在工程技术中,有许多重要的函数,如单位阶跃函数、常数函数以及正、余弦函数等,都不满足傅里叶积分定理中的绝对可积条件,然而引进δ-函数以后,这些函数的广义傅里叶变换是存在的.

例 7.8 证明单位阶跃函数$u(t)=\begin{cases}1, & t>0,\\ 0, & t<0\end{cases}$的傅里叶变换为

$$F(\omega)=\frac{1}{\mathrm{j}\omega}+\pi\delta(\omega).$$

证 要证 $F(\omega)=\frac{1}{\mathrm{j}\omega}+\pi\delta(\omega)$，只要证 $\mathscr{F}^{-1}[F(\omega)]=u(t)$.

$$\begin{aligned}f(t)&=\mathscr{F}^{-1}[F(\omega)]=\frac{1}{2\pi}\int_{-\infty}^{+\infty}F(\omega)\mathrm{e}^{\mathrm{j}\omega t}\mathrm{d}\omega\\&=\frac{1}{2\pi}\int_{-\infty}^{+\infty}\left[\frac{1}{\mathrm{j}\omega}+\pi\delta(\omega)\right]\mathrm{e}^{\mathrm{j}\omega t}\mathrm{d}\omega=\frac{1}{2\pi}\int_{-\infty}^{+\infty}\frac{1}{\mathrm{j}\omega}\mathrm{e}^{\mathrm{j}\omega t}\mathrm{d}\omega+\frac{1}{2}\int_{-\infty}^{+\infty}\delta(\omega)\mathrm{e}^{\mathrm{j}\omega t}\mathrm{d}\omega\\&=\frac{1}{\pi}\int_{0}^{+\infty}\frac{\sin\omega t}{\omega}\mathrm{d}\omega+\frac{1}{2}.\end{aligned}$$

已知狄利克雷积分 $\int_0^{+\infty}\frac{\sin\omega}{\omega}\mathrm{d}\omega=\frac{\pi}{2}$，因此有

$$\int_0^{+\infty}\frac{\sin\omega t}{\omega}\mathrm{d}\omega=\begin{cases}\frac{\pi}{2}, & t>0,\\0, & t=0,\\-\frac{\pi}{2}, & t<0.\end{cases}$$

代入到 $f(t)$ 的表达式中，当 $t\neq 0$ 时，有

$$f(t)=\frac{1}{\pi}\int_0^{+\infty}\frac{\sin\omega t}{\omega}\mathrm{d}\omega+\frac{1}{2}=\begin{cases}1, & t>0,\\0, & t<0.\end{cases}$$

所以 $\frac{1}{\mathrm{j}\omega}+\pi\delta(\omega)$ 的傅里叶逆变换为 $u(t)$，即 $u(t)$ 和 $\frac{1}{\mathrm{j}\omega}+\pi\delta(\omega)$ 构成了一个傅里叶变换对.

例 7.9 证明：

(1) 1 和 $2\pi\delta(\omega)$ 构成了一个傅里叶变换对；

(2) $\mathrm{e}^{\mathrm{j}\omega_0 t}$ 和 $2\pi\delta(\omega-\omega_0)$ 构成了一个傅里叶变换对.

证 (1) 因为

$$\mathscr{F}^{-1}[2\pi\delta(\omega)]=\frac{1}{2\pi}\int_{-\infty}^{+\infty}2\pi\delta(\omega)\mathrm{e}^{\mathrm{j}\omega t}\mathrm{d}\omega=\mathrm{e}^{\mathrm{j}\omega t}\Big|_{\omega=0}=1,$$

即有 $$\mathscr{F}[1]=2\pi\delta(\omega).$$

所以 1 和 $2\pi\delta(\omega)$ 构成了一个傅里叶变换对.

(2) 由于

$$\mathscr{F}^{-1}[2\pi\delta(\omega-\omega_0)]=\frac{1}{2\pi}\int_{-\infty}^{+\infty}2\pi\delta(\omega-\omega_0)\mathrm{e}^{\mathrm{j}\omega t}\mathrm{d}\omega=\mathrm{e}^{\mathrm{j}\omega t}\Big|_{\omega=\omega_0}=\mathrm{e}^{\mathrm{j}\omega_0 t},$$

即有 $$\mathscr{F}[\mathrm{e}^{\mathrm{j}\omega_0 t}]=2\pi\delta(\omega-\omega_0).$$

因而 $\mathrm{e}^{\mathrm{j}\omega_0 t}$ 和 $2\pi\delta(\omega-\omega_0)$ 构成了一个傅里叶变换对.

由此可得

$$\int_{-\infty}^{+\infty}\mathrm{e}^{-\mathrm{j}\omega t}\mathrm{d}t=2\pi\delta(\omega),$$

$$\int_{-\infty}^{+\infty}\mathrm{e}^{-\mathrm{j}(\omega-\omega_0)t}\mathrm{d}t=2\pi\delta(\omega-\omega_0).$$

例 7.10 求余弦函数 $f(t)=\cos\omega_0 t$ 的傅里叶变换.

解 $$F(\omega)=\mathscr{F}[f(t)]=\mathscr{F}[\cos\omega_0 t]=\int_{-\infty}^{+\infty}\mathrm{e}^{-\mathrm{j}\omega t}\cos\omega_0 t\,\mathrm{d}t$$
$$=\int_{-\infty}^{+\infty}\frac{\mathrm{e}^{\mathrm{j}\omega_0 t}+\mathrm{e}^{-\mathrm{j}\omega_0 t}}{2}\mathrm{e}^{-\mathrm{j}\omega t}\mathrm{d}t=\frac{1}{2}\int_{-\infty}^{+\infty}[\mathrm{e}^{-\mathrm{j}(\omega-\omega_0)t}+\mathrm{e}^{-\mathrm{j}(\omega+\omega_0)t}]\mathrm{d}t$$
$$=\frac{1}{2}[2\pi\delta(\omega-\omega_0)+2\pi\delta(\omega+\omega_0)]=\pi[\delta(\omega-\omega_0)+\delta(\omega+\omega_0)].$$

同理可得
$$\mathscr{F}[\sin\omega_0 t]=\mathrm{j}\pi[\delta(\omega+\omega_0)-\delta(\omega-\omega_0)].$$

傅里叶变换在数学领域及工程技术方面都有着广泛的应用.前面已经给出了它在频谱分析上的应用,这里仅仅对如何应用傅里叶变换求解某些数学物理方程,作简单介绍.

首先运用傅里叶变换的性质,对方程两边取傅里叶变换,得到像函数的代数方程,解此代数方程求出像函数,然后再取傅里叶逆变换可得原方程的解.

例 7.11 求微分积分方程
$$ax'(t)+bx(t)+c\int_{-\infty}^{t}x(t)\mathrm{d}t=h(t)$$
的解,其中$-\infty<t<+\infty$,a,b,c 为常数,$h(t)$为已知实函数.

解 设
$$\mathscr{F}[x(t)]=X(\omega),$$
$$\mathscr{F}[h(t)]=H(\omega),$$
对方程两边同时施以傅里叶变换,得
$$a\mathscr{F}[x'(t)]+b\mathscr{F}[x(t)]+c\mathscr{F}\left[\int_{-\infty}^{t}x(t)\mathrm{d}t\right]=\mathscr{F}[h(t)].$$
应用微分与积分性质,有
$$a\mathrm{j}\omega X(\omega)+bX(\omega)+\frac{c}{\mathrm{j}\omega}X(\omega)=H(\omega).$$
解得
$$X(\omega)=\frac{H(\omega)}{b+\mathrm{j}\left(a\omega-\frac{c}{\omega}\right)},$$
再取傅里叶逆变换,得原方程的解
$$x(t)=\mathscr{F}^{-1}[X(\omega)]=\mathscr{F}^{-1}\left[\frac{H(\omega)}{b+\mathrm{j}\left(a\omega-\frac{c}{\omega}\right)}\right]$$
$$=\frac{1}{2\pi}\int_{-\infty}^{+\infty}\frac{H(\omega)}{b+\mathrm{j}\left(a\omega-\frac{c}{\omega}\right)}\mathrm{e}^{\mathrm{j}\omega t}\mathrm{d}\omega.$$

例 7.12 求具有电动势 $f(t)$ 的 LRC 电路(见图 7.4)的电流，其中 L 为电感，R 为电阻，C 为电容，$f(t)$ 为电动势.

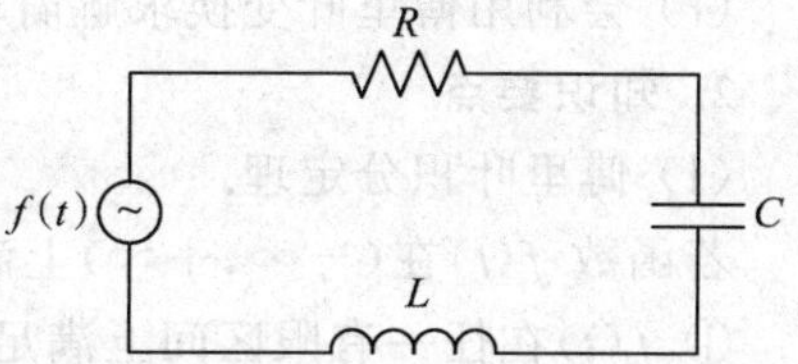

图 7.4

解 设 $I(t)$ 表示电路在 t 时刻的电流，根据基尔霍夫定律，$I(t)$ 适合如下方程

$$L\frac{\mathrm{d}I}{\mathrm{d}t}+RI+\frac{1}{C}\int_{-\infty}^{t}I\mathrm{d}t=f(t).$$

两端对 t 求导，得

$$L\frac{\mathrm{d}^2 I}{\mathrm{d}^2 t}+R\frac{\mathrm{d}I}{\mathrm{d}t}+\frac{1}{C}I=f'(t).$$

两端取傅里叶变换，并记

$$I(\omega)=\mathscr{F}[I(t)],F(\omega)=\mathscr{F}[f(t)],$$

有

$$-L\omega^2 I(\omega)+R(\mathrm{j}\omega)I(\omega)+\frac{1}{C}I(\omega)=\mathrm{j}\omega F(\omega),$$

从而

$$I(\omega)=\frac{\mathrm{j}\omega F(\omega)}{R\mathrm{j}\omega+\frac{1}{C}-L\omega^2}.$$

再取傅里叶逆变换，得

$$\begin{aligned}I(t)&=\mathscr{F}^{-1}[I(\omega)]\\&=\frac{1}{2\pi}\int_{-\infty}^{+\infty}\frac{\mathrm{j}\omega F(\omega)}{R\mathrm{j}\omega+\frac{1}{C}-L\omega^2}\mathrm{e}^{\mathrm{j}\omega t}\mathrm{d}\omega.\end{aligned}$$

本章小结

1. 重点与难点、要求

本章的重点是掌握傅里叶变换的概念，理解傅里叶变换的性质，并会求工程技术上常用函数的傅里叶变换. 难点是 δ-函数的理解以及傅里叶变换性质的灵活应用.

要求如下：

(1) 了解傅里叶积分与傅里叶积分定理；

(2) 掌握傅里叶变换的概念，会求工程技术上常用函数的傅里叶变换；

(3) 理解傅里叶变换的性质，并会利用性质求傅里叶变换；

(4) 理解卷积概念，掌握卷积定理，会求卷积；

(5) 了解频谱的概念；

(6) 理解 δ-函数的概念及性质，会求广义傅里叶变换；

(7) 会利用傅里叶变换求解简单的微分积分方程.

2. 知识要点

(1) 傅里叶积分定理.

若函数 $f(t)$在$(-\infty,+\infty)$上满足下列条件:

① $f(t)$在任一有限区间上满足傅里叶条件;

② $f(t)$在无限区间$(-\infty,+\infty)$上绝对可积,即积分$\int_{-\infty}^{+\infty}|f(t)|\mathrm{d}t$收敛,则有

$$f(t)=\frac{1}{2\pi}\int_{-\infty}^{+\infty}\left[\int_{-\infty}^{+\infty}f(\tau)\mathrm{e}^{-\mathrm{j}\omega\tau}\mathrm{d}\tau\right]\mathrm{e}^{\mathrm{j}\omega t}\mathrm{d}\omega$$

成立,在 $f(t)$的间断点处,上式中 $f(t)$以$\dfrac{f(t+0)+f(t-0)}{2}$代替.

(2) 傅里叶变换与傅里叶逆变换.

$$\mathscr{F}[f(t)]=F(\omega)=\int_{-\infty}^{+\infty}f(t)\mathrm{e}^{-\mathrm{j}\omega t}\mathrm{d}t,$$

$$\mathscr{F}^{-1}[F(\omega)]=f(t)=\frac{1}{2\pi}\int_{-\infty}^{+\infty}F(\omega)\mathrm{e}^{\mathrm{j}\omega t}\mathrm{d}\omega.$$

(3) 一些常用函数的傅里叶变换.

$\mathscr{F}[\delta(t)]=1$; $\mathscr{F}[\delta(t-t_0)]=\mathrm{e}^{-\mathrm{j}\omega t_0}$;

$\mathscr{F}[1]=2\pi\delta(\omega)$; $\mathscr{F}[\mathrm{e}^{\mathrm{j}\omega_0 t}]=2\pi\delta(\omega-\omega_0)$;

$\mathscr{F}[u(t)]=\dfrac{1}{\mathrm{j}\omega}+\pi\delta(\omega)$;

$\mathscr{F}[\sin\omega_0 t]=\mathrm{j}\pi[\delta(\omega+\omega_0)-\delta(\omega-\omega_0)]$;

$\mathscr{F}[\cos\omega_0 t]=\pi[\delta(\omega+\omega_0)+\delta(\omega-\omega_0)]$.

(4) 傅里叶变换的性质.

① 线性性质.

$$\mathscr{F}[\alpha f_1(t)+\beta f_2(t)]=\alpha\mathscr{F}[f_1(t)]+\beta\mathscr{F}[f_2(t)],$$

$$\mathscr{F}^{-1}[\alpha F_1(\omega)+\beta F_2(\omega)]=\alpha\mathscr{F}^{-1}[F_1(\omega)]+\beta\mathscr{F}^{-1}[F_2(\omega)],$$

其中,α,β为常数.

② 对称性质.

若 $F(\omega)=\mathscr{F}[f(t)]$,则有 $\mathscr{F}[F(t)]=2\pi f(-\omega)$.

③ 相似性质.

若 $F(\omega)=\mathscr{F}[f(t)]$,$a\neq0$,则有 $\mathscr{F}[f(at)]=\dfrac{1}{|a|}F\left(\dfrac{\omega}{a}\right)$.

④ 位移性质.

若 $F(\omega)=\mathscr{F}[f(t)]$,则有

(ⅰ) $\mathscr{F}[f(t\pm t_0)]=\mathrm{e}^{\pm\mathrm{j}\omega t_0}F(\omega)$;

(ⅱ) $\mathscr{F}^{-1}[F(\omega\mp\omega_0)]=\mathrm{e}^{\pm\mathrm{j}\omega_0 t}f(t)$.

⑤ 微分性质.

若函数 $f(t)$在$(-\infty,+\infty)$上连续或只有有限个可去间断点,并且 $\lim\limits_{|t|\to+\infty} f(t)=0$,则有

(ⅰ) $\mathscr{F}[f'(t)]=\mathrm{j}\omega\mathscr{F}[f(t)]$;

(ⅱ) $\dfrac{\mathrm{d}}{\mathrm{d}\omega}F(\omega)=\mathscr{F}[-\mathrm{j}tf(t)]$.

推广 如果函数 $f^{(k)}(t)$在$(-\infty,+\infty)$上连续或只有有限个可去间断点,且有 $\lim\limits_{|t|\to+\infty} f^{(k)}(t)=0,k=0,1,2,\cdots,n-1$,则

(ⅰ) $\mathscr{F}[f^{(n)}(t)]=(\mathrm{j}\omega)^n\mathscr{F}[f(t)]$;

(ⅱ) $\dfrac{\mathrm{d}^n}{\mathrm{d}\omega^n}F(\omega)=(-\mathrm{j})^n\mathscr{F}[t^nf(t)]$.

⑥ 积分性质.

如果当 $t\to+\infty$ 时,$g(t)=\int_{-\infty}^{t} f(t)\mathrm{d}t\to 0$,则有

$$\mathscr{F}\left[\int_{-\infty}^{t} f(t)\mathrm{d}t\right]=\frac{1}{\mathrm{j}\omega}\mathscr{F}[f(t)].$$

⑦ 卷积与卷积定理.

卷积 $f_1(t)*f_2(t)=\int_{-\infty}^{+\infty} f_1(\tau)f_2(t-\tau)\mathrm{d}\tau$.

卷积的运算规律 $f_1(t)*f_2(t)=f_2(t)*f_1(t)$,

$$f_1(t)*[f_2(t)+f_3(t)]=f_1(t)*f_2(t)+f_1(t)*f_3(t).$$

卷积定理 设 $f_1(t),f_2(t)$都满足傅里叶积分定理中的条件,且

$$\mathscr{F}[f_1(t)]=\mathscr{F}_1(\omega),\quad \mathscr{F}[f_2(t)]=F_2(\omega),$$

则有

(ⅰ) $\mathscr{F}[f_1(t)*f_2(t)]=F_1(\omega)\cdot F_2(\omega)$;

(ⅱ) $\mathscr{F}[f_1(t)\cdot f_2(t)]=\dfrac{1}{2\pi}F_1(\omega)*F_2(\omega)$.

(5) δ-函数.

① 定义 对于任何一个无穷次可微的函数 $f(t)$,满足

$$\lim_{\varepsilon\to 0}\int_{-\infty}^{+\infty}\delta_\varepsilon(t)f(t)\mathrm{d}t=\int_{-\infty}^{+\infty}\delta(t)f(t)\mathrm{d}t$$

的函数 $\delta(t)$称为 δ-函数.

② δ-函数的筛选性质 对于任何一个无穷次可微的函数 $f(t)$,有

$$\int_{-\infty}^{+\infty}\delta(t)f(t)\mathrm{d}t=f(0).$$

3. 例题选讲

例 1 解积分方程

$$\int_0^{+\infty} f(x)\cos\omega x\,\mathrm{d}x = \begin{cases}1-\omega, & 0\leqslant\omega\leqslant 1,\\ 0, & \omega>1.\end{cases}$$

解 补充函数 $f(x)$ 在 $(-\infty,0)$ 上的定义，使 $f(x)$ 在 $(-\infty,+\infty)$ 上为偶函数，则

$$\begin{aligned} f(t) &= \frac{1}{2\pi}\int_{-\infty}^{+\infty}\left[\int_{-\infty}^{+\infty} f(x)\mathrm{e}^{-\mathrm{j}\omega x}\mathrm{d}x\right]\mathrm{e}^{\mathrm{j}\omega t}\mathrm{d}\omega \\ &= \frac{1}{2\pi}\int_{-\infty}^{+\infty}\int_{-\infty}^{+\infty} f(x)\mathrm{e}^{\mathrm{j}\omega(t-x)}\mathrm{d}\omega\mathrm{d}x \\ &= \frac{1}{\pi}\int_{-\infty}^{+\infty}\int_{0}^{+\infty} f(x)\cos\omega(t-x)\mathrm{d}\omega\mathrm{d}x \\ &= \frac{1}{\pi}\int_{0}^{+\infty}\int_{-\infty}^{+\infty} f(x)(\cos\omega t\cos\omega x+\sin\omega t\sin\omega x)\mathrm{d}x\mathrm{d}\omega \\ &= \frac{2}{\pi}\int_{0}^{+\infty}\int_{0}^{+\infty} f(x)\cos\omega t\cos\omega x\,\mathrm{d}x\mathrm{d}\omega \\ &= \frac{2}{\pi}\int_{0}^{+\infty}\cos\omega t\left[\int_{0}^{+\infty} f(x)\cos\omega x\,\mathrm{d}x\right]\mathrm{d}\omega \\ &= \frac{2}{\pi}\int_{0}^{1}(1-\omega)\cos\omega t\,\mathrm{d}\omega \\ &= \frac{2(1-\cos t)}{\pi t^2}\quad(t>0), \end{aligned}$$

即

$$f(x)=\frac{2(1-\cos x)}{\pi x^2}\quad(x>0).$$

例 2 求函数 $F(\omega)=\dfrac{1}{(3+\mathrm{j}\omega)(4+3\mathrm{j}\omega)}$ 的傅里叶逆变换.

解 因为 $F(\omega)=\dfrac{\frac{1}{5}}{\frac{4}{3}+\mathrm{j}\omega}-\dfrac{\frac{1}{5}}{3+\mathrm{j}\omega}$，由例 7.2 知

$$\mathscr{F}^{-1}\left[\frac{1}{\frac{4}{3}+\mathrm{j}\omega}\right]=\begin{cases}\mathrm{e}^{-\frac{4}{3}t}, & t\geqslant 0,\\ 0, & t<0;\end{cases}$$

$$\mathscr{F}^{-1}\left[\frac{1}{3+\mathrm{j}\omega}\right]=\begin{cases}\mathrm{e}^{-3t}, & t\geqslant 0,\\ 0, & t<0.\end{cases}$$

所以由线性性质知

$$\mathscr{F}^{-1}[F(\omega)]=\begin{cases}\dfrac{1}{5}\mathrm{e}^{-\frac{4}{3}t}-\dfrac{1}{5}\mathrm{e}^{-3t}, & t\geqslant 0,\\ 0, & t<0.\end{cases}$$

例 3 求下列函数的傅里叶变换：

(1) 符号函数 $\operatorname{sign}(t)=\frac{t}{|t|}=\begin{cases}-1, & t<0,\\ 1, & t>0;\end{cases}$

(2) $f(t)=\begin{cases}0, & t<0,\\ 5e^{-3t}-3e^{-t}, & t\geqslant 0;\end{cases}$

(3) $f(t)=\frac{1}{2}\left[\delta(t+a)+\delta(t-a)+\delta\left(t+\frac{a}{2}\right)+\delta\left(t-\frac{a}{2}\right)\right]$.

解 (1) 不难看出

$$\operatorname{sign}(t)=u(t)-u(-t),$$

再利用单位阶跃函数的傅里叶变换 $\mathscr{F}[u(t)]=\frac{1}{j\omega}+\pi\delta(\omega)$,可得

$$\begin{aligned}\mathscr{F}[\operatorname{sign}(t)]&=\mathscr{F}[u(t)]-\mathscr{F}[u(-t)]\\&=\frac{1}{j\omega}+\pi\delta(\omega)-\left[\frac{1}{j(-\omega)}+\pi\delta(-\omega)\right]\\&=\frac{2}{j\omega}+\pi[\delta(\omega)-\delta(-\omega)]\\&=\frac{2}{j\omega}.\end{aligned}$$

(2) 记

$$f_1(t)=\begin{cases}0, & t<0,\\ e^{-3t}, & t\geqslant 0,\end{cases}$$

$$f_2(t)=\begin{cases}0, & t<0,\\ e^{-t}, & t\geqslant 0,\end{cases}$$

则 $f(t)=5f_1(t)-3f_2(t)$,且

$$\mathscr{F}[f_1(t)]=\frac{1}{3+j\omega},\ \mathscr{F}[f_2(t)]=\frac{1}{1+j\omega},$$

从而

$$\begin{aligned}\mathscr{F}[f(t)]&=5\mathscr{F}[f_1(t)]-3\mathscr{F}[f_2(t)]\\&=\frac{5}{3+j\omega}-\frac{3}{1+j\omega}=\frac{-4+j2\omega}{(3-\omega^2)+j4\omega}.\end{aligned}$$

(3) $$\begin{aligned}\mathscr{F}[f(t)]&=\int_{-\infty}^{+\infty}f(t)e^{-j\omega t}\,dt\\&=\frac{1}{2}\left\{\int_{-\infty}^{+\infty}\delta(t+a)e^{-j\omega t}\,dt+\int_{-\infty}^{+\infty}\delta(t-a)e^{-j\omega t}\,dt\right.\\&\quad\left.+\int_{-\infty}^{+\infty}\delta\left(t+\frac{a}{2}\right)e^{-j\omega t}\,dt+\int_{-\infty}^{+\infty}\delta\left(t-\frac{a}{2}\right)e^{-j\omega t}\,dt\right\}\\&=\frac{1}{2}\left\{e^{-j\omega t}\Big|_{t=-a}+e^{-j\omega t}\Big|_{t=a}+e^{-j\omega t}\Big|_{t=-\frac{a}{2}}+e^{-j\omega t}\Big|_{t=\frac{a}{2}}\right\}\end{aligned}$$

$$= \frac{1}{2}\{e^{j\omega a} + e^{-j\omega a} + e^{j\omega\frac{a}{2}} + e^{-j\omega\frac{a}{2}}\}$$

$$= \cos\omega a + \cos\frac{\omega a}{2}.$$

例 4 试证：$\delta(t) * f(t) = f(t) * \delta(t) = f(t)$.

证 利用筛选性质，有

$$\begin{aligned}\delta(t) * f(t) &= \int_{-\infty}^{+\infty}\delta(\tau)f(t-\tau)\mathrm{d}\tau \\ &= \int_{-\infty}^{+\infty}\delta(t-u)f(u)\mathrm{d}u \quad (u = t-\tau) \\ &= \int_{-\infty}^{+\infty}\delta(u-t)f(u)\mathrm{d}u \\ &= f(t), \\ f(t) * \delta(t) &= \int_{-\infty}^{+\infty}f(\tau)\delta(t-\tau)\mathrm{d}\tau \\ &= \int_{-\infty}^{+\infty}\delta(\tau-t)f(\tau)\mathrm{d}\tau \\ &= f(t),\end{aligned}$$

所以

$$\delta(t) * f(t) = f(t) * \delta(t) = f(t).$$

例 5 对无穷次可微函数 $f(t)$，有

$$\int_{-\infty}^{+\infty}\delta^{(n)}(t-t_0)f(t)\mathrm{d}t = (-1)^n f^{(n)}(t_0) \quad (n = 0,1,2,\cdots).$$

证 用数学归纳法.

当 $n=0$，上式显然成立；

当 $n=1$ 时，由于当 $t\neq t_0$ 时，$\delta(t)=0$.

利用筛选性质，有

$$\int_{-\infty}^{+\infty}\delta'(t-t_0)f(t)\mathrm{d}t = \delta(t-t_0)f(t)\Big|_{-\infty}^{+\infty} - \int_{-\infty}^{+\infty}\delta(t-t_0)f'(t)\mathrm{d}t = -f'(t_0).$$

假设当 $n=k(k\geqslant 2)$时结论成立，即

$$\int_{-\infty}^{+\infty}\delta^{(k)}(t-t_0)f(t)\mathrm{d}t = (-1)^k f^{(k)}(t_0),$$

则当 $n=k+1$ 时，有

$$\begin{aligned}\int_{-\infty}^{+\infty}\delta^{(k+1)}(t-t_0)f(t)\mathrm{d}t &= \delta^{(k)}(t-t_0)f(t)\Big|_{-\infty}^{+\infty} - \int_{-\infty}^{+\infty}\delta^{(k)}(t-t_0)f'(t)\mathrm{d}t \\ &= -(-1)^k f^{(k+1)}(t_0) \\ &= (-1)^{k+1}f^{(k+1)}(t_0).\end{aligned}$$

综上，结论成立.

自我检测题 7

一、填空题

1. $F(\omega)=2\cos 3\omega$ 的傅里叶逆变换 $f(t)=$________.

2. 设 $a>0$,则积分 $\int_{-\infty}^{+\infty}\delta(at-t_0)f(t)\mathrm{d}t=$ ________.

3. 积分 $\int_{-4}^{2}\mathrm{e}^{t}\delta(t+3)\mathrm{d}t=$ ________.

4. $\int_{-\infty}^{+\infty}\mathrm{e}^{\mathrm{j}\omega t}\mathrm{d}\omega=$ ________.

5. 已知 $f(t)=\cos\omega_0 t+\frac{\mathrm{j}}{\pi t}*\cos\omega_0 t$ $(\omega_0>0)$,则 $F(\omega)=\mathscr{F}[f(t)]=$________.

二、选择题

6. 设 $\mathscr{F}[f(t)]=F(\omega)$,则 $\mathscr{F}[f(1-t)]=($).

A. $F(\omega)\mathrm{e}^{-\mathrm{j}\omega}$ B. $F(-\omega)\mathrm{e}^{-\mathrm{j}\omega}$ C. $F(\omega)\mathrm{e}^{\mathrm{j}\omega}$ D. $F(-\omega)\mathrm{e}^{\mathrm{j}\omega}$

7. 设 $F(\omega)=2\pi\delta(\omega-\omega_0)$,则 $F^{-1}[F(\omega)]=($).

A. 1 B. $\delta(t-t_0)$ C. $\mathrm{e}^{\mathrm{j}\omega_0 t}$ D. $\mathrm{e}^{-\mathrm{j}\omega_0 t}$

8. 设 $f(t)=\mathrm{e}^{-\beta|t|}$ $(\beta>0)$,则 $\mathscr{F}[f(t)]=($).

A. $\frac{2\omega}{\beta^2+\omega^2}$ B. $\frac{2\beta}{\beta^2+\omega^2}$ C. $\frac{2\omega}{\beta^2-\omega^2}$ D. $\frac{2\beta}{\beta^2-\omega^2}$

9. 积分 $\int_{-\infty}^{+\infty}2(t^3+4)\delta(1-t)\mathrm{d}t=($).

A. $2(t^3+4)$ B. 8 C. -10 D. 10

10. 函数 $f(t)=\mathrm{e}^{2\mathrm{j}t}\delta'(t)$ 的傅里叶变换 $F(\omega)=($).

A. -2 B. $\mathrm{j}(\omega-2)$ C. $\mathrm{j}(\omega+2)$ D. $2+\mathrm{j}\omega$

三、计算题

11. 已知 $\mathscr{F}[f(t)]=F(\omega)$,求函数 $f(3t-2)\mathrm{e}^{-\mathrm{j}t}$ 的傅里叶变换.

12. 若 $f_1(t)=\begin{cases}0, & t<0\\ \mathrm{e}^{-t}, & t\geqslant 0\end{cases}$ 与 $f_2(t)=\begin{cases}\sin t, & 0\leqslant t\leqslant\frac{\pi}{2},\\ 0, & 其他,\end{cases}$ 求 $f_1(t)*f_2(t)$.

13. 求函数 $f(t)=\cos t\sin t$ 的傅里叶变换.

14. 求解方程 $y(t)=f(t)-\int_{-\infty}^{+\infty}y(\tau)g(t-\tau)\mathrm{d}\tau$,其中 $f(t),g(t)$ 为已知函数.

四、证明题

15. 若 $F(\omega)=\mathscr{F}[f(t)]$,证明:

(1) $\mathscr{F}[f(t)\cos\omega_0 t]=\frac{1}{2}[F(\omega-\omega_0)+F(\omega+\omega_0)]$;

(2) $\mathscr{F}[f(t)\sin\omega_0 t]=\frac{1}{2\mathrm{j}}[F(\omega-\omega_0)-F(\omega+\omega_0)]$.

16. 设 $F(\omega)$ 是函数 $f(t)$ 的傅里叶变换,证明 $F(\omega)$ 与 $f(t)$ 有相同的奇偶性.

复习题 7

1. 求下列函数的傅里叶积分：

(1) $f(t)=\begin{cases} e^{at}, & t<0, \\ e^{-at}, & t>0 \end{cases}$ $(a>0)$；

(2) $f(t)=\begin{cases} t^2-1, & t^2<1, \\ 0, & t^2>1. \end{cases}$

2. 求下列函数的傅里叶积分，并推证下列积分结果：

(1) $f(t)=e^{-\beta|t|}\ (\beta>0)$，证明 $\int_0^{+\infty}\frac{\cos\omega t}{\beta^2+\omega^2}d\omega=\frac{\pi}{2\beta}e^{-\beta|t|}$；

(2) $f(t)=e^{-|t|}\cos t$，证明 $\int_0^{+\infty}\frac{\omega^2+2}{\omega^2+4}\cos\omega t\,d\omega=\frac{\pi}{2}e^{-|t|}\cos t$.

3. 求矩形脉冲函数 $f(t)=\begin{cases} A, & 0\leqslant t\leqslant\tau, \\ 0, & \text{其他} \end{cases}$ 的傅里叶变换.

4. 求函数 $f(t)=\begin{cases} \alpha e^{-\beta t}, & t>0, \\ 0, & t<0 \end{cases}$ $(\alpha>0,\beta>0)$的傅里叶变换，并证明

$$\int_0^{+\infty}\frac{\beta\cos\omega t+\omega\sin\omega t}{\beta^2+\omega^2}d\omega=\begin{cases} \pi e^{-\beta t}, & t>0, \\ \frac{\pi}{2}, & t=0, \\ 0, & t<0. \end{cases}$$

5. 已知 $\mathscr{F}[f(t)]=F(\omega)$，利用傅里叶变换的性质求下列函数的傅里叶变换：

(1) $tf(2t)$；　　(2) $(t-2)f(t)$；

(3) $f(1-t)$；　　(4) $tf'(t)$；

(5) $f(2t-5)$.

6. 已知某函数的傅里叶变换为 $F(\omega)=\pi[\delta(\omega+\omega_0)+\delta(\omega-\omega_0)]$，求该函数 $f(t)$.

7. 证明 δ-函数的下列性质：

(1) δ-函数为偶函数，即 $\delta(t)=\delta(-t)$；

(2) δ-函数是单位阶跃函数的导数，即 $\frac{d}{dt}u(t)=\delta(t)$，其中 $u(t)=\begin{cases} 1, & t>0, \\ 0, & t<0 \end{cases}$ 称为单位阶跃函数；

(3) 对于任何一个无穷次可微的函数 $f(t)$，有

$$\int_{-\infty}^{+\infty}\delta'(t)f(t)dt=-f'(0).$$

8. 若 $f_1(t)=e^{-\alpha t}u(t)$，$f_2(t)=\sin t\cdot u(t)$，求 $f_1(t)*f_2(t)$.

9. 求函数 $f(t)=\sin\omega_0 t\cdot u(t)$的傅里叶变换.

10. 求高斯分布函数 $f(t)=\frac{1}{\sqrt{2\pi}\sigma}e^{-\frac{t^2}{2\sigma^2}}$ 的频谱函数，并作频谱图.

8　拉普拉斯变换

拉普拉斯(Laplace)变换在电学、力学以及控制等众多工程技术与科学领域中有着广泛的应用．由于它对原函数 $f(t)$ 要求的条件比傅里叶变换弱，因此在某些问题上，它比傅里叶变换的适用面更广．本章首先介绍拉普拉斯变换的定义及其性质，然后讨论拉普拉斯逆变换的计算问题及其应用．

8.1　拉普拉斯变换的概念

8.1.1　拉普拉斯变换的定义

傅里叶变换在实际中的应用非常广泛，但是也存在一些不足之处：如函数的傅里叶变换存在的必要条件是该函数绝对可积，而且常见函数主要是定义在$(0,+\infty)$，那么如何经过适当的改造使其进行傅里叶变换时克服上述两个缺点？为了解决上述问题，引入一个衰减因子 $e^{-\sigma t}$（σ 为任意实数），则 $e^{-\sigma t}f(t)$ 在适当的条件下就容易满足绝对可积的条件；同时，考虑到单位阶跃函数的特点，用 $u(t)$ 乘 $e^{-\sigma t}f(t)$ 可以使积分区间由$(-\infty,+\infty)$换成$(0,+\infty)$，这样就解决了上述问题．而且只要 σ 选取适当，函数 $u(t)e^{-\sigma t}f(t)$ 的傅里叶变换总是存在的．此时 $u(t)e^{-\sigma t}f(t)$ 的傅里叶变换变为

$$F(\omega)=\int_{-\infty}^{+\infty}[u(t)f(t)e^{-\sigma t}]e^{-j\omega t}dt=\int_{0}^{+\infty}[f(t)e^{-\sigma t}]e^{-j\omega t}dt=\int_{0}^{+\infty}f(t)e^{-(\sigma+j\omega)t}dt.$$

令 $s=\sigma+j\omega$，上式可表示为 $F(s)=\int_{0}^{+\infty}f(t)e^{-st}dt$，称为 $f(t)$ 的拉普拉斯变换．

定义 8.1　设函数 $f(t)$ 当 $t\geqslant 0$ 时有定义，而且积分 $\int_{0}^{+\infty}f(t)e^{-st}dt$（$s$ 是一个复参量）在 s 的某一域内收敛，则由此积分所确定的函数可写为

$$F(s)=\int_{0}^{+\infty}f(t)e^{-st}dt. \tag{8.1}$$

我们称 $F(s)=\int_{0}^{+\infty}f(t)e^{-st}dt$ 为函数 $f(t)$ 的拉普拉斯变换式，记为 $F(s)=$

$\mathscr{L}[f(t)]$. $F(s)$称为 $f(t)$的拉普拉斯变换(或称为像函数). 若 $F(s)$是 $f(t)$的拉普拉斯变换,则称 $f(t)$为 $F(s)$的拉普拉斯逆变换(或称为像原函数),记为 $f(t)=\mathscr{L}^{-1}[F(s)]$.

注 根据拉普拉斯变换的定义,函数 $f(t)$的拉普拉斯变换即函数$f(t)u(t)\mathrm{e}^{-\sigma t}$的傅里叶变换,其中 $u(t)$是单位阶跃函数.

例 8.1 求单位阶跃函数 $u(t)=\begin{cases}0, & t<0,\\ 1, & t>0\end{cases}$ 的拉普拉斯变换.

解 根据拉普拉斯变换的定义,

$$\mathscr{L}[u(t)]=\int_0^{+\infty}\mathrm{e}^{-st}\,\mathrm{d}t.$$

当 $\mathrm{Re}\,s>0$ 时, $\int_0^{+\infty}\mathrm{e}^{-st}\,\mathrm{d}t$ 收敛,且

$$\int_0^{+\infty}\mathrm{e}^{-st}\,\mathrm{d}t=-\frac{1}{s}\mathrm{e}^{-st}\Big|_0^{+\infty}=\frac{1}{s}.$$

所以

$$\mathscr{L}[u(t)]=\frac{1}{s}\quad(\mathrm{Re}\,s>0).$$

例 8.2 求指数函数 $f(t)=\mathrm{e}^{kt}$的拉普拉斯变换(k 为实数).

解 根据拉普拉斯变换的定义, $\mathscr{L}[f(t)]=\int_0^{+\infty}\mathrm{e}^{kt}\mathrm{e}^{-st}\,\mathrm{d}t=\int_0^{+\infty}\mathrm{e}^{-(s-k)t}\,\mathrm{d}t.$

当 $\mathrm{Re}\,s>k$ 时, $\int_0^{+\infty}\mathrm{e}^{-(s-k)t}\,\mathrm{d}t$ 收敛,且

$$\int_0^{+\infty}\mathrm{e}^{-(s-k)t}\,\mathrm{d}t=\frac{1}{s-k}.$$

所以

$$\mathscr{L}[\mathrm{e}^{kt}]=\frac{1}{s-k}\quad(\mathrm{Re}\,s>k).$$

8.1.2 拉普拉斯变换的存在定理

定理 8.1(拉普拉斯变换存在性定理) 若函数 $f(t)$满足条件:

(1) 在 $t\geqslant 0$ 的任一有限区间上分段连续;

(2) 当 $t\to+\infty$时, $f(t)$的增长速度不超过某一指数函数,亦即存在常数 $M>0, c\geqslant 0$,使得 $|f(t)|\leqslant M\mathrm{e}^{ct}$, $0\leqslant t\leqslant+\infty$成立(满足此条件的函数,称它的增大是不超过指数级的, c 为它的增长指数),则 $f(t)$ 的拉普拉斯变换 $F(s)=\int_0^{+\infty}f(t)\mathrm{e}^{-st}\,\mathrm{d}t$ 在半平面 $\mathrm{Re}\,s>c$ 上一定存在, $\int_0^{+\infty}f(t)\mathrm{e}^{-st}\,\mathrm{d}t$ 在 $\mathrm{Re}\,s\geqslant c_1>c$ 上绝对收敛而且一致收敛,并且在 $\mathrm{Re}\,s>c$ 的半平面内, $F(s)$ 为解析函数.

证明从略.

一般工程中常见的函数大都满足上述定理的条件，所以本章不再讨论函数拉普拉斯变换的存在性问题.

例 8.3 求正弦函数 $f(t)=\sin kt$ 的拉普拉斯变换(k 为实数).

解
$$[f(t)]=\int_0^{+\infty}\sin kt\ \mathrm{e}^{-st}\,\mathrm{d}t$$
$$=\frac{\mathrm{e}^{-st}}{s^2+k^2}(-s\sin kt-k\cos kt)\Big|_0^{+\infty}$$
$$=\frac{k}{s^2+k^2}\ (\mathrm{Re}\ s>0)\,.$$

所以
$$\mathscr{L}[\sin kt]=\frac{k}{s^2+k^2}\ (\mathrm{Re}\ s>0).$$

同理可得
$$\mathscr{L}[\cos kt]=\int_0^{+\infty}\cos kt\ \mathrm{e}^{-st}\,\mathrm{d}t=\frac{s}{s^2+k^2}\ \ (\mathrm{Re}\ s>0).$$

例 8.4 若函数 $f(t)$是周期为 $2a$ 的周期函数，在一个周期上的函数表达式为 $f(t)=\begin{cases}t, & 0\leqslant t<a,\\ 2a-t, & a\leqslant t<2a,\end{cases}$ 求函数 $f(t)$的拉普拉斯变换.

解
$$\mathscr{L}[f(t)]=\int_0^{+\infty}f(t)\mathrm{e}^{-st}\,\mathrm{d}t$$
$$=\int_0^{2a}f(t)\mathrm{e}^{-st}\,\mathrm{d}t+\int_{2a}^{4a}f(t)\mathrm{e}^{-st}\,\mathrm{d}t+\cdots+\int_{2ka}^{2(k+1)a}f(t)\mathrm{e}^{-st}\,\mathrm{d}t+\cdots$$
$$=\sum_{k=0}^{+\infty}\int_{2ka}^{2(k+1)a}f(t)\mathrm{e}^{-st}\,\mathrm{d}t.$$

令 $t=u+2ka$，则
$$\int_{2ka}^{2(k+1)a}f(t)\mathrm{e}^{-st}\,\mathrm{d}t=\int_0^{2a}f(u+2ka)\mathrm{e}^{-s(u+2ka)}\,\mathrm{d}u=\mathrm{e}^{-2kas}\int_0^{2a}f(u)\mathrm{e}^{-su}\,\mathrm{d}u.$$

而
$$\int_0^{2a}f(u)\mathrm{e}^{-su}\,\mathrm{d}u=\int_0^{a}u\ \mathrm{e}^{-su}\,\mathrm{d}u+\int_a^{2a}(2a-u)\mathrm{e}^{-su}\,\mathrm{d}u=\frac{1}{s^2}(1-\mathrm{e}^{-as})^2.$$

当 $\mathrm{Re}\ s>0$ 时，有$|\mathrm{e}^{-2as}|<1$，从而
$$\sum_{k=0}^{+\infty}\mathrm{e}^{-2kas}=\frac{1}{1-\mathrm{e}^{-2as}}.$$

所以
$$\mathscr{L}[f(t)]=\frac{1}{1-\mathrm{e}^{-2as}}\,\frac{1}{s^2}(1-\mathrm{e}^{-as})^2=\frac{1}{s^2}\,\frac{1-\mathrm{e}^{-as}}{1+\mathrm{e}^{-as}}=\frac{1}{s^2}\mathrm{th}\,\frac{as}{2}.$$

一般地，以 T 为周期的函数 $f(t)$，即 $f(t+T)=f(t)\ (t>0)$，当 $f(t)$在一个周期上分段连续时，有

$$\mathscr{L}[f(t)]=\frac{1}{1-\mathrm{e}^{-2as}}\int_0^T f(t)\mathrm{e}^{-st}\mathrm{d}t \quad (\mathrm{Re}\, s>0)$$

成立.这就是求周期函数的拉普拉斯变换公式.

对于拉普拉斯变换存在定理,有如下说明:

(1) 拉普拉斯变换存在定理的条件是充分的,但不是必要的.有些函数虽然不满足存在定理的条件,但其拉普拉斯变换仍然可能存在.

(2) 满足拉普拉斯变换存在定理条件的函数 $f(t)$在 $t=0$ 处有界时,积分

$$\mathscr{L}[f(t)]=\int_0^{+\infty} f(t)\mathrm{e}^{-st}\mathrm{d}t$$

中的下限取 0^+ 或 0^- 不会影响其结果.但是,如果 $f(t)$在 $t=0$ 处包含了脉冲函数,则 $\int_{0^-}^{0^+} f(t)\mathrm{e}^{-st}\mathrm{d}t\neq 0$,所以拉普拉斯变换的积分下限必须明确指出是 0^+ 还是 0^-.

这时,拉普拉斯变换的定义应为 $\mathscr{L}[f(t)]=\int_{0^-}^{+\infty} f(t)\mathrm{e}^{-st}\mathrm{d}t$.

例 8.5 求单位脉冲函数 $\delta(t)$的拉普拉斯变换.

解 $\mathscr{L}[\delta(t)]=\int_{0^-}^{+\infty}\delta(t)\mathrm{e}^{-st}\mathrm{d}t=\int_{-\infty}^{+\infty}\delta(t)\mathrm{e}^{-st}\mathrm{d}t=1.$

例 8.6 求函数 $f(t)=\mathrm{e}^{-\beta t}\delta(t)-\beta\mathrm{e}^{-\beta t}u(t)$ $(\beta>0)$的拉普拉斯变换.

解 $\mathscr{L}[f(t)]=\int_0^{+\infty}[\mathrm{e}^{-\beta t}\delta(t)-\beta\mathrm{e}^{-\beta t}u(t)]\,\mathrm{e}^{-st}\mathrm{d}t=1-\frac{\beta}{s+\beta}=\frac{s}{s+\beta}.$

8.2 拉普拉斯变换的性质

8.2.1 拉普拉斯变换的基本性质

拉普拉斯变换具有许多基本性质,为了叙述方便,假定在这些性质中,凡是要求拉普拉斯变换的函数都满足拉普拉斯变换存在定理的条件,并且把这些函数的增长指数都统一取为 c.

1. 线性性质

设 α,β 为常数,$\mathscr{L}[f_1(t)]=F_1(s)$,$\mathscr{L}[f_2(t)]=F_2(s)$,则有

$$\mathscr{L}[\alpha f_1(t)+\beta f_2(t)]=\alpha\mathscr{L}[f_1(t)]+\beta\mathscr{L}[f_2(t)],$$

$$\mathscr{L}^{-1}[\alpha F_1(s)+\beta F_2(s)]=\alpha\mathscr{L}^{-1}[F_1(s)]+\beta\mathscr{L}^{-1}[F_2(s)].$$

即函数线性组合的拉普拉斯变换等于各函数拉普拉斯变换的线性组合.

2. 微分性质

设 $\mathscr{L}[f(t)]=F(s)$,则 $\mathscr{L}[f'(t)]=sF(s)-f(0)$.

证 $$\mathscr{L}[f'(t)] = \int_0^{+\infty} f'(t)\mathrm{e}^{-st}\mathrm{d}t = \int_0^{+\infty} \mathrm{e}^{-st}\mathrm{d}f(t)$$

$$= f(t)\mathrm{e}^{-st}\Big|_0^{+\infty} + s\int_0^{+\infty} f(t)\mathrm{e}^{-st}\mathrm{d}t$$

$$= sF(s) - f(0) \quad (\mathrm{Re}\, s > c).$$

这个性质表明一个函数求导后取拉普拉斯变换等于这个函数的拉普拉斯变换乘以复参数 s,再减去函数的初值.

一般地,

$$\mathscr{L}[f^{(n)}(t)] = s^n F(s) - s^{n-1}f(0) - s^{n-2}f'(0) - \cdots - f^{(n-1)}(0) \quad (\mathrm{Re}\, s > c).$$

特别地当初值 $f(0) = f'(0) = \cdots = f^{(n-1)}(0) = 0$ 时,有

$$\mathscr{L}[f^{(n)}(t)] = s^n F(s).$$

此性质可将 $f(t)$ 的微分方程转化为 $F(s)$ 的代数方程,因此它对分析线性系统有着重要的作用.

例 8.7 利用微分性质求 $\mathscr{L}[t^m]$(m 为正整数).

解 记 $f(t) = t^m$,则 $f^{(m)}(t) = m!$

因为 $$\mathscr{L}[m!] = \mathscr{L}[f^{(m)}(t)]$$

$$= s^m \mathscr{L}[f(t)] - s^{m-1}f(0) - s^{m-2}f'(0) - \cdots - f^{(m-1)}(0)$$

$$= s^m \mathscr{L}[t^m],$$

所以 $$\mathscr{L}[t^m] = \frac{\mathscr{L}[m!]}{s^m} = \frac{m!\mathscr{L}[1]}{s^m} = \frac{m!}{s^{m+1}} \quad (\mathrm{Re}\, s > 0).$$

由拉普拉斯变换存在定理,还可以得到像函数的微分性质:

设 $\mathscr{L}[f(t)] = F(s)$,则

$$F'(s) = \mathscr{L}[-tf(t)] \quad (\mathrm{Re}\, s > c).$$

一般地,

$$F^{(n)}(s) = (-1)^n \mathscr{L}[t^n f(t)] \quad (\mathrm{Re}\, s > c).$$

3. **积分性质**

设 $\mathscr{L}[f(t)] = F(s)$,则 $\mathscr{L}\left[\int_0^t f(t)\mathrm{d}t\right] = \frac{1}{s}F(s)$.

证 记 $\int_0^t f(t)\mathrm{d}t = h(t)$,则 $h'(t) = f(t)$ 且 $h(0) = 0$.

从而

$$\mathscr{L}[h'(t)] = s\mathscr{L}[h(t)] - h(0) = s\mathscr{L}[h(t)],$$

所以

$$\mathscr{L}\left[\int_0^t f(t)\mathrm{d}t\right] = \frac{1}{s}\mathscr{L}[f(t)] = \frac{1}{s}F(s).$$

这个性质表明一个函数积分后取拉普拉斯变换等于这个函数的拉普拉斯变

换除以复参数 s.

一般地,有

$$\mathscr{L}\Big[\underbrace{\int_0^t \mathrm{d}t\int_0^t \mathrm{d}t\cdots\int_0^t f(t)\,\mathrm{d}t}_{n\text{次}}\Big]=\frac{1}{s^n}F(s).$$

此外,还可以得到像函数的积分性质:

设 $\mathscr{L}[f(t)]=F(s)$,则

$$\int_s^{+\infty}F(s)\,\mathrm{d}s=\mathscr{L}\Big[\frac{f(t)}{t}\Big].$$

一般地,有

$$\underbrace{\int_s^{+\infty}\mathrm{d}s\int_s^{+\infty}\mathrm{d}s\cdots\int_s^{+\infty}F(s)\,\mathrm{d}s}_{n\text{次}}=\mathscr{L}\Big[\frac{f(t)}{t^n}\Big].$$

例 8.8 求 $f(t)=\dfrac{\sin t}{t}$的拉普拉斯变换,并求积分 $\displaystyle\int_0^{+\infty}\frac{\sin t}{t}\mathrm{d}t$.

解 由 $\mathscr{L}[\sin t]=\dfrac{1}{1+s^2}$,可得

$$\mathscr{L}\Big[\frac{\sin t}{t}\Big]=\int_s^{+\infty}\frac{1}{1+s^2}\mathrm{d}s=\frac{\pi}{2}-\arctan s.$$

即

$$\int_0^{+\infty}\frac{\sin t}{t}\mathrm{e}^{-st}\,\mathrm{d}t=\frac{\pi}{2}-\arctan s.$$

令 $s=0$,则有

$$\int_0^{+\infty}\frac{\sin t}{t}\mathrm{d}t=\frac{\pi}{2}.$$

从上面的例子可以得到启示,在拉普拉斯变换及其一些性质中取 s 为某些特定值,可以求一些函数的广义积分.

例如:设 $\mathscr{L}[f(t)]=F(s)$,取 $s=0$,可得

$$\int_0^{+\infty}f(t)\,\mathrm{d}t=F(0),$$

$$\int_0^{+\infty}tf(t)\,\mathrm{d}t=-F'(0),$$

$$\int_0^{+\infty}\frac{f(t)}{t}\mathrm{d}t=\int_0^{+\infty}F(s)\,\mathrm{d}s.$$

特别提醒,在使用这些公式时必须谨慎,必要时应先考虑广义积分的存在性.

例 8.9 计算下列积分:

(1) $\displaystyle\int_0^{+\infty}\mathrm{e}^{-3t}\cos 2t\,\mathrm{d}t$; (2) $\displaystyle\int_0^{+\infty}\frac{1-\cos t}{t}\mathrm{e}^{-t}\,\mathrm{d}t$.

解 (1) 由

$$\mathscr{L}[\cos 2t]=\frac{s}{4+s^2},$$

得

$$\int_0^{+\infty} e^{-3t}\cos 2t dt=\left.\frac{s}{4+s^2}\right|_{s=3}=\frac{3}{13}.$$

(2) 由

$$\mathscr{L}\left[\frac{1-\cos t}{t}\right]=\int_s^{+\infty}\frac{1}{s(1+s^2)}ds=\left.\frac{1}{2}\ln\frac{s^2}{1+s^2}\right|_s^{+\infty}=\frac{1}{2}\ln\frac{s^2+1}{s^2},$$

得

$$\int_0^{+\infty}\frac{1-\cos t}{t}e^{-t}dt=\left.\frac{1}{2}\ln\frac{s^2+1}{s^2}\right|_{s=1}=\frac{1}{2}\ln 2.$$

4. 位移性质

设 $\mathscr{L}[f(t)]=F(s)$，则 $\mathscr{L}[e^{at}f(t)]=F(s-a)\ (\mathrm{Re}(s-a)>c)$.

证

$$\mathscr{L}[e^{at}f(t)]=\int_0^{+\infty}e^{at}f(t)e^{-st}dt=\int_0^{+\infty}f(t)e^{-(s-a)t}dt$$

$$=F(s-a)\ (\mathrm{Re}(s-a)>c).$$

这个性质表明一个像原函数乘以指数函数 e^{at} 的拉普拉斯变换等于其像函数作位移 a.

5. 延迟性质

设 $\mathscr{L}[f(t)]=F(s)$，当 $t<0$ 时，$f(t)=0$，则对于任一非负实数 τ，有

$$\mathscr{L}[f(t-\tau)]=e^{-s\tau}F(s).$$

证

$$\begin{aligned}\mathscr{L}[f(t-\tau)]&=\int_0^{+\infty}f(t-\tau)e^{-st}dt\\&=\int_0^{\tau}f(t-\tau)e^{-st}dt+\int_\tau^{+\infty}f(t-\tau)e^{-st}dt\\&=0+\int_\tau^{+\infty}f(t-\tau)e^{-st}dt,\end{aligned}$$

令 $u=t-\tau$，则

$$\begin{aligned}\mathscr{L}[f(t-\tau)]&=\int_0^{+\infty}f(u)e^{-s(u+\tau)}du\\&=e^{-s\tau}\int_0^{+\infty}f(u)e^{-su}du\\&=e^{-s\tau}F(s)\ (\mathrm{Re}\ s>c).\end{aligned}$$

本性质中$\frac{2as}{(s^2+a^2)^2}$有要求，即当 $t<0$ 时，$f(t)=0$. 此时 $f(t-\tau)$ 在 $t<\tau$ 时为零，故 $f(t-\tau)$ 应理解为 $f(t-\tau)u(t-\tau)$. 则 $\mathscr{L}[f(t-\tau)]=e^{-s\tau}F(s)$ 的完整写法应为

$$\mathscr{L}[f(t-\tau)u(t-\tau)]=e^{-s\tau}F(s),$$

从而 $\mathscr{L}^{-1}[e^{-s\tau}F(s)]=f(t-\tau)u(t-\tau)$.

例 8.10 设 $f(t)=\sin t$,求 $\mathscr{L}\left[f\left(t-\frac{\pi}{2}\right)\right]$.

解 $\mathscr{L}[\sin t]=\frac{1}{1+s^2}$,

$$\mathscr{L}\left[f\left(t-\frac{\pi}{2}\right)\right]=\mathscr{L}\left[\sin\left(t-\frac{\pi}{2}\right)\right]$$
$$=\mathrm{e}^{-\frac{\pi}{2}s}\mathscr{L}[\sin t]=\frac{1}{1+s^2}\mathrm{e}^{-\frac{\pi}{2}s}.$$

例 8.11 求 $\mathscr{L}^{-1}\left[\frac{1}{s-1}\mathrm{e}^{-s}\right]$.

解 $\mathscr{L}^{-1}\left[\frac{1}{s-1}\right]=\mathrm{e}^t u(t)$,

$$\mathscr{L}^{-1}\left[\frac{1}{s-1}\mathrm{e}^{-s}\right]=\mathrm{e}^{t-1}u(t-1)=\begin{cases}\mathrm{e}^{t-1}, & t>1,\\ 0, & t<1.\end{cases}$$

6. 相似性质

设 $\mathscr{L}[f(t)]=F(s)$,则对 $a>0$ 有 $\mathscr{L}[f(at)]=\frac{1}{a}F\left(\frac{s}{a}\right)$ $(\mathrm{Re}\, s>c)$.

证 当 $a>0$ 时,令 $u=at$,可得

$$\mathscr{L}[f(at)]=\int_0^{+\infty}f(at)\mathrm{e}^{-st}\mathrm{d}t=\frac{1}{a}\int_0^{+\infty}f(u)\mathrm{e}^{-\frac{s}{a}u}\mathrm{d}u=\frac{1}{a}F\left(\frac{s}{a}\right).$$

8.2.2 卷积与卷积定理

按照傅里叶变换中卷积的定义,两个函数的卷积是指

$$f_1(t)*f_2(t)=\int_{-\infty}^{+\infty}f_1(\tau)f_2(t-\tau)\mathrm{d}\tau.$$

如果 $f_1(t)$ 与 $f_2(t)$ 满足当 $t<0$ 时,$f_1(t)=f_2(t)=0$,则有

$$\int_{-\infty}^{+\infty}f_1(\tau)f_2(t-\tau)\mathrm{d}\tau=\int_{-\infty}^{0}f_1(\tau)f_2(t-\tau)\mathrm{d}\tau+\int_0^t f_1(\tau)f_2(t-\tau)\mathrm{d}\tau$$
$$+\int_t^{+\infty}f_1(\tau)f_2(t-\tau)\mathrm{d}\tau$$
$$=\int_0^t f_1(\tau)f_2(t-\tau)\mathrm{d}\tau$$

定义 8.2 当 $t<0$ 时,$f_1(t)=f_2(t)=0$,则含参变量 t 的积分

$$\int_0^t f_1(\tau)f_2(t-\tau)\mathrm{d}\tau$$

是 t 的函数,称作函数 $f_1(t)$ 与 $f_2(t)$ 的拉普拉斯卷积函数,简称拉普拉斯卷积,记为 $f_1(t)*f_2(t)$. 即

$$f_1(t)*f_2(t)=\int_0^t f_1(\tau)f_2(t-\tau)\mathrm{d}\tau.$$

例 8.12 求函数 $f_1(t)=e^t$ 与 $f_2(t)=t^2$ 的拉普拉斯卷积.

解 $e^t * t^2 = \int_0^t e^{\tau}(t-\tau)^2 d\tau = 2e^t - t^2 - 2t - 2.$

今后在应用拉普拉斯卷积公式时都假定

$$f_1(t)=u(t)f_1(t)=0,\ f_2(t)=u(t)f_2(t)=0.$$

根据拉普拉斯卷积的定义,有如下运算规律:

(1) $|f_1(t) * f_2(t)| \leqslant |f_1(t)| * |f_2(t)|$;

(2) 交换律 $f_1(t) * f_2(t)=f_2(t) * f_1(t)$;

(3) 结合律 $f_1(t) * [f_2(t) * f_3(t)]=[f_1(t) * f_2(t)] * f_3(t)$;

(4) 分配律 $f_1(t) * [f_2(t)+f_3(t)]=f_1(t) * f_2(t)+f_1(t) * f_3(t)$.

证明从略.

拉普拉斯变换中的卷积,还有如下重要性质:

定理 8.2(卷积定理) 假定 $f_1(t)$与 $f_2(t)$满足拉普拉斯变换存在定理的条件,且 $\mathscr{L}[f_1(t)]=F_1(s)$,$\mathscr{L}[f_2(t)]=F_2(s)$,则 $f_1(t) * f_2(t)$的拉普拉斯变换一定存在,且

$$\mathscr{L}[f_1(t) * f_2(t)]=F_1(s)\cdot F_2(s) \text{ 或 } \mathscr{L}^{-1}[F_1(s)\cdot F_2(s)]=f_1(t) * f_2(t).$$

即两个函数卷积的像函数等于两个函数各自的像函数的乘积.

它的证明仿照傅里叶卷积定理的证明,留给读者作为练习.

在拉普拉斯变换的应用中,卷积定理起着十分重要的作用.可以利用它来求一些函数的逆变换.

例 8.13 若 $F(s)=\dfrac{1}{s^2(1+s^2)}$,求 $f(t)$.

解 因为

$$F(s)=\frac{1}{s^2}\cdot\frac{1}{1+s^2}=F_1(s)\cdot F_2(s),$$

记
$$\mathscr{L}[f_1(t)]=F_1(s),\ \mathscr{L}[f_2(t)]=F_2(s),$$

则

$$f_1(t)=t,\ f_2(t)=\sin t,$$

所以
$$f(t)=f_1(t) * f_2(t)=t * \sin t=t-\sin t.$$

8.3 拉普拉斯逆变换

前两节主要讨论对已知的函数 $f(t)$,求它的拉普拉斯变换 $F(s)$,但在实际工作中常常遇到它的逆问题:已知 $f(t)$的拉普拉斯变换 $F(s)$,求 $f(t)$.

由拉普拉斯变换的定义可知,函数 $f(t)$的拉普拉斯变换实际上就是函数

$f(t)u(t)e^{-\sigma t}$的傅里叶变换，其中$u(t)$是单位阶跃函数. 因此，若函数$f(t)u(t)e^{-\sigma t}$满足傅里叶变换定理的条件，函数$f(t)$在$t>0$时连续，则

$$\begin{aligned}f(t)u(t)e^{-\sigma t} &= \frac{1}{2\pi}\int_{-\infty}^{+\infty}\left[\int_{-\infty}^{+\infty}f(y)u(y)e^{-\sigma y}e^{-j\omega y}dy\right]e^{j\omega t}d\omega\\ &= \frac{1}{2\pi}\int_{-\infty}^{+\infty}e^{j\omega t}d\omega\left[\int_{0}^{+\infty}f(y)e^{-(\sigma+j\omega)y}dy\right]\\ &= \frac{1}{2\pi}\int_{-\infty}^{+\infty}F(\sigma+j\omega)e^{j\omega t}d\omega.\end{aligned}$$

两边同乘以$e^{\sigma t}$，则$t>0$时，有

$$f(t)=\frac{1}{2\pi}\int_{-\infty}^{+\infty}F(\sigma+j\omega)e^{(\sigma+j\omega)t}d\omega.$$

令$s=\sigma+j\omega$，则

$$f(t)=\frac{1}{2\pi j}\int_{\sigma-j\infty}^{\sigma+j\infty}F(s)e^{st}ds,\ t>0.$$

上式就是从$F(s)$出发求$f(t)$的一般公式，右边的积分称为拉普拉斯变换的反演积分. 反演积分是一个复变函数的积分，它的计算通常是比较困难的，但是，当$F(s)$满足一定条件时，可以利用留数方法计算. 下面介绍用留数方法求此积分.

定理 8.3 若$s_1,s_2,\cdots,s_n$是函数$F(s)$的所有奇点(适当选取σ使这些奇点全在$\mathrm{Re}\, s<\sigma$的范围内)，且当$s\to\infty$时，$F(s)\to 0$. 记$\mathscr{L}[f(t)]=F(s)$，则

$$\frac{1}{2\pi j}\int_{\sigma-j\infty}^{\sigma+j\infty}F(s)e^{st}ds=\sum_{k=1}^{n}\underset{s=s_k}{\mathrm{Res}}[F(s)e^{st}],$$

即

$$f(t)=\sum_{k=1}^{n}\underset{s=s_k}{\mathrm{Res}}[F(s)e^{st}],\ t>0.$$

证明从略.

例 8.14 利用留数方法求$F(s)=\dfrac{s}{s^2+1}$的拉普拉斯逆变换.

解 $B(s)=s^2+1$有两个单零点$s_1=j$，$s_2=-j$.

$$\begin{aligned}f(t)&=\mathscr{L}^{-1}\left[\frac{s}{s^2+1}\right]=\mathrm{Res}\left[\frac{se^{st}}{s^2+1},j\right]+\mathrm{Res}\left[\frac{se^{st}}{s^2+1},-j\right]\\ &=\frac{1}{2}(e^{jt}+e^{-jt})=\cos t,\ t>0.\end{aligned}$$

例 8.15 求函数$F(s)=\dfrac{s+2}{s^2+4s+5}$的拉普拉斯逆变换.

解 $F(s)=\dfrac{s+2}{(s+2)^2+1}$,

则由拉普拉斯变换的位移性质，有

$$f(t)=\mathrm{e}^{-2t}\cos t.$$

8.4 拉普拉斯变换的应用

对一个系统进行分析和研究，首先要知道该系统的数学模型，也就是要建立该系统的数学表达式. 在很多场合，它的数学模型可以用一个线性方程描述. 这一类系统无论是在电路理论还是自动控制理论的研究中，都占有重要的地位. 本节仅限于讨论解线性常微分方程，解偏微分方程将在数学物理方程中专门讨论.

用拉普拉斯变换解线性常微分方程大致包括以下 3 个基本步骤：

(1) 对于 y 的微分方程(连同初始条件一起)进行拉普拉斯变换，得到一个关于像函数 $Y(s)$ 的代数方程，称为像方程；

(2) 解像方程，设像函数 $Y(s)$；

(3) 对 $Y(s)$ 作逆变换，设微分方程的解 $y(t)$.

例 8.16 求方程 $y''(t)+4y(t)=0$ 满足初始条件 $y\Big|_{t=0}=-2, y'\Big|_{t=0}=4$ 的特解.

解 记 $\mathscr{L}[y(t)]=Y(s)$. 两边取拉普拉斯变换，有

$$s^2Y(s)-sy(0)-y'(0)+4Y(s)=0.$$

利用初始条件，有

$$s^2Y(s)+2s-4+4Y(s)=0,$$

则
$$Y(s)=\frac{-2s+4}{s^2+4}=\frac{-2s}{s^2+4}+\frac{4}{s^2+4}.$$

所以
$$y(t)=\mathscr{L}^{-1}[Y(s)]=-2\cos 2t+2\sin 2t.$$

例 8.17 求方程 $y'-4y+4\int_0^t y\mathrm{d}t=\frac{1}{3}t^3$ 满足初始条件 $y\Big|_{t=0}=0$ 的特解.

解 记 $\mathscr{L}[y(t)]=Y(s)$. 两端取拉普拉斯变换，有

$$sY(s)-4Y(s)+\frac{4Y(s)}{s}=\frac{2}{s^4},$$

则
$$Y(s)=\frac{2}{s^3(s-2)^2}=\frac{3}{8}\cdot\frac{1}{s}+\frac{1}{2}\cdot\frac{1}{s^2}+\frac{1}{2}\cdot\frac{1}{s^3}-\frac{3}{8}\cdot\frac{1}{s-2}+\frac{1}{4}\frac{1}{(s-2)^2},$$

所以
$$y(t)=\mathscr{L}^{-1}[Y(s)]=\frac{3}{8}+\frac{1}{2}t+\frac{1}{4}t^2-\frac{3}{8}\mathrm{e}^{2t}+\frac{1}{4}t\mathrm{e}^{2t}.$$

例 8.18 求方程组 $\begin{cases}x''-2y'-x=0,\\ x'-y=0\end{cases}$ 满足初始条件 $x\Big|_{t=0}=0, x'\Big|_{t=0}=1$, $y\Big|_{t=0}=1$ 的特解.

解 记

$$\mathscr{L}[x(t)]=X(s),\ \mathscr{L}[y(t)]=Y(s).$$

对方程组的两个方程两边取拉普拉斯变换,有

$$\begin{cases}s^2X(s)-s\cdot x(0)-x'(0)+2[s\cdot Y(s)-y(0)]-X(s)=0,\\ s\cdot X(s)-x(0)-Y(s)=0,\end{cases}$$

整理化简后,得

$$\begin{cases}(s^2-1)X(s)+2s\cdot Y(s)+1=0,\\ s\cdot X(s)-Y(s)=0,\end{cases}$$

解得

$$\begin{cases}X(s)=\dfrac{1}{s^2+1},\\ Y(s)=\dfrac{s}{s^2+1}.\end{cases}$$

对像函数取逆变换,可得

$$\begin{cases}x(t)=\sin t,\\ y(t)=\cos t.\end{cases}$$

例 8.19 设原点处质量为 m 的一质点在 $t=0$ 时 x 方向上受到冲击 $k\delta(t)$ 的作用,其中 k 为常数,假定质点的初速度为零,求其运动规律.

解 设 t 时刻质点位于 x 正方向上点 $x(t)$ 处,则质点运动的速度(瞬时速度)为 $x'(t)$,加速度为 $x''(t)$,且 $x(0)=x'(0)=0$.

由牛顿定理,质点的运动规律满足:

$$mx''(t)=k\delta(t),\ x(0)=x'(0)=0.$$

记 $\mathscr{L}[x(t)]=X(s)$,两边取拉普拉斯变换得

$$ms^2X(s)=k,$$

即

$$X(s)=\frac{k}{m}\cdot\frac{1}{s^2},$$

取拉普拉斯逆变换得质点的运动规律为

$$x(t)=\frac{k}{m}\mathscr{L}^{-1}\left[\frac{1}{s^2}\right]=\frac{k}{m}t.$$

本章小结

1. 重点与难点、要求

本章的重点是求函数的拉普拉斯变换及其逆变换，难点是拉普拉斯变换的应用.

要求如下：

(1) 理解拉普拉斯变换及其逆变换的概念，了解拉普拉斯变换与傅里叶变换的区别，熟悉拉普拉斯变换存在定理.

(2) 掌握一些常用函数(如 $u(t)$，e^{kt}，$\delta(t)$，$\sin kt$，$\cos kt$，t^m 等)的拉普拉斯变换，了解周期函数的拉普拉斯变换公式.

(3) 掌握拉普拉斯变换的性质，并能熟练运用这些性质求函数的拉普拉斯变换及其逆变换.

(4) 了解反演积分公式，熟练掌握用留数求像原函数的方法.

(5) 理解卷积概念并会运用卷积定理.

(6) 熟练掌握常系数线性微分方程(组)的拉普拉斯变换解法，掌握某些微分积分方程的拉普拉斯变换解法.

2. 知识要点

(1) 拉普拉斯变换的概念.

① $F(s)=\mathscr{L}[f(t)]=\int_0^{+\infty} f(t)e^{-st}\,dt,\ f(t)=\mathscr{L}^{-1}[F(s)]$.

② 拉普拉斯变换的存在定理.

③ 周期函数的拉普拉斯变换公式.

$\mathscr{L}[f(t)]=\dfrac{1}{1-e^{-2as}}\int_0^T f(t)e^{-st}\,dt(\mathrm{Re}\ s>0)$，其中，$f(t)$以 T 为周期，且在一个周期上是分段连续的.

④ 一些常用函数的拉普拉斯变换.

$\mathscr{L}[u(t)]=\dfrac{1}{s}\ (\mathrm{Re}\ s>0)$；　　$\mathscr{L}[e^{kt}]=\dfrac{1}{s-k}\ (\mathrm{Re}\ s>k)$；

$\mathscr{L}[\sin kt]=\dfrac{k}{s^2+k^2}\ (\mathrm{Re}\ s>0)$；　　$\mathscr{L}[\cos kt]=\dfrac{s}{s^2+k^2}\ (\mathrm{Re}\ s>0)$；

$\mathscr{L}[\delta(t)]=1$；　　$\mathscr{L}[t^m]=\dfrac{m!}{s^{m+1}}\ (\mathrm{Re}\ s>0)$.

(2) 拉普拉斯变换的性质.

① 线性性质.

$$\mathscr{L}[\alpha f_1(t)+\beta f_2(t)]=\alpha\mathscr{L}[f_1(t)]+\beta\mathscr{L}[f_2(t)],$$
$$\mathscr{L}^{-1}[\alpha F_1(s)+\beta F_2(s)]=\alpha\mathscr{L}^{-1}[F_1(s)]+\beta\mathscr{L}^{-1}[F_2(s)].$$

② 微分性质.

$$\mathscr{L}[f'(t)]=sF(s)-f(0),$$

$$\mathscr{L}[f^{(n)}(t)]=s^nF(s)-s^{n-1}f(0)-s^{n-2}f'(0)-\cdots-f^{(n-1)}(0).$$

$$F'(s)=\mathscr{L}[-tf(t)],$$

$$F^{(n)}(s)=(-1)^n\mathscr{L}[t^nf(t)].$$

③ 积分性质.

$$\mathscr{L}\left[\int_0^t f(t)\mathrm{d}t\right]=\frac{1}{s}F(s),$$

$$\mathscr{L}\Big[\underbrace{\int_0^t \mathrm{d}t\int_0^t \mathrm{d}t\cdots\int_0^t f(t)\mathrm{d}t}_{n\text{次}}\Big]=\frac{1}{s^n}F(s).$$

$$\int_s^{+\infty} f(t)\mathrm{d}t=\mathscr{L}\left[\frac{f(t)}{t}\right],$$

$$\underbrace{\int_s^{+\infty}\mathrm{d}s\int_s^{+\infty}\mathrm{d}s\cdots\int_s^{+\infty}F(s)\mathrm{d}s}_{n\text{次}}=\mathscr{L}\left[\frac{f(t)}{t^n}\right].$$

④ 位移性质.

$$\mathscr{L}[\mathrm{e}^{at}f(t)]=F(s-a)\quad(\mathrm{Re}(s-a)>c).$$

⑤ 延迟性质.

设 $\mathscr{L}[f(t)]=F(s)$，当 $t<0$ 时，$f(t)=0$，则对于任一非负实数 τ，有

$$\mathscr{L}[f(t-\tau)]=\mathrm{e}^{-s\tau}F(s),$$

$$\mathscr{L}^{-1}[\mathrm{e}^{-s\tau}F(s)]=f(t-\tau)u(t-\tau).$$

⑥ 相似性质.

$$\mathscr{L}[f(at)]=\frac{1}{a}F\left(\frac{s}{a}\right)\quad(a>0).$$

(3) 卷积与卷积定理.

① 卷积的概念.

$$f_1(t)*f_2(t)=\int_0^t f_1(\tau)f_2(t-\tau)\mathrm{d}\tau.$$

② 运算规律.

$|f_1(t)*f_2(t)|\leqslant|f_1(t)|*|f_2(t)|$;

$f_1(t)*f_2(t)=f_2(t)*f_1(t)$;

$f_1(t)*[f_2(t)*f_3(t)]=[f_1(t)*f_2(t)]*f_3(t)$;

$f_1(t)*[f_2(t)+f_3(t)]=f_1(t)*f_2(t)+f_1(t)*f_3(t)$.

③ 卷积定理.

若 $\mathscr{L}[f_1(t)]=F_1(s)$，$\mathscr{L}[f_2(t)]=F_2(s)$，则

$$\mathscr{L}[f_1(t)*f_2(t)]=F_1(s)\cdot F_2(s)\ \text{或}\ \mathscr{L}^{-1}[F_1(s)\cdot F_2(s)]=f_1(t)*f_2(t).$$

(4) 拉普拉斯逆变换.

① 定义.

$$\mathscr{L}^{-1}[F(s)] = f(t) = \frac{1}{2\pi \mathrm{i}}\int_{\sigma-\mathrm{j}\infty}^{\sigma+\mathrm{j}\infty} F(s)\mathrm{e}^{st}\mathrm{d}s, t>0.$$

② 计算反演积分的方法.

若 $s_1, s_1, \cdots, s_1$ 是函数 $F(s)$ 的所有奇点(适当选取 σ 使这些奇点全在 $\mathrm{Re}\, s<\sigma$ 的范围内),且当 $s\to\infty$ 时,$F(s)\to 0$. 记 $\mathscr{L}[f(t)] = F(s)$,则

$$\frac{1}{2\pi \mathrm{i}}\int_{\sigma-\mathrm{j}\infty}^{\sigma+\mathrm{j}\infty} F(s)\mathrm{e}^{st}\mathrm{d}s = \sum_{k=1}^{n} \underset{s=s_k}{\mathrm{Res}}[F(s)\mathrm{e}^{st}],$$

即

$$f(t) = \sum_{k=1}^{n} \underset{s=s_k}{\mathrm{Res}}[F(s)\mathrm{e}^{st}],\ t>0.$$

(5) 拉普拉斯变换的应用.

微分方程的拉普拉斯变换解法.

3. 例题选讲

例 1 若 $\mathscr{L}[f(t)]=\dfrac{1}{(s^2+4s+13)^2}$,求 $f(t)$.

解

$$\mathscr{L}[f(t)]=\frac{1}{(s^2+4s+13)^2}=\frac{1}{[(s+2)^2+3^2]^2}$$
$$=\frac{1}{9}\cdot\frac{3}{(s+2)^2+3^2}\cdot\frac{3}{(s+2)^2+3^2}.$$

根据位移性质

$$\mathscr{L}^{-1}\left[\frac{3}{(s+2)^2+3^2}\right]=\mathrm{e}^{-2t}\sin 3t,$$

所以

$$f(t) = \frac{1}{9}(\mathrm{e}^{-2t}\sin 3t) * (\mathrm{e}^{-2t}\sin 3t) = \frac{1}{9}\int_0^t \mathrm{e}^{-2\tau}\sin 3\tau \mathrm{e}^{-2(t-\tau)}\sin 3(t-\tau)\mathrm{d}\tau$$
$$= \frac{1}{9}\mathrm{e}^{-2t}\int_0^t \sin 3\tau \sin 3(t-\tau)\mathrm{d}\tau = \frac{1}{54}\mathrm{e}^{-2t}(\sin 3t - 3t\cos 3t).$$

例 2 求函数 $F(s)=\dfrac{1}{s^2(s+1)}$ 的拉普拉斯逆变换.

解

$$F(s)=-\frac{1}{s}+\frac{1}{s^2}+\frac{1}{s+1}.$$

当 $t>0$ 时,$f(t)=-1+t+\mathrm{e}^{-t}$.

上述方法采用的是部分分式的方法. 对于此题,还可以用卷积定理来计算.

$$F(s)=\frac{1}{s^2}\cdot\frac{1}{s+1},$$

则

$$f(t) = t * \mathrm{e}^{-t} = \int_0^t y\mathrm{e}^{-(t-y)}\mathrm{d}y = t-1+\mathrm{e}^{-t}.$$

例 3 求方程组

$$\begin{cases} x'+y+z'=1, \\ x+y'+z=0, \\ y+4z'=0. \end{cases}$$

满足初始条件 $x\Big|_{t=0}=0, y\Big|_{t=0}=0, z\Big|_{t=0}=0$ 的特解.

解 记 $\mathscr{L}[x(t)]=X(s), \mathscr{L}[y(t)]=Y(s), \mathscr{L}[z(t)]=Z(s)$.

对方程组的 3 个方程两边分别取拉普拉斯变换,有

$$\begin{cases} s\cdot X(s)+Y(s)+s\cdot Z(s)=\dfrac{1}{s}, \\ X(s)+s\cdot Y(s)+Z(s)=0, \\ Y(s)+4s\cdot Z(s)=0. \end{cases}$$

解得

$$\begin{cases} X(s)=\dfrac{4s^2-1}{4s^2(s^2-1)}, \\ Y(s)=-\dfrac{1}{s(s^2-1)}, \\ Z(s)=\dfrac{1}{4s^2(s^2-1)}. \end{cases}$$

再取拉普拉斯逆变换,则

$$\begin{cases} x(t)=\dfrac{1}{4}(3\text{sh } t+t), \\ y(t)=1-\text{ch } t, \\ z(t)=\dfrac{1}{4}(\text{sh } t-t). \end{cases}$$

例 4 设 RLC 串联电路接上电压为 E 的直流电流,又在初始时刻 I 的电路中的电流 $i_0=0$,电容 C 上没有电量即 $q_0=0$,求电路中电流 $i(t)$ 的变化规律.

解 由于

$$u_R(t)+u_L(t)+u_C(t)=E,\ i_0=0,\ q_0=0,$$

且 $$u_L(t)=Ri(t), u_L(t)=L\frac{\mathrm{d}i(t)}{\mathrm{d}t}, u_C(t)=\frac{1}{C}\left[\int_0^t i(t)\mathrm{d}t+q_0\right],$$

所以有

$$R_i(t)+L\frac{\mathrm{d}i(t)}{\mathrm{d}t}+\frac{1}{C}\int_0^t i(t)\mathrm{d}t=E.$$

两端同时作拉普拉斯变换,并设 I 为 $i(t)$ 的拉普拉斯变换,则有

$$\frac{E}{s}=\left(R+Ls+\frac{1}{Cs}\right)I,$$

即

$$I=\frac{E}{L}\cdot\frac{1}{s^2+\frac{R}{L}s+\frac{1}{CL}}=\frac{E}{L}\cdot\frac{1}{(s-\lambda_1)(s-\lambda_2)}=\frac{E}{L(\lambda_1-\lambda_2)}\left(\frac{1}{s-\lambda_1}-\frac{1}{s-\lambda_2}\right),$$

其中,$\lambda_1=-\alpha+\sqrt{\alpha^2-\beta^2}$,$\lambda_2=-\alpha-\sqrt{\alpha^2-\beta^2}$, $\alpha=\frac{R}{2L}$,$\beta^2=\frac{1}{LC}$,并且 λ_1,λ_2 是代数方程 $s^2+\frac{R}{L}s+\frac{1}{CL}=0$ 的两个根.

(1) 当 $\alpha>\beta$,即 $R>2\sqrt{\frac{L}{C}}$时,可求得 I 的拉普拉斯逆变换为

$$i(t)=\frac{E}{L(\lambda_1-\lambda_2)}[e^{\lambda_1 t}-e^{\lambda_2 t}]\quad(t\geqslant0),$$

(2) 当 $\alpha<\beta$,即 $R<2\sqrt{\frac{L}{C}}$时,λ_1,λ_2 是一对共轭复数,即 $\lambda_1=-\alpha+i\sqrt{\beta^2-\alpha^2}$,$\lambda_2=-\alpha-i\sqrt{\beta^2-\alpha^2}$,同样可得

$$i(t)=\frac{E}{L(\lambda_1-\lambda_2)}[e^{\lambda_1 t}-e^{\lambda_2 t}]=\frac{E}{L\sqrt{\beta^2-\alpha^2}}e^{\alpha t}\sin\sqrt{\beta^2-\alpha^2}\,t\quad(t\geqslant0).$$

(3) 当 $\alpha=\beta$,即 $R=2\sqrt{\frac{L}{C}}$时,$\lambda_1=\lambda_2=-\alpha$,则有

$$I=\frac{E}{L}\cdot\frac{1}{s^2+\frac{R}{L}s+\frac{1}{CL}}=\frac{E}{L}\cdot\frac{1}{(s+\alpha)^2},$$

求其拉普拉斯逆变换,得

$$i(t)=\frac{E}{L}te^{-\alpha t}\quad(t\geqslant0).$$

自我检测题 8

一、填空题

1. 设 $f(t)=t^2u(t-2)$,则 $\mathscr{L}[f(t)]=$________.
2. 设 $f(t)=te^{-3t}\sin 2t$,则 $\mathscr{L}[f(t)]=$________.
3. $\mathscr{L}^{-1}\left[\frac{1}{(s+2)^4}\right]=$________.
4. $\mathscr{L}^{-1}\left[\frac{s+1}{(s+2)^4}\right]=$________.
5. $\mathscr{L}^{-1}\left[\frac{2e^{-s}-e^{-2s}}{s}\right]=$________.

二、计算题

6. 求函数 $f(t)=e^{-3t}\int_0^t \frac{\sin 2t}{t}dt$ 的拉普拉斯变换.

7. $f(t)$是周期函数,已知其在一个周期内的表达式为 $f(t)=\begin{cases} t, & 0\leqslant t<a,\\ 0, & a\leqslant t<2a.\end{cases}$

8. 求下列函数的拉普拉斯逆变换:

(1) $F(s)=\frac{s^2+2}{s(s+1)(s+2)}$;

(2) $F(s)=\frac{s}{(s^2+1)(s+2)^2}$;

(3) $F(s)=\frac{1}{(s^2+4s+13)^2}$.

三、解答题

9. 求微分方程 $y''+2y'+y=te^{-t}$满足 $y(0)=1$ 及 $y'(0)=-2$ 的解.

10. 用拉普拉斯变换解方程:$y'(t)+2\int_0^t y(\tau)d\tau=u(t-1)$, $y(0)=1$.

11. 利用拉普拉斯变换求解积分方程:$1-2\sin t=y(t)+\int_0^t e^{2(t-\tau)}y(\tau)d\tau$.

复习题 8

1. 求下列函数的拉普拉斯变换:

(1) $f(t)=\begin{cases} 3, & 0\leqslant t<2,\\ -1, & 2\leqslant t<4,\\ 0, & t>4;\end{cases}$

(2) $f(t)=\begin{cases} 3, & 0\leqslant t<\frac{\pi}{2},\\ \cos t, & t\geqslant\frac{\pi}{2};\end{cases}$

(3) $f(t)=e^{2t}+5\delta(t)$;

(4) $f(t)=\delta(t)\cos t-u(t)\sin t$.

2. 求下列函数的拉普拉斯变换:

(1) $\sin\frac{t}{2}$;

(2) e^{-2t};

(3) t^2;

(4) $|t|$;

(5) $\sin t\cos t$;

(6) $\cos^2 t$.

3. 求下列函数的拉普拉斯变换:

(1) t^2+3t+2;

(2) $1-te^{-t}$;

(3) $(t-1)^2e^t$;

(4) $5\sin 2t-3\cos 2t$;

(5) $t\cos at$;

(6) $e^{-4t}\cos 4t$.

4. 利用拉普拉斯变换的性质,计算 $\mathscr{L}[f(t)]$:

(1) $f(t)=te^{-3t}\sin 2t$;

(2) $f(t)=t\int_0^t e^{-3t}\sin 2t dt$.

5. 利用拉普拉斯变换的性质,计算 $\mathscr{L}^{-1}[f(t)]$:

(1) $F(s)=\frac{1}{s+1}-\frac{1}{s-1}$;

(2) $F(s)=\ln\frac{s+1}{s-1}$;

(3) $F(s)=\dfrac{2s}{(s^2-1)^2}$；　　(4) $F(s)=\dfrac{1}{(s^2-1)^2}$.

6. 利用像函数的积分性质，计算 $\mathscr{L}[f(t)]$：

(1) $f(t)=\dfrac{\sin kt}{t}$；　　(2) $f(t)=\int_0^t \dfrac{e^{-3t}\sin 2t}{t}dt$.

7. 求下列积分的值：

(1) $\int_0^{+\infty}\dfrac{e^{-t}-e^{-2t}}{t}dt$；　　(2) $\int_0^{+\infty} te^{-2t}dt$.

8. 求下列函数在区间 $[0,+\infty)$ 上的卷积：

(1) $1*u(t)$；　　(2) $t^m * t^n$ （m,n 为正整数）；

(3) $\sin kt * \cos kt$ （$k\neq 0$）；　　(4) $t * \operatorname{sh} t$；

(5) $u(t-a)*f(t)$ （$a\geqslant 0$）；　　(6) $\delta(t-a)*f(t)$.

9. 利用卷积定理证明下列等式：

(1) $\mathscr{L}\left[\int_0^t f(t)dt\right]=\mathscr{L}[f(t)*u(t)]=\dfrac{F(s)}{s}$；

(2) $\mathscr{L}^{-1}\left[\dfrac{s}{(s^2+a^2)^2}\right]=\dfrac{t}{2a}\sin at$ （$a\neq 0$）.

10. 求下列像函数 $F(s)$ 的拉普拉斯逆变换：

(1) $\dfrac{1}{s^2+a^2}$；　　(2) $\dfrac{s}{(s-a)(s-b)}$；

(3) $\dfrac{s+c}{(s+a)(s+b)^2}$；　　(4) $\dfrac{s}{(s^2+1)(s^2+4)}$；

(5) $\dfrac{1}{s^4+5s^2+4}$；　　(6) $\dfrac{s+1}{9s^2+6s+5}$；

(7) $\dfrac{1+e^{-2s}}{s^2}$；　　(8) $\ln\dfrac{s^2-1}{s^2}$.

11. 设 $f(t)$ 是以 2π 为周期的函数，且在区间 $[0,2\pi]$ 上取值为

$$f(t)=\begin{cases}\sin t, & 0\leqslant t<\pi,\\ 0, & \pi\leqslant t\leqslant 2\pi,\end{cases}$$

求 $\mathscr{L}[f(t)]$.

12. 解下列微分方程：

(1) $y''-2y'+y=e^t, y(0)=y'(0)=0$；

(2) $y'''-3y''+3y'-y=-1, y''(0)=y'(0)=1, y(0)=2$；

(3) $y''+3y'+y=3\cos t, y(0)=0, y'(0)=1$；

(4) $y''+3y'+2y=u(t-1), y(0)=0, y'(0)=1$；

(5) $y^{(4)}+y'''=\cos t, y(0)=y'(0)=y'''(0)=0, y''(0)=C$（常数）.

13. 解下列微分方程组：

(1) $\begin{cases}y''-x''+x'-y=e^t-2, & x(0)=x'(0)=0,\\ 2y''-x''-2y'+x=-t, & y(0)=y'(0)=0;\end{cases}$

(2) $\begin{cases}x'+y''=\delta(t-1), & x(0)=y(0)=0,\\ 2x+y'''=2u(t-1), & y'(0)=y''(0)=0.\end{cases}$

附录1　傅里叶变换简表

	$f(t)$	$F(\omega)$
1	矩形单脉冲 $f(t)=\begin{cases}E, & \lvert t\rvert\leqslant 0\\ 0, & \text{其他}\end{cases}$	$2E\dfrac{\sin\frac{\omega\tau}{2}}{\omega}$
2	指数衰减函数 $f(t)=\begin{cases}0, & t<0\\ \mathrm{e}^{-\beta t}, & t\geqslant 0\end{cases}\quad(\beta>0)$	$\dfrac{1}{\beta+\mathrm{j}\omega}$
3	三角形脉冲 $f(t)=\begin{cases}\dfrac{2A}{\tau}\left(\dfrac{\tau}{2}+t\right), & -\dfrac{\tau}{2}\leqslant t<0\\ \dfrac{2A}{\tau}\left(\dfrac{\tau}{2}-t\right), & 0\leqslant t<\dfrac{\tau}{2}\end{cases}$	$\dfrac{4A}{\tau\omega^2}\left(1-\cos\dfrac{\omega\tau}{2}\right)$
4	钟形脉冲 $f(t)=A\mathrm{e}^{-\beta t^2}\quad(\beta>0)$	$\sqrt{\dfrac{\pi}{\beta}}A\mathrm{e}^{-\frac{\omega^2}{4\beta}}$
5	傅里叶核 $f(t)=\dfrac{\sin\omega_0 t}{\pi t}$	$\begin{cases}1, & \lvert\omega\rvert\leqslant\omega_0\\ 0, & \text{其他}\end{cases}$
6	高斯分布函数 $f(t)=\dfrac{1}{\sqrt{2\pi}\sigma}\mathrm{e}^{-\frac{t^2}{2\sigma^2}}$	$\mathrm{e}^{-\frac{\sigma^2\omega^2}{2}}$
7	矩形射频脉冲 $f(t)=\begin{cases}E\cos\omega_0 t, & \lvert t\rvert\leqslant\dfrac{\tau}{2}\\ 0, & \text{其他}\end{cases}$	$\dfrac{E\tau}{2}\left[\dfrac{\sin(\omega-\omega_0)\frac{\tau}{2}}{(\omega-\omega_0)\frac{\tau}{2}}+\dfrac{\sin(\omega+\omega_0)\frac{\tau}{2}}{(\omega+\omega_0)\frac{\tau}{2}}\right]$
8	单位脉冲函数　$f(t)=\delta(t)$	1
9	周期性脉冲函数 $f(t)=\sum\limits_{n=-\infty}^{+\infty}\delta(t-nT)$	$\dfrac{2\pi}{T}\sum\limits_{n=-\infty}^{+\infty}\delta\left(\omega-\dfrac{2n\pi}{T}\right)$
10	单位阶跃函数 $f(t)=u(t)=\begin{cases}1, & t>0\\ 0, & t<0\end{cases}$	$\dfrac{1}{\mathrm{j}\omega}+\pi\delta(\omega)$

续表

	$f(t)$	$F(\omega)$
11	$\cos\omega_0 t$	$\pi[\delta(\omega+\omega_0)+\delta(\omega-\omega_0)]$
12	$\sin\omega_0 t$	$j\pi[\delta(\omega+\omega_0)-\delta(\omega-\omega_0)]$
13	$u(t-c)$	$\frac{1}{j\omega}e^{-j\omega c}+\pi\delta(\omega)$
14	$u(t)\cdot t$	$-\frac{1}{\omega^2}+\pi j\delta'(\omega)$
15	$u(t)\cdot t^n$	$\frac{n!}{(j\omega)^{n+1}}+\pi j^n\delta^{(n)}(\omega)$
16	$u(t)\sin at$	$\frac{a}{a^2-\omega^2}+\frac{\pi}{2j}[\delta(\omega-\omega_0)-\delta(\omega+\omega_0)]$
17	$u(t)\cos at$	$\frac{j\omega}{a^2-\omega^2}+\frac{\pi}{2}[\delta(\omega-\omega_0)+\delta(\omega+\omega_0)]$
18	$u(t)e^{jat}$	$\frac{1}{j(\omega-a)}+\pi\delta(\omega-a)$
19	$u(t-c)e^{jat}$	$\frac{1}{j(\omega-a)}e^{-j(\omega-a)c}+\pi\delta(\omega-a)$
20	$u(t)e^{jat}t^n$	$\frac{n!}{[j(\omega-a)]^{n+1}}+\pi j^n\delta^{(n)}(\omega-a)$
21	$e^{a\|t\|}$，$\mathrm{Re}\,a<0$	$\frac{-2a}{\omega^2+a^2}$
22	$\delta(t-c)$	$e^{-j\omega c}$
23	$\delta'(t)$	$j\omega$
24	$\delta^{(n)}(t)$	$(j\omega)^n$
25	1	$2\pi\delta(\omega)$
26	t	$2\pi j\delta'(\omega)$
27	t^n	$2\pi j^n\delta^{(n)}(\omega)$
28	e^{jat}	$2\pi\delta(\omega-a)$
29	$t^n e^{jat}$	$2\pi j^n\delta^{(n)}(\omega-a)$
30	$\frac{1}{a^2+t^2}$，$\mathrm{Re}\,a<0$	$-\frac{\pi}{a}e^{a\|\omega\|}$
31	$\frac{1}{(a^2+t^2)^2}$，$\mathrm{Re}\,a<0$	$\frac{j\omega\pi}{2a}e^{a\|\omega\|}$
32	$\frac{e^{jbt}}{a^2+t^2}$，$\mathrm{Re}\,a<0$，b 为实数	$-\frac{\pi}{a}e^{a\|\omega-b\|}$

续表

	$f(t)$	$F(\omega)$
33	$\dfrac{\cos bt}{a^2+t^2}$，Re $a<0$，b 为实数	$-\dfrac{\pi}{2a}\left[e^{a\|\omega-b\|}+e^{a\|\omega+b\|}\right]$
34	$\dfrac{\sin bt}{a^2+t^2}$，Re $a<0$，b 为实数	$-\dfrac{\pi}{2a\mathrm{j}}\left[e^{a\|\omega-b\|}-e^{a\|\omega+b\|}\right]$
35	$\dfrac{\mathrm{sh}\, at}{\mathrm{sh}\, \pi t}$，$-\pi<a<\pi$	$\dfrac{\sin a}{\mathrm{ch}\,\omega+\cos a}$
36	$\dfrac{\mathrm{sh}\, at}{\mathrm{ch}\pi t}$，$-\pi<a<\pi$	$-2\mathrm{j}\dfrac{\sin\dfrac{a}{2}\mathrm{sh}\dfrac{\omega}{2}}{\mathrm{ch}\,\omega+\cos a}$
37	$\dfrac{\mathrm{ch}\, at}{\mathrm{ch}\, \pi t}$，$-\pi<a<\pi$	$2\dfrac{\cos\dfrac{a}{2}\mathrm{ch}\dfrac{\omega}{2}}{\mathrm{ch}\,\omega+\cos a}$
38	$\dfrac{1}{\mathrm{ch}\, at}$	$\dfrac{\pi}{a}\dfrac{1}{\mathrm{ch}\dfrac{\pi\omega}{2a}}$
39	$\sin at^2$，$a>0$	$\sqrt{\dfrac{\pi}{a}}\cos\left(\dfrac{\omega^2}{4a}+\dfrac{\pi}{4}\right)$
40	$\cos at^2$，$a>0$	$\sqrt{\dfrac{\pi}{a}}\cos\left(\dfrac{\omega^2}{4a}-\dfrac{\pi}{4}\right)$
41	$\dfrac{1}{t}\sin at$，$a>0$	$\begin{cases}\pi, & \|\omega\|\leqslant a\\ 0, & \|\omega\|>a\end{cases}$
42	$\dfrac{1}{t^2}\sin^2 at$，$a>0$	$\begin{cases}\pi\left(a-\dfrac{\|\omega\|}{2}\right), & \|\omega\|\leqslant 2a\\ 0, & \|\omega\|>2a\end{cases}$
43	$\dfrac{1}{\sqrt{\|t\|}}\sin at$	$\mathrm{j}\sqrt{\dfrac{\pi}{2}}\left(\dfrac{1}{\sqrt{\|\omega+a\|}}-\dfrac{1}{\sqrt{\|\omega-a\|}}\right)$
44	$\dfrac{1}{\sqrt{\|t\|}}\cos at$	$\sqrt{\dfrac{\pi}{2}}\left(\dfrac{1}{\sqrt{\|\omega+a\|}}+\dfrac{1}{\sqrt{\|\omega-a\|}}\right)$
45	$\dfrac{1}{\sqrt{\|t\|}}$	$\sqrt{\dfrac{2\pi}{\|\omega\|}}$
46	$\mathrm{sgn}\, t$	$\dfrac{2}{\mathrm{j}\omega}$
47	e^{-at^2}，Re $a>0$	$\sqrt{\dfrac{\pi}{a}}e^{-\frac{\omega^2}{4a}}$
48	$\|t\|$	$-\dfrac{2}{\omega^2}$
49	$\dfrac{1}{\|t\|}$	$\dfrac{\sqrt{2\pi}}{\|\omega\|}$

附录 2　拉普拉斯变换简表

	$f(t)$	$F(s)$
1	1	$\frac{1}{s}$
2	e^{at}	$\frac{1}{s-a}$
3	t^m，$m>-1$	$\frac{\Gamma(m+1)}{s^{m+1}}$
4	$t^m e^{at}$，$m>-1$	$\frac{\Gamma(m+1)}{(s-a)^{m+1}}$
5	$\sin at$	$\frac{a}{s^2+a^2}$
6	$\cos at$	$\frac{s}{s^2+a^2}$
7	$\mathrm{sh}\, at$	$\frac{a}{s^2-a^2}$
8	$\mathrm{ch}\, at$	$\frac{s}{s^2-a^2}$
9	$t\sin at$	$\frac{2as}{(s^2+a^2)^2}$
10	$t\cos at$	$\frac{s^2-a^2}{(s^2+a^2)^2}$
11	$t\,\mathrm{sh}\, at$	$\frac{2as}{(s^2-a^2)^2}$
12	$t\,\mathrm{ch}\, at$	$\frac{s^2+a^2}{(s^2-a^2)^2}$
13	$t^m \sin at$，$m>-1$	$\frac{\Gamma(m+1)}{2\mathrm{j}(s^2+a^2)^{m+1}}[(s+\mathrm{j}a)^{m+1}-(s-\mathrm{j}a)^{m+1}]$
14	$t^m \cos at$，$m>-1$	$\frac{\Gamma(m+1)}{2(s^2+a^2)^{m+1}}[(s+\mathrm{j}a)^{m+1}+(s-\mathrm{j}a)^{m+1}]$
15	$e^{-bt}\sin at$	$\frac{a}{(s+b)^2+a^2}$
16	$e^{-bt}\cos at$	$\frac{s+b}{(s+b)^2+a^2}$

续表

	$f(t)$	$F(s)$
17	$e^{-bt}\sin(at+c)$	$\dfrac{(s+b)\sin c+a\cos c}{(s+b)^2+a^2}$
18	$\sin^2 t$	$\dfrac{1}{2}\left(\dfrac{1}{s}-\dfrac{s}{s^2+4}\right)$
19	$\cos^2 t$	$\dfrac{1}{2}\left(\dfrac{1}{s}+\dfrac{s}{s^2+4}\right)$
20	$\sin at\sin bt$	$\dfrac{2abs}{[s^2+(a+b)^2][s^2+(a-b)^2]}$
21	$e^{at}-e^{bt}$	$\dfrac{a-b}{(s-a)(s-b)}$
22	$ae^{at}-be^{bt}$	$\dfrac{(a-b)s}{(s-a)(s-b)}$
23	$\dfrac{1}{a}\sin at-\dfrac{1}{b}\sin bt$	$\dfrac{b^2-a^2}{(s^2+a^2)(s^2+b^2)}$
24	$\cos at-\cos bt$	$\dfrac{(b^2-a^2)s}{(s^2+a^2)(s^2+b^2)}$
25	$\dfrac{1}{a^2}(1-\cos at)$	$\dfrac{1}{s(s^2+a^2)}$
26	$\dfrac{1}{a^3}(at-\sin at)$	$\dfrac{1}{s^2(s^2+a^2)}$
27	$\dfrac{1}{a^4}(\cos at-1)+\dfrac{1}{2a^2}t^2$	$\dfrac{1}{s^3(s^2+a^2)}$
28	$\dfrac{1}{a^4}(\mathrm{ch}\, at-1)-\dfrac{1}{2a^2}t^2$	$\dfrac{1}{s^3(s^2-a^2)}$
29	$\dfrac{1}{2a^3}(\sin at-at\cos at)$	$\dfrac{1}{(s^2+a^2)^2}$
30	$\dfrac{1}{2a}(\sin at+at\cos at)$	$\dfrac{s^2}{(s^2+a^2)^2}$
31	$\dfrac{1}{a^4}(1-\cos at)-\dfrac{1}{2a^3}t\sin at$	$\dfrac{1}{s(s^2+a^2)^2}$
32	$(1-at)e^{-at}$	$\dfrac{s}{(s+a)^2}$
33	$t\left(1-\dfrac{a}{2}t\right)e^{-at}$	$\dfrac{s}{(s+a)^3}$
34	$\dfrac{1}{a}(1-e^{-at})$	$\dfrac{1}{s(s+a)}$

续表

	$f(t)$	$F(s)$
35①	$\frac{1}{ab}+\frac{1}{b-a}\left(\frac{e^{-bt}}{b}-\frac{e^{-at}}{a}\right)$	$\frac{1}{s(s+a)(s+b)}$
36①	$\frac{e^{-at}}{(b-a)(c-a)}+\frac{e^{-bt}}{(a-b)(c-b)}+\frac{e^{-ct}}{(a-c)(b-c)}$	$\frac{1}{(s+a)(s+b)(s+c)}$
37①	$\frac{ae^{-at}}{(c-a)(a-b)}+\frac{be^{-bt}}{(a-b)(b-c)}+\frac{ce^{-ct}}{(b-c)(c-a)}$	$\frac{s}{(s+a)(s+b)(s+c)}$
38①	$\frac{a^2e^{-at}}{(c-a)(b-a)}+\frac{b^2e^{-bt}}{(a-b)(c-b)}+\frac{c^2e^{-ct}}{(b-c)(a-c)}$	$\frac{s^2}{(s+a)(s+b)(s+c)}$
39①	$\frac{e^{-at}-e^{-bt}[1-(a-b)t]}{(a-b)^2}$	$\frac{1}{(s+a)(s+b)^2}$
40①	$\frac{[a-b(a-b)t]e^{-bt}-ae^{-at}}{(a-b)^2}$	$\frac{s}{(s+a)(s+b)^2}$
41	$e^{-at}-e^{\frac{at}{2}}\left(\cos\frac{\sqrt{3}at}{2}-\sqrt{3}\sin\frac{\sqrt{3}at}{2}\right)$	$\frac{3a^2}{s^3+a^3}$
42	$\sin at\,\mathrm{ch}\,at-\cos at\,\mathrm{sh}\,at$	$\frac{4a^3}{s^4+4a^4}$
43	$\frac{1}{2a^2}\sin at\,\mathrm{sh}\,at$	$\frac{s}{s^4+4a^4}$
44	$\frac{1}{2a^3}(\mathrm{sh}\,at-\sin at)$	$\frac{1}{s^4-a^4}$
45	$\frac{1}{2a^2}(\mathrm{ch}\,at-\cos at)$	$\frac{s}{s^4-a^4}$
46	$\frac{1}{\sqrt{\pi t}}$	$\frac{1}{\sqrt{s}}$
47	$2\sqrt{\frac{t}{\pi}}$	$\frac{1}{s\sqrt{s}}$
48	$\frac{1}{\sqrt{\pi t}}e^{at}(1+2at)$	$\frac{s}{(s-a)\sqrt{s-a}}$
49	$\frac{1}{2\sqrt{\pi t^3}}(e^{bt}-e^{at})$	$\sqrt{s-a}-\sqrt{s-b}$
50	$\frac{1}{\sqrt{\pi t}}\cos 2\sqrt{at}$	$\frac{1}{\sqrt{s}}e^{-\frac{a}{s}}$
51	$\frac{1}{\sqrt{\pi t}}\mathrm{ch}\,2\sqrt{at}$	$\frac{1}{\sqrt{s}}e^{\frac{a}{s}}$
52	$\frac{1}{\sqrt{\pi t}}\sin 2\sqrt{at}$	$\frac{1}{s\sqrt{s}}e^{-\frac{a}{s}}$

续表

	$f(t)$	$F(s)$
53	$\frac{1}{\sqrt{\pi t}}\operatorname{sh} 2\sqrt{at}$	$\frac{1}{s\sqrt{s}}e^{\frac{a}{s}}$
54	$\frac{1}{t}(e^{bt}-e^{at})$	$\ln\frac{s-a}{s-b}$
55	$\frac{2}{t}\operatorname{sh} at$	$\ln\frac{s+a}{s-a}=2\operatorname{Arth}\frac{a}{s}$
56	$\frac{2}{t}(1-\cos at)$	$\ln\frac{s^2+a^2}{s^2}$
57	$\frac{2}{t}(1-\operatorname{ch} at)$	$\ln\frac{s^2-a^2}{s^2}$
58	$\frac{1}{t}\sin at$	$\arctan\frac{a}{s}$
59	$\frac{1}{t}(\operatorname{ch} at-\cos bt)$	$\ln\sqrt{\frac{s^2+b^2}{s^2-a^2}}$
60②	$\frac{1}{\pi t}\sin(2a\sqrt{t})$	$\operatorname{erf}\frac{a}{\sqrt{s}}$
61②	$\frac{1}{\sqrt{\pi t}}e^{-2a\sqrt{t}}$	$\frac{1}{\sqrt{s}}e^{\frac{a^2}{s}}\operatorname{erfc}\frac{a}{\sqrt{s}}$
62	$\operatorname{erfc}\frac{a}{2\sqrt{t}}$	$\frac{1}{s}e^{-a\sqrt{s}}$
63	$\operatorname{erf}\frac{t}{2a}$	$\frac{1}{s}e^{a^2s^2}\operatorname{erfc} as$
64	$\frac{1}{\sqrt{\pi t}}e^{-2\sqrt{at}}$	$\frac{1}{\sqrt{s}}e^{\frac{a}{s}}\operatorname{erfc}\sqrt{\frac{a}{s}}$
65	$\frac{1}{\sqrt{\pi(t+a)}}$	$\frac{1}{\sqrt{s}}e^{as}\operatorname{erfc}\sqrt{as}$
66	$\frac{1}{\sqrt{a}}\operatorname{erf}\sqrt{at}$	$\frac{1}{s\sqrt{s+a}}$
67	$\frac{1}{\sqrt{a}}e^{at}\operatorname{erf}\sqrt{at}$	$\frac{1}{\sqrt{s}(s-a)}$
68	$u(t)$	$\frac{1}{s}$
69	$tu(t)$	$\frac{1}{s^2}$
70	$t^m u(t)$，$m>-1$	$\frac{1}{s^{m+1}}\Gamma(m+1)$

续表

	$f(t)$	$F(s)$
71	$\delta(t)$	1
72	$\delta^{(n)}(t)$	s^n
73	$\operatorname{sgn} t$	$\dfrac{1}{s}$
74③	$J_0(at)$	$\dfrac{1}{\sqrt{s^2+a^2}}$
75③	$I_0(at)$	$\dfrac{1}{\sqrt{s^2-a^2}}$
76	$J_0(2\sqrt{at})$	$\dfrac{1}{s}e^{-\frac{a}{s}}$
77	$e^{-bt}I_0(at)$	$\dfrac{1}{\sqrt{(s+b)^2-a^2}}$
78	$tJ_0(at)$	$\dfrac{s}{(s^2+a^2)^{\frac{3}{2}}}$
79	$tI_0(at)$	$\dfrac{s}{(s^2-a^2)^{\frac{3}{2}}}$
80	$J_0(a\sqrt{t(t+2b)})$	$\dfrac{1}{\sqrt{s^2+a^2}}e^{b(s-\sqrt{s^2+a^2})}$
81	$\dfrac{1}{at}J_1(at)$	$\dfrac{1}{s+\sqrt{s^2+a^2}}$
82	$J_1(at)$	$\dfrac{1}{a}\left(1-\dfrac{s}{\sqrt{s^2+a^2}}\right)$
83	$J_n(t)$	$\dfrac{1}{\sqrt{s^2+1}}(\sqrt{s^2+1}-s)^n$
84	$t^{\frac{n}{2}}J_n(2\sqrt{t})$	$\dfrac{1}{s^{n+1}}e^{-\frac{1}{s}}$
85	$\dfrac{1}{t}J_n(at)$	$\dfrac{1}{na^n}(\sqrt{s^2+a^2}-s)^n$
86	$\int_t^{\infty}\dfrac{J_0(t)}{t}dt$	$\dfrac{1}{s}\ln(s+\sqrt{s^2+1})$
87④	$\operatorname{si} t$	$\dfrac{1}{s}\operatorname{arccot} s$
88⑤	$\operatorname{ci} t$	$\dfrac{1}{s}\ln\dfrac{1}{\sqrt{s^2+1}}$

① 式中 a,b,c 为不相等的常数.

② $\operatorname{erf} x = \frac{2}{\sqrt{\pi}}\int_0^x e^{-t^2}\,dt$，称为误差函数.

$\operatorname{erfc} x = 1 - \operatorname{erf}(x) = \frac{2}{\sqrt{\pi}}\int^{+}\infty_x e^{-t^2}\,dt$，称为余误差函数.

③ $J_n(x) = \sum_{k=0}^{\infty} \frac{(-1)^k}{k!\Gamma(n+k+1)}\left(\frac{x}{2}\right)^{n+2k}$，$I_n(x)=j^{-n}J_n(jx)$，$J_n$ 称为第一类 n 阶贝塞尔(Bessel)函数. I_n 称为第一类 n 阶变形的贝塞尔函数，或称为虚宗量的贝塞尔函数.

④ $\operatorname{si} t = \int_0^t \frac{\sin t}{t}dt$ 称为正弦积分.

⑤ $\operatorname{ci} t = \int_{-\infty}^t \frac{\cos t}{t}dt$ 称为余弦积分.

习题参考答案

第 1 章

自我检测题 1

1. $\dfrac{x}{x^2+y^2}$，$-\dfrac{y}{x^2+y^2}$.　　2. $\sqrt{2}$，$\dfrac{7}{12}\pi$.

3. z 平面上的点集 G 到 w 平面上的点集的映射.

4. 没有重点的连续曲线.

5. 上半平面区域.

6. A.　7. C.　8. A.　9. C.　10. C.

11. $2\mathrm{i}\pm\sqrt{-9}\mathrm{i}$.　　12. $w=\sqrt{2}\left[\cos\left(-\dfrac{3}{4}\right)+\mathrm{i}\sin\left(-\dfrac{3}{4}\right)\right]$.

13. 提示：利用公式 $|z|^2=z\bar{z}$.

复习题 1

1. (1) $3\left(\cos\dfrac{\pi}{2}+\mathrm{i}\sin\dfrac{\pi}{2}\right)=3\mathrm{e}^{\frac{\pi}{2}\mathrm{i}}$；　　(2) $8(\cos\pi+\mathrm{i}\sin\pi)=8\mathrm{e}^{\pi\mathrm{i}}$；

   (3) $2\left(\cos\dfrac{\pi}{3}+\mathrm{i}\sin\dfrac{\pi}{3}\right)=2\mathrm{e}^{\frac{\pi}{3}\mathrm{i}}$.

2. (1) $-8\mathrm{i}$；

   (2) $\sqrt[6]{2}\left(\cos\dfrac{\pi}{12}-\mathrm{i}\sin\dfrac{\pi}{12}\right)$，$\sqrt[6]{2}\left(\cos\dfrac{7\pi}{12}-\mathrm{i}\sin\dfrac{7\pi}{12}\right)$，$\sqrt[6]{2}\left(\cos\dfrac{5\pi}{4}-\mathrm{i}\sin\dfrac{5\pi}{4}\right)$.

3. (1) $1+\sqrt{3}\mathrm{i}$，-2，$1-\sqrt{3}\mathrm{i}$；

   (2) $\dfrac{a(\sqrt{3}+\mathrm{i})}{2}$，$a\mathrm{i}$，$\dfrac{a(-\sqrt{3}+\mathrm{i})}{2}$，$-\dfrac{a(\sqrt{3}+\mathrm{i})}{2}$，$-a\mathrm{i}$，$\dfrac{a(\sqrt{3}-\mathrm{i})}{2}$.

5. 模不变，辐角减少 $\dfrac{\pi}{2}$.

6. $n=4k\ (k=0,\pm1,\pm2,\cdots)$.

7. 提示：考虑方程 $(z-z_1)(z-z_2)(z-z_3)=0$.

8. (1) z 与 $-z$ 关于原点对称；　　(2) z 与 $\bar{z}$ 关于实轴对称；

   (3) z 与 $-\bar{z}$ 关于虚轴对称；　　(4) z 与 $\dfrac{1}{\bar{z}}$ 辐角相等，模满足 $|z|\cdot\left|\dfrac{1}{\bar{z}}\right|=1$；

   (5) $\dfrac{1}{z}$ 与 $\dfrac{1}{\bar{z}}$ 关于实轴对称；　　(6) $-\dfrac{1}{\bar{z}}$ 与 $\dfrac{1}{\bar{z}}$ 关于原点对称.

9. (1) 以 3 为中心，半径为 1 的圆周；

   (2) 中心在 $-2\mathrm{i}$，半径为 1 的圆周及其外部区域；

   (3) 直线 $x=-3$；

   (4) 环形区域：$4<x^2+y^2<9$；

(5) 以 -3 与 -1 为焦点，长轴为 4 的椭圆；

(6) 直线 $y=2$ 及其下边的平面.

10. (1) $|\arg w|<\dfrac{\pi}{2}$；　　(2) $|w|>9$；

(3) $0<\arg z<\pi$.

11. (1) $-\mathrm{i},\dfrac{1-\mathrm{i}}{2}$；　　(2) $u^2+v^2=1$；

(3) $\left(u-\dfrac{1}{2}\right)^2+v^2=\dfrac{1}{4}$；　　(4) $v=-u$.

12. 提示：利用不等式 $||f(z)|-|f(z_0)||\leqslant|f(z)-f(z_0)|$.

13. 提示：令 $z=x+\mathrm{i}y$，可得 $f(z)=\dfrac{2xy}{x^2+y^2}$.

14. 提示：令 $z=x+\mathrm{i}y$，$\alpha=a+\mathrm{i}b$. 或设复平面的圆周方程为 $|z+\alpha|=b$，两边平方，利用公式 $|z|^2=z\bar{z}$ 可得.

第 2 章

自我检测题 2

1. $\dfrac{1}{2}$.

2. $\dfrac{1}{2}\ln 2+\mathrm{i}\left(\dfrac{\pi}{4}+2k\pi\right),k\in\mathbf{Z}$.

3. $\cos 1+\mathrm{i}\sin 1$.

4. $\dfrac{1}{z}$.

5. B.　6. A.　7. A.　8. C.　9. A.

10. 在除 $z=\pm\mathrm{i}$ 外处处解析，$f'(z)=\dfrac{2z}{(z^2+1)^2}$.

11. 在 $z=-\mathrm{i}$ 处可导，复平面内处处不解析.

12. $z=k\pi-\dfrac{\pi}{4},k\in\mathbf{Z}$.

13. $\mathrm{e}^{\frac{\pi}{4}-2k\pi}\cos\dfrac{\ln 2}{2}+\mathrm{i}\mathrm{e}^{\frac{\pi}{4}-2k\pi}\sin\dfrac{\ln 2}{2},k\in\mathbf{Z}$.

复习题 2

2. (1) 在直线 $x=-\dfrac{1}{2}$ 上可导，复平面内处处不解析；

(2) 在原点可导，复平面内处处不解析；

(3) 复平面内处处解析；

(4) 在直线 $x=k\pi,y=k\pi,k\in\mathbf{Z}$ 上可导，复平面内处处不解析.

3. (1) 在除 $z=\pm\mathrm{i}$ 外处处解析，$f'(z)=-\dfrac{2z}{(z^2+1)^2}$；

(2) 当 $c=0$ 时，复平面内处处解析，$f'(z)=\dfrac{a}{d}$，

当 $c\neq0$ 时，在除 $z=-\dfrac{d}{c}$ 外处处解析，$f'(z)=-\dfrac{ad-bc}{(cz+d)^2}$.

4. (1) $\pm\mathrm{i},2$；　　(2) $k\pi+\dfrac{\pi}{2},k\in\mathbf{Z}$.

5. $m=1,n=l=-3$.

9. (1) $e^3\cos 1+ie^3\sin 1$； (2) $\dfrac{(e^{-1}+e)\sin 1}{2}-\dfrac{i(e^{-1}-e)\cos 1}{2}$；

(3) $\dfrac{(e-e^{-1})\cos 2}{2}+\dfrac{i(e^{-1}+e)\sin 2}{2}$； (4) $\dfrac{(e-e^{-1})\cos 1}{2}+\dfrac{i(e^{-1}+e)\sin 1}{2}$.

12. $\mathrm{Ln}(1-i)=\dfrac{1}{2}\ln 2+i\left(-\dfrac{\pi}{4}+2k\pi\right),k\in\mathbf{Z}$,主值 $\mathrm{Ln}(1-i)=\dfrac{1}{2}\ln 2-\dfrac{\pi i}{4}$；

$\mathrm{Ln}(-3+4i)=\ln 5+i\left(\pi-\arctan\dfrac{4}{3}+2k\pi\right),k\in\mathbf{Z}$,主值 $\ln(-3+4i)$

$=\ln 5+i\left(\pi-\arctan\dfrac{4}{3}\right)$.

14. $(1+i)^i=e^{-\left(\frac{\pi}{4}+2k\pi\right)}\cos\dfrac{\ln 2}{2}+ie^{-\left(\frac{\pi}{4}+2k\pi\right)}\sin\dfrac{\ln 2}{2},k\in\mathbf{Z}$；

$1^i=e^{-2k\pi},k\in\mathbf{Z}$.

16. (1) $\ln 2+i\left(\dfrac{\pi}{3}+2k\pi\right),k\in\mathbf{Z}$； (2) $\left(\dfrac{1}{2}+2k\right)\pi-i\ln(2\pm\sqrt{3}),k\in\mathbf{Z}$；

(3) $k\pi+\dfrac{\pi}{4},k\in\mathbf{Z}$； (4) $e^2\cos 1+ie^2\sin 1$.

第 3 章

自我检测题 3

1. 0； 2. $2\pi i$；

3. 0.

4. 1； 5. $\dfrac{2}{3}(-1+i)$.

6. (1) $-2\pi i$； (2) 0. 7. $6\pi i$.

8. 提示：$C: x=0,-1\leqslant y\leqslant 1$.

9. 提示：对原点和曲线 C 的位置关系进行分类，考虑相应条件下被积函数在曲线 C 内的解析性即可得证.

10. $f(z)=\left(1-\dfrac{i}{2}\right)z^2+\dfrac{i}{2}$.

复习题 3

1. $\dfrac{4}{3}i$. 2. (1) i； (2) 2i.

3. (1) $-\dfrac{1}{6}+\dfrac{5}{6}i$； (2) $-\dfrac{1}{6}+\dfrac{5}{6}i$. 5. (1) $4\pi i$； (2) $8\pi i$.

6. (1) 0； (2) $2\pi i$； (3) 0； (4) $\dfrac{4\pi i}{4+i}$.

7. 0. 8. 0. 9. 相等；不能.

10. (1) 0； (2) $-\dfrac{i}{3}$； (3) $\sin 1-\cos 1$； (4) $\pi+\dfrac{e^{-2\pi}-e^{2\pi}}{4}i$.

11. 可取从原点沿实轴到 1,再从 1 沿圆周 $|z|=1$ 到 z 的曲线作为 C.

12. (1) $2\pi e^2 i$； (2) $\dfrac{\pi i}{a}$； (3) 0.

13. (1) $\dfrac{\sqrt{2}}{2}\pi i$； (2) $\dfrac{\sqrt{2}}{2}\pi i$； (3) $\sqrt{2}\pi i$.

14. (1) $\frac{\pi}{5}\mathrm{i}$； (2) $\frac{4}{5}\pi\mathrm{i}$； (3) 0； (4) $\pi\mathrm{i}$.

15. $2\pi\mathrm{i}$.

16. 利用柯西积分公式.

17. (1) 0； (2) $\frac{1}{12}\pi\mathrm{i}$； (3) $\begin{cases}0, & |a|>1,\\ \pi\mathrm{e}^{a}\mathrm{i}, & |a|<1.\end{cases}$

18. $-26\pi+16\pi\mathrm{i},-12\pi+26\pi\mathrm{i},0,0$.

19. 提示:利用解析函数的导数仍是解析的,以及柯西-古萨定理.

20. (1) $z=0,z=1$ 均不在 C 内,$I=0$；
  (2) $z=0$ 在 C 内,但 $z=1$ 不在 C 内,$I=2\pi\mathrm{i}$；
  (3) $z=1$ 在 C 内,但 $z=0$ 不在 C 内,$I=-\mathrm{e}\pi\mathrm{i}$；
  (4) $z=0,z=1$ 均在 C 内,$I=(2-\mathrm{e})\pi\mathrm{i}$.

21. (1) $n\leqslant0,I=0$； (2) $n=1,I=2\pi\mathrm{i}$； (3) $n\geqslant2,I=\frac{2}{(n-1)}\pi\mathrm{i}$.

22. 不是.

24. (1) $-\mathrm{i}(z-1)^2$； (2) $\frac{1}{2}-\frac{1}{z}$.

25. 当 $p=1,f(z)=\mathrm{e}^z+C$；当 $p=-1,f(z)=-\mathrm{e}^{-z}+C$,其中 C 为常数.

26. $u(x,y)=3x^2y-y^3+C$,C 为实常数；
  $v(x,y)=-x^3+3xy^2+C$,C 为实常数.

27. 是.

29. (1) $u=c_1(ax+by)+c_2$,令 $t=ax+by$,因 $u_{xx}+u_{yy}=0$,从而有 $f''(t)=0$.
  (2) $u=c_1\arctan\frac{y}{x}+c_2$,令 $t=\frac{y}{x}$.

第4章

自我检测题4

1. 1. 2. 收敛. 3. 发散. 4. 错. 5. 对. 6. 对.

7. $\sum_{n=1}^{\infty}\frac{z^n}{n!}+\sum_{n=1}^{\infty}\frac{z^{-n}}{n!}+2$.

8. 证明:若 $\sum_{n=0}^{\infty}u_nz^n$ 的收敛半径大于1,说明 $\lim_{n\to\infty}\left|\frac{u_n}{u_{n+1}}\right|>1$,则由实数项级数的等比判别法,可知 $\sum_{n=0}^{\infty}|u_n|$ 收敛,矛盾.若 $\sum_{n=0}^{\infty}u_nz^n$ 的收敛半径小于1,则 $\lim_{n\to\infty}\left|\frac{u_n}{u_{n+1}}\right|<1$,同样由等比判别法,可知 $\sum_{n=0}^{\infty}u_n$ 发散的,矛盾.所以收敛半径只能等于1.

复习题4

1. (1) 收敛,极限为-1； (2) 不收敛； (3) 收敛,极限为0.

2. (1) 绝对收敛； (2) 绝对收敛； (3) 条件收敛.

3. (1) 1； (2) $\frac{1}{\sqrt{2}}$； (3) 2.

4. (1) $\sum_{n=1}^{\infty}(-1)^{n-1}\frac{(z-1)^n}{2^n}$; (2) $\sum_{n=1}^{\infty}(n+1)(z+1)^n$; (3) $\sum_{n=0}^{\infty}\frac{\sin\left(\frac{n\pi}{2}+1\right)}{n!}(z-1)^n$.

5. (1) $\frac{1}{5}\left(\cdots+\frac{2}{z^4}+\frac{1}{z^3}+\frac{2}{z^2}-\frac{1}{z}-\frac{1}{2}-\frac{z}{4}-\frac{z^2}{8}-\frac{z^3}{16}-\cdots\right)$; (2) $\sum_{n=-2}^{\infty}\frac{1}{(n+2)!}\cdot\frac{1}{z^{n-1}}$;

(3) $-\sum_{n=0}^{\infty}(-1)^n\frac{1}{(2n+1)!}\cdot\frac{1}{(z-2)^{2n+1}}$.

6. 当 $0<|z+1|<4$ 时,展开式为 $-\frac{1}{16}\sum_{n=0}^{\infty}\left(\frac{z+1}{4}\right)^n-\frac{1}{4(z+1)}$;

当 $4<|z+1|<+\infty$ 时,展开式为 $\frac{1}{4}\sum_{n=1}^{\infty}\left(\frac{4}{z+1}\right)^n$.

第 5 章

自我检测题 5

1. 一级极点. 2. -1. 3. 0. 4. 1.

5. D. 6. B. 7. B. 8. C. 9. C.

10. $z=0$,一级极点;$z=-1$,一级极点;$z=1$,三级极点;$z=\infty$,可去奇点.

11. $\frac{(e+e^{-1})\pi i}{2}$. 12. 0. 13. $\frac{\pi}{a+b}$.

复习题 5

1. (1) $z=0$,一级极点;$z=\pm i$,二级极点;$z=\infty$,可去奇点.

(2) $z=0$,二级极点;$z=\infty$,本性奇点.

(3) $z=0$,可去奇点;$z=\infty$,本性奇点.

(4) $z=0$,本性奇点;$z=\infty$,二级极点.

(5) $z=-i$,本性奇点;$z=\infty$,可去奇点.

(6) $z=0$,三级极点;$z=2k\pi i(k\in\mathbf{Z},k\neq0)$,一级极点;$z=\infty$,非孤立奇点.

(7) $z=0$,一级极点;$z=-1$,一级极点;$z=\infty$,可去奇点.

(8) $z=\pm i$,二级极点;$z=(2k+1)\pi i(k\in\mathbf{Z},k\neq0,-1)$,一级极点;$z=\infty$,非孤立奇点.

4. 极点情形:

(1) 当 $m\neq n$ 时,$\max(m,n)$级极点;当 $m=n$ 时,小于等于 m 级极点.

(2) $m+n$ 级极点.

(3) 当 $m>n$ 时,$m-n$ 级极点;当 $m=n$ 时,可去奇点;当 $m<n$ 时,$n-m$ 级零点.

零点情形:

(1) 当 $m\neq n$ 时,$\min(m,n)$级零点;当 $m=n$ 时,大于等于 m 级零点.

(2) $m+n$ 级零点.

(3) 当 $m>n$ 时,$m-n$ 级零点;当 $m=n$ 时,可去奇点;当 $m<n$ 时,$n-m$ 级极点.

6. (1) $\mathrm{Res}\left[\frac{z-1}{z(z+1)^2},0\right]=-1$,$\mathrm{Res}\left[\frac{z-1}{z(z+1)^2},-1\right]=1$,$\mathrm{Res}\left[\frac{z-1}{z(z+1)^2},\infty\right]=0$;

(2) $\mathrm{Res}\left[\frac{1}{\cos z},k\pi+\frac{\pi}{2}\right]=(-1)^{k+1}(k\in\mathbf{Z})$;

(3) $\mathrm{Res}\left[\frac{1-e^{2z}}{z^4},0\right]=-\frac{4}{3}$,$\mathrm{Res}\left[\frac{1-e^{2z}}{z^4},\infty\right]=\frac{4}{3}$;

(4) $\mathrm{Res}\left[z^4\sin\frac{1}{z},0\right]=\frac{1}{120}$，$\mathrm{Res}\left[z^4\sin\frac{1}{z},\infty\right]=-\frac{1}{120}$；

(5) $\mathrm{Res}\left[e^{\frac{1}{z-1}},1\right]=1$，$\mathrm{Res}\left[e^{\frac{1}{z-1}},\infty\right]=-1$；

(6) $\mathrm{Res}\left[\frac{1}{z^2(e^z-1)},0\right]=0$，$\mathrm{Res}\left[\frac{1}{z^2(e^z-1)},2k\pi i\right]=-\frac{1}{4k^2\pi^2}\ (k\in\mathbf{Z},k\neq 0)$；

(7) $\mathrm{Res}\left[\frac{1}{z^2\sin z},0\right]=0$，$\mathrm{Res}\left[\frac{1}{z^2\sin z},k\pi\right]=\frac{(-1)^k}{k^2\pi^2}\ (k\in\mathbf{Z},k\neq 0)$；

(8) $\mathrm{Res}\left[\frac{1+z^2}{1+e^{\pi z}},\pm i\right]=0$，$\mathrm{Res}\left[\frac{1+z^2}{1+e^{\pi z}},(2k+1)i\right]=\frac{4k^2+4k}{\pi}\ (k\in\mathbf{Z},k\neq 0,-1)$.

7. (1) $2\pi i$； (2) $\frac{2}{21}\pi i$； (3) πe^{-1}； (4) 0； (5) $2\pi i(\sin 1-1)$；

(6) $-\frac{2\pi i}{(m-1)!}\sin\frac{m\pi}{2}$； (7) $n=1,2\pi i;n>1,0$； (8) 0； (9) $2\pi i$.

8. (1) $\frac{8\pi}{3}$； (2) $\frac{2\pi}{1-a^2}$； (3) $\frac{\pi}{\sqrt{2}}$； (4) $\frac{\pi}{5}$； (5) $\frac{\pi}{2e}$； (6) $\frac{\pi\cos 2}{e}$.

第 6 章

自我检测题 6

1. $2,-\frac{\pi}{2}$. 2. 形，圆，对称点. 3. $\frac{9-5i}{4}$. 4. $w=\frac{iz+1}{z+i}$.

5. $w=\frac{2z-1}{2-z}$. 6. $|w|<1$.

7. A. 8. C. 9. A. 10. B.

11. (1) $3,\frac{\pi}{2}$； (2) 把以点 $z=\frac{1}{2}i$ 为中心，$\frac{1}{2}$ 为半径的圆内缩小，圆外放大.

12. 圆域 $u^2+\left(v+\frac{1}{2}\right)<\frac{1}{4}$. 13. $w=\frac{iz+1}{-iz+1}$.

14. $w=\frac{6e^{iz}-i}{6e^{iz}+i}$. 15. $w=\frac{\left(z^{\frac{2}{3}}+\sqrt[3]{4}\right)^2-i\left(z^{\frac{2}{3}}-\sqrt[3]{4}\right)^2}{\left(z^{\frac{2}{3}}+\sqrt[3]{4}\right)^2+i\left(z^{\frac{2}{3}}-\sqrt[3]{4}\right)^2}$.

16. 提示：考虑分式线性映射 $w=\frac{z-p}{z-q}$ 及其保对称点性和保圆周性.

复习题 6

1. $1,-\frac{\pi}{2}$，圆周 $|z+1|=1$ 的外部缩小，内部放大.

2. (1) $w=\frac{z-i}{iz-1}$； (2) $w=\frac{2(z-1)}{z}$；

(3) $w=\frac{1+iz}{i+z}$； (4) $w=\frac{iz+1-i}{z-3+i}$.

3. (1) $w=\frac{z-i}{iz-1}$； (2) $w=\frac{i-z}{i+z}$.

4. (1) $w=\frac{2z-1}{z-2}$； (2) $w=-\frac{2z-i}{2+iz}$.

5. $w=e^{i\theta}\frac{z-a}{z+a}\ (\mathrm{Re}\,a<0)$.

6. $w=\frac{z^4-\mathrm{i}}{z^4+\mathrm{i}}$.

7. $w=-\frac{(z-1)^2}{(z+1)^2}$.

8. $w=-\left(\frac{z+\sqrt{3}-\mathrm{i}}{z-\sqrt{3}-\mathrm{i}}\right)^3$.

9. $w=-\left(\frac{2z-1+\mathrm{i}\sqrt{3}}{2z-1-\mathrm{i}\sqrt{3}}\right)^{\frac{3}{2}}$.

10. $w=\mathrm{e}^{2\pi\mathrm{i}\frac{z}{z-2}}$.

11. $w=\mathrm{e}^{\frac{2ab\pi}{a-b}\left(\frac{1}{z}-\frac{1}{2b}\right)\mathrm{e}^{\frac{\pi}{2}\mathrm{i}}}$.

12. $w=\left[1-\left(\frac{z-\mathrm{i}}{z+\mathrm{i}}\right)^2\right]^{1/2}$.

13. $w=-\left(\frac{z^{\frac{2}{3}}+1}{z^{\frac{2}{3}}-1}\right)^2$.

14. $w=\left(-\frac{z-1}{z-3}\right)^{\frac{1}{2}}$.

第 7 章

自我检测题 7

1. $\delta(t+3)+\delta(t-3)$.　2. $\frac{1}{a}f\left(\frac{t_0}{a}\right)$.　3. e^{-3}.　4. $2\pi\delta(t)$.　5. $2\pi\delta(\omega-\omega_0)$.

6. B.　7. C.　8. B.　9. D.　10. B.

11. $\frac{1}{3}F\left(\frac{\omega+1}{3}\right)\mathrm{e}^{-\frac{2}{3}\mathrm{j}(\omega+1)}$.

12. $$f_1(t)*f_2(t)=\begin{cases}0, & t\leqslant 0,\\ \frac{1}{2}(\sin t-\cos t+\mathrm{e}^{-t}), & 0<t\leqslant\frac{\pi}{2},\\ \frac{1}{2}\mathrm{e}^{-t}(1+\mathrm{e}^{\frac{\pi}{2}}), & t>\frac{\pi}{2}.\end{cases}$$

13. $F(\omega)=\frac{\pi\mathrm{j}}{2}[\delta(\omega+2)-\delta(\omega-2)]$.

14. $y(t)=\frac{1}{2\pi}\int_{-\infty}^{+\infty}\frac{F(\omega)}{1+G(\omega)}\mathrm{e}^{\mathrm{j}\omega t}\,\mathrm{d}\omega$.

15. 提示：利用欧拉公式及像函数的位移性质.

16. 提示：利用傅里叶变换的定义.

复习题 7

1. (1) $f(t)=\frac{2a}{\pi}\int_0^{+\infty}\frac{\cos\omega t}{a^2+\omega^2}\mathrm{d}\omega$;　(2) $f(t)=\frac{4}{\pi}\int_0^{+\infty}\frac{\omega\cos\omega-\sin\omega}{\omega^3}\cos\omega t\,\mathrm{d}\omega$.

2. (1) $f(t)=\frac{2}{\pi}\int_0^{+\infty}\frac{\beta}{\beta^2+\omega^2}\cos\omega t\,\mathrm{d}\omega$;　(2) $f(t)=\frac{2}{\pi}\int_0^{+\infty}\frac{\omega^2+2}{\omega^2+4}\cos\omega t\,\mathrm{d}\omega$.

3. $F(\omega)=\frac{A}{\mathrm{j}\omega}(1-\mathrm{e}^{-\mathrm{j}\omega\tau})$.

4. $F(\omega)=\frac{\alpha(\beta-\mathrm{j}\omega)}{\beta^2+\omega^2}$.

5. (1) $\frac{\mathrm{d}}{\mathrm{d}\omega}\left[\frac{\mathrm{j}}{2}F\left(\frac{\omega}{2}\right)\right]$;　(2) $\mathrm{j}F'(\omega)-2F(\omega)$;　(3) $\mathrm{e}^{-\mathrm{j}\omega}F(-\omega)$;

(4) $-F(\omega)-\omega F'(\omega)$;　(5) $\frac{1}{2}\mathrm{e}^{-\frac{5}{2}\mathrm{j}\omega}F\left(\frac{\omega}{2}\right)$.

6. $f(t)=\cos\omega_0 t$.

7. 提示：(1) 利用筛选性质；

(2) 考察 $\int_{-\infty}^{t}\delta(\tau)\mathrm{d}\tau=?$；

(3) 对等式的左边进行分部积分.

8. $\dfrac{a\sin t-\cos t+\mathrm{e}^{-at}}{a^2+1}$.

9. $F(\omega)=\dfrac{\omega_0}{\omega_0^2-\omega^2}+\dfrac{\pi}{2\mathrm{j}}[\delta(\omega-\omega_0)-\delta(\omega+\omega_0)]$.

10. $F(\omega)=\mathrm{e}^{-\frac{\sigma^2\omega^2}{2}}$.

第 8 章

自我检测题 8

1. $\left(\dfrac{1}{s^3}+\dfrac{4}{s^2}+\dfrac{4}{s}\right)\mathrm{e}^{-2s}$.

2. $\dfrac{4(s+3)}{(s^2+6s+13)^2}$.

3. $\dfrac{\mathrm{e}^{-2t}t^3}{6}$.

4. $\dfrac{1}{2}t^2\mathrm{e}^{-2t}-\dfrac{1}{6}t^3\mathrm{e}^{-2t}$.

5. $\dfrac{1}{t}(1+\mathrm{e}^{-t}-2\cos t)$.

6. $\dfrac{1}{s+3}\cot^{-1}\dfrac{s+3}{2}$.

7. $\dfrac{1-(1+as)\mathrm{e}^{-as}}{s^2(1-\mathrm{e}^{-2as})}$.

8. (1) $1-3\mathrm{e}^{-t}+3\mathrm{e}^{-2t}$；

(2) $\dfrac{1}{25}(3\cos t+4\sin t-3\mathrm{e}^{-2t}-10t\mathrm{e}^{-2t})$；

(3) $\dfrac{\mathrm{e}^{-2t}(\sin 3t-3t\cos 3t)}{54}$.

9. $y(t)=\dfrac{t^3\mathrm{e}^{-t}}{3!}+\mathrm{e}^{-t}-t\mathrm{e}^{-t}$.

10. $y(t)=\dfrac{\sqrt{2}}{2}u(t-1)\sin\sqrt{2}(t-1)+\cos\sqrt{2}t$.

11. $y(t)=2-\cos t-3\sin t$.

复习题 8

1. (1) $F(s)=\dfrac{1}{s}(3-4\mathrm{e}^{-2s}+\mathrm{e}^{-4s})$；

(2) $F(s)=\dfrac{3}{s}(1-\mathrm{e}^{-\frac{1}{2}\pi s})-\dfrac{1}{s^2+1}\mathrm{e}^{-\frac{1}{2}\pi s}$；

(3) $F(s)=\dfrac{1}{s-2}+5$；

(4) $F(s)=\dfrac{s^2}{s^2+1}$.

2. (1) $\dfrac{2}{4s^2+1}$；　(2) $\dfrac{1}{s+2}$；　(3) $\dfrac{2}{s^3}$；

(4) $\dfrac{1}{s^2}$；　(5) $\dfrac{1}{s^2+4}$；　(6) $\dfrac{s^2+2}{s^2(s^2+4)}$.

3. (1) $\dfrac{1}{s^3}(2s^2+2s+2)$；(2) $\dfrac{1}{s}-\dfrac{1}{(s-1)^2}$；　(3) $\dfrac{s^2-4s+5}{(s-1)^3}$；

(4) $\dfrac{10-3s}{s^2+4}$；　(5) $\dfrac{s^2-a^2}{(s^2+a^2)^2}$；　(6) $\dfrac{s+4}{(s+4)^2+16}$.

4. (1) $F(s)=\dfrac{4(s+3)}{[(s+3)^2+4]^2}$；

(2) $F(s)=\dfrac{2(3s^2+12s+13)}{s^2[(s+3)^2+4]^2}$.